高等院校**基础数学**
"十二五"规划教材

gaodeng yuanxiao jichu   shuxue

U0589598

概率论与数理统计

◎ 余君武 肖艳清 主编
◎ 刘金旺 主审

Probability and Mathematical Statistics

人民邮电出版社
北 京

图书在版编目（CIP）数据

概率论与数理统计 / 余君武，肖艳清主编. -- 北京：
人民邮电出版社，2015.8（2020.8重印）
高等院校基础数学"十二五"规划教材
ISBN 978-7-115-39250-3

Ⅰ. ①概… Ⅱ. ①余… ②肖… Ⅲ. ①概率论－高等
学校－教材②数理统计－高等学校－教材 Ⅳ. ①O21

中国版本图书馆CIP数据核字(2015)第142366号

内 容 提 要

本书是根据高等学校基础理论教学"以应用为目的，以必须够用为度"的原则，参照国家教育部制订的《概率论与数理统计课程教学基本要求》而编写的.

全书共 9 章，主要内容包括：随机事件与概率、随机变量及其分布、多维随机变量及其分布、随机变量的数字特征、大数定律及中心极限定理、数理统计的基本概念、参数估计、假设检验、方差分析与回归分析. 每章均配有习题，书后附有参考答案.

本书可作为理工科大学及专科院校的教学教材或参考书，也可作为综合大学和高等师范院校非数学专业及各类成人教育的教学教材或参考书.

♦ 主　　编　余君武　肖艳清
　　主　　审　刘金旺
　　责任编辑　王亚娜
　　执行编辑　喻智文
　　责任印制　张佳莹　杨林杰
♦ 人民邮电出版社出版发行　　北京市丰台区成寿寺路 11 号
　　邮编　100164　电子邮件　315@ptpress.com.cn
　　网址　http://www.ptpress.com.cn
　　中国铁道出版社印刷厂印刷
♦ 开本：787×1092　1/16
　　印张：15　　　　　　　　　　2015 年 8 月第 1 版
　　字数：324 千字　　　　　　　2020 年 8 月北京第 11 次印刷

定价：34.00 元
读者服务热线：**(010)81055256**　印装质量热线：**(010)81055316**
反盗版热线：**(010)81055315**

前言

　　本书可作为高等学校（非数学专业）概率论与数理统计课程的教材，也可供工程技术人员作参考用书.

　　概率论与数理统计课程主要介绍概率论与数理统计的基本概念、基本理论和方法. 本书第一章至第五章为概率论部分，介绍基础知识，为读者提供了必要的理论，主要包括随机事件与概率、随机变量及其分布、多维随机变量及其分布、随机变量的数字特征、大数定律及中心极限定理；第六章至第九章为数理统计部分，主要讲述了数理统计的基本概念、参数估计和假设检验，并介绍了方差分析与回归分析. 本书结合工科教学实际，注意理论联系实际，选材适当，论述严谨，条理清楚，简明扼要，便于学生自学. 为了使本书具有广泛的适用性以及良好的可读性与趣味性，本书编写中注意了以下几个基本原则和具体措施：

　　（1）阅读本书的读者只需具有高等数学的数学基础即可；

　　（2）在选材与叙述上尽量做到联系工程实际，注重应用，所选择的例题和习题既具有启发性，又具有广泛的应用性.

　　由于作者水平有限，书中难免存在不足之处，诚恳地希望读者批评指正.

编　者

2015 年 2 月

目录

第一章

随机事件与概率

在自然界和人类社会实践活动中,人们观察到的自然现象和社会现象大致可分为两类:一类是在一定条件下必然发生,如平面上三角形内角和等于180°,同性电荷必定相互排斥,等等.这类现象称为确定性现象.而另一类则是在一定条件下可能出现这样的结果,也可能出现那样的结果,如向桌面上掷一枚质地均匀的硬币,可能"正面朝上",也可能"反面朝上".这类现象称为偶然现象或随机现象.

随机现象大致有如下特征:

没有确定的规律性(对这类现象的观测不会经常得到同一种结果),与此同时具有某种统计规律性(表现为频率的统计稳定性).

概率论是一种用数学方法分析随机现象的学科.数理统计是以概率论为理论基础的一个数学分支,它是从实际观测的数据出发研究随机现象的规律性.

概率论与数理统计的应用是很广泛的,例如在工业生产中,可以应用概率统计方法进行质量控制、产品的抽样检查等;在气象预报、地震预报、水文预报中,概率统计也已经是一种重要的理论工具.另外,概率统计的理论与方法已经渗透到各基础学科、工程学科、经济学科等领域中,产生了各种边缘性的应用学科,如排队论、计量经济学、时间序列分析等.

第一节　样本空间与随机事件

一、随机试验、样本空间

我们把对随机现象的观测与试验叫随机试验,用 E 表示.例如,掷一枚硬币就是做了一次随机试验,记为 E_1;掷一颗骰子也是做了一次随机试验,记作 E_2.随机试验有两个特点:

(1) 试验的结果事先不知道,只知道可能有什么结果;

(2) 可以在相同的条件下重复进行试验.

对于随机试验,尽管在每次试验之前不能预知试验的结果,但试验的所有可能结果组成的集合是已知的.我们将随机试验 E 的所有可能结果组成的集合称为 E 的样本空间,记为

Ω. 样本空间的元素, 即 E 的每个结果, 称为样本点, 用 ω 表示. 对于一个具体的随机试验(以后简称为试验), 我们总可以根据试验结果的含义来确定其样本空间.

例 1.1.1 写出下列随机试验的样本空间.

E_1:掷一枚均匀硬币,

$$\Omega_1 = \{正, 反\} = \{\omega_1, \omega_2\};$$

E_2:将一枚硬币抛掷三次, 观察正面 H、反面 T 出现的情况,

$$\Omega_2 = \{HHH, HHT, HTH, THH, HTT, THT, TTH, TTT\};$$

E_3:将一枚硬币抛掷三次观察正面出现的次数,

$$\Omega_3 = \{0, 1, 2, 3\};$$

E_4:记录某电话机某段时间的电话呼唤次数,

$$\Omega_4 = \{0, 1, 2, \cdots\};$$

E_5:测试某台电视机的寿命,

$$\Omega_5 = \{x : 0 \leqslant x < +\infty\}.$$

由例 1.1.1 可知, 样本空间就是一个有限或无限的点集. 另外, 样本空间的元素是由试验的目的所确定的. 如 E_2、E_3, 由于试验的目的不同, 其样本空间也不一样.

二、随机事件

在随机试验中, 我们往往关心的是满足某种条件的一些样本点的集合, 即 Ω 的子集. 我们把样本空间 Ω 的子集称为随机事件, 简称事件. 它在随机试验中可能发生, 也可能不发生. 随机事件一般用大写字母 A, B, C 等表示.

例 1.1.2 用 Ω 的子集表示下列事件.

E:掷一颗骰子, 观察其出现的点数,

$$\Omega = \{\omega_1, \omega_2, \omega_3, \omega_4, \omega_5, \omega_6\} = \{1, 2, 3, 4, 5, 6\},$$

$$A = \{出现奇数点\},$$

$$B = \{出现的点数不超过 3\}.$$

解 $A = \{\omega_1, \omega_3, \omega_5\}, B = \{\omega_1, \omega_2, \omega_3\}.$

随机事件是由若干个样本点组成的. 在一次试验中事件 A 发生, 当且仅当试验中出现的样本点 $\omega \in A$.

由一个样本点组成的单元素集称为基本事件. 全体样本点组成的样本空间 Ω 称为必然事件, 这是由于 Ω 包含了所有的样本点, 每次试验 Ω 肯定会发生. 不包括任何样本点的空集 $\varnothing$ 称为不可能事件, 因为它在每次试验中都不会发生. 必然事件和不可能事件都可以看作随机事件的极端情形. 为了方便起见, 我们把必然事件、不可能事件和随机事件统称为事件.

第二节 事件的关系与运算

集合和映射已经成为现代数学的通用语言, 概率论的叙述和研究也同样要用这种语言.

在这一小节中,我们只用到集合的一些基本理论.

既然事件就是 Ω 的子集,那么事件的关系就是集合间的关系,事件的运算就是集合的运算.

设试验 E 的样本空间为 Ω,而 $A,B,A_k(k=1,2,\cdots)$ 为 Ω 的子集.

一、事件的包含与相等

若事件 A 发生,则事件 B 发生,就称事件 B 包含事件 A,或 A 包含于 B,记作 $B\supset A$ 或 $A\subset B$(见图 1.1).

例如,掷一颗骰子,$A=\{$出现的点数$\leqslant 2\}$,$B=\{$出现的点数$\leqslant 3\}$,此时就有 $A\subset B$.

对于试验 E 中的任一事件 A,有 $\varnothing\subset A\subset\Omega$.

若 $A\subset B$ 且 $B\subset A$,则称事件 A 与事件 B 相等,记作 $A=B$.

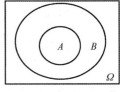

图 1.1

二、事件的和与积

"事件 A 与事件 B 至少有一个发生"也是一随机事件,称为事件 A 与事件 B 的和事件,记作 $A\bigcup B$,即 $A\bigcup B=\{$事件 A 与事件 B 至少有一个发生$\}$.图 1.2 中的阴影部分为 A 与 B 的和事件.

"事件 A 与事件 B 同时发生"也是一事件,称为 A 与 B 的积事件,记作 $A\bigcap B$ 或 AB,即 $A\bigcap B=\{$事件 A 与事件 B 同时发生$\}$.图 1.3 中阴影部分为 A 与 B 的积事件.

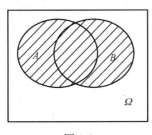

图 1.2

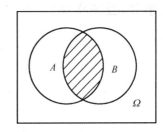

图 1.3

例 1.2.1 在抛一颗骰子的试验里,事件 $A=\{$出现奇数点$\}=\{1,3,5\}$,事件 $B=\{$出现的点数不超过 $3\}=\{1,2,3\}$.

则 $A\bigcup B=\{1,2,3,5\}$.可见,事件 A 与 B 中重复元素只需记入和事件一次.

$A\bigcap B=\{1,3\}$.可见,若积事件 AB 发生,则事件 A 与 B 必同时发生,反之亦然.

设 A 为 Ω 中的任一事件,则

$\quad A\bigcup A=A,A\bigcup\Omega=\Omega,A\bigcup\varnothing=A,A\bigcap A=A,A\bigcap\Omega=A,A\bigcap\varnothing=\varnothing.$

事件的和与积的定义可以推广到 n 个$(n\geqslant 3)$或无穷多个事件的情形.

设 $A_1,A_2,\cdots,A_n,\cdots$ 为 Ω 中的一列事件,则

$$\{\text{事件 } A_1,A_2,\cdots,A_n \text{ 至少有一个发生}\}=\bigcup_{i=1}^{n}A_i,$$

$$\{\text{事件 } A_1, A_2, \cdots, A_n \text{ 同时发生}\} = \bigcap_{i=1}^{n} A_i,$$

$$\{\text{事件 } A_1, A_2, \cdots, A_n, \cdots \text{ 中至少有一个发生}\} = \bigcup_{i=1}^{\infty} A_i,$$

$$\{\text{事件 } A_1, A_2, \cdots, A_n, \cdots \text{ 同时发生}\} = \bigcap_{i=1}^{\infty} A_i.$$

三、差事件

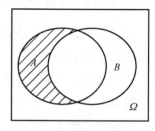

"事件 A 发生而 B 不发生"也是一随机事件,称为 A 与 B 的差事件,记作 $A-B$(见图 1.4).如例 1.2.1 中, $A-B=\{5\}$, $B-A=\{2\}$.显然,对于任一事件 A,有

$$A-A=\varnothing, A-\varnothing=A, A-\Omega=\varnothing.$$

图 1.4

四、互不相容事件

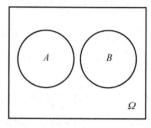

若事件 A 与事件 B 不能同时发生,则称 A 与 B 为互不相容事件,即 $AB=\varnothing$(见图 1.5).例如,掷一颗骰子, $A=\{\text{出现 1 点}\}$, $B=\{\text{出现 3 点}\}$.则 A 与 B 互不相容.

一般地,如果在 n 个事件 $A_1, A_2, \cdots, A_n$ 中,任意两个事件互不相容,即 $A_i A_j = \varnothing (i \neq j; i, j=1, 2, \cdots, n)$,则称 n 个事件 A_1, $A_2, \cdots, A_n$ 互不相容.

图 1.5

五、对立事件(互逆事件)

若事件 A 与 B 必定发生一个,但又不能同时发生,即 $A+B=\Omega, AB=\varnothing$,则称 A, B 互为对立事件,记作 $A=\overline{B}$ 或 $B=\overline{A}$(见图 1.6).

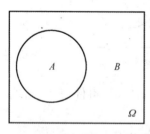

例如,掷一枚硬币,"出现正面"和"出现反面"为对立事件;而掷一颗骰子时,"出现 1 点"和"出现 2 点"不是对立事件,只是互不相容事件.

在随机事件中,对立事件一定是互不相容事件,但互不相容事件不一定是对立事件.

例 1.2.2 设 A、B、C 为 Ω 中的三个事件,试用 A, B, C 的运算式表示下列事件:

图 1.6

(1) 事件 A 与事件 B 发生但 C 不发生;

(2) 事件 A, B, C 中恰有两个发生;

(3) 事件 A, B, C 中不多于一个事件发生;

(4) 事件 A, B, C 中至少有两个事件发生.

解 (1) $AB\overline{C}$;

(2) $AB\overline{C} \cup A\overline{B}C \cup \overline{A}BC$;

(3) $\overline{A}BC\cup A\overline{B}C\cup AB\overline{C}\cup \overline{AB}C$；

(4) $AB\cup AC\cup BC$.

概率论中事件的关系与运算同集合论中集合的关系与运算是一致的.我们将其列表,以便对照,如表 1.1 所示.

表 1.1

符　号	概　率　论	集　合　论
Ω	样本空间,必然事件	全集
$\varnothing$	不可能事件	空集
ω	样本点,基本事件	元素
A	事件	子集
$\overline{A}$	A 的对立事件	A 的余集(补集)
$A\subset B$	事件 A 发生,则事件 B 发生	A 是 B 的子集
$A=B$	事件 A 与事件 B 相等	集合 A 与 B 相等
$A\cup B$	事件 A,B 至少有一个发生	集合 A 与 B 的和集
$A\cap B$	事件 A,B 同时发生	集合 A 与 B 的交集
$A-B$	事件 A 发生,B 不发生	集合 A 与 B 的差集
$AB=\varnothing$	事件 A 与 B 不相容	集合 A 与 B 无公共元素

随机事件的运算具有以下基本性质:

(1) 交换律　$A\cup B=B\cup A,AB=BA$；

(2) 结合律　$(A\cup B)\cup C=A\cup(B\cup C),(AB)C=A(BC)$；

(3) 分配律　$(A\cup B)C=(AC)\cup(BC),(AB)\cup C=(A\cup C)(B\cup C)$；

(4) 对偶律　(德·摩根公式)

$$\overline{A\cup B}=\overline{A}\overline{B},\overline{AB}=\overline{A}\cup\overline{B}.$$

对偶律可以推广到 n 个事件的情形,即

$$\overline{\bigcup_{i=1}^{n}A_i}=\bigcap_{i=1}^{n}\overline{A_i},\overline{\bigcap_{i=1}^{n}A_i}=\bigcup_{i=1}^{n}\overline{A_i}.$$

例 1.2.3　化简下列各式:

(1) $(A\cup B)\cap(B\cup C)$；

(2) $AB\cup\overline{A}B$.

解　(1) $(A\cup B)\cap(B\cup C)=(A\cup B)(B\cup C)$

$$=AB\cup B\cup AC\cup BC=B\cup AC;$$

(2) $AB\cup\overline{A}B=(A\cup\overline{A})B=B$.

第三节　事件的频率与概率的统计定义

我们知道随机事件在一次试验中可能发生也可能不发生,但仅仅知道这点还不够,还必

须知道这种可能性到底有多大,即概率有多大. 所谓事件发生的概率,就是它发生的可能性大小. 我们先介绍频率.

一、频率

历史上曾有不少学者做过掷硬币试验,其结果如表 1.2 所示.

表 1.2

试 验 者	试验次数 n	出现正面次数 n_A	频率 $\frac{n_A}{n}$
德·摩根	4 092	2 048	0.500 5
蒲丰	4 040	2 048	0.506 9
皮尔逊	12 000	6 019	0.501 6
皮尔逊	24 000	12 012	0.500 5

表中最后一列为事件 A 发生的频率,其定义如下:

$$f_n(A) = \frac{n_A}{n},$$

其中, n 为试验总次数, n_A 为事件 A 发生的次数.

容易理解,事件 A 的频率反映了事件 A 在一次试验中发生的可能性大小. 频率大,事件 A 在一次试验中发生的可能性就大;频率小,可能性就小.

显然,在 n 次试验未做完之前,我们不知道 $f_n(A)$ 等于多少,它是不能事先确定的. 频率依赖于试验次数 n, n 不同,事件 A 的频率就会不同. 但当 n 很大时,由表 1.2 可知, $f_n(A)$ 会比较稳定, $f_n(A)$ 稳定地"趋于"某个常数.

由频率的定义可知,频率具有下列性质:

(1) 非负性 $0 \leqslant f_n(A) \leqslant 1$;

(2) 规范性 $f_n(\Omega) = 1$;

(3) 可加性   若 $AB = \varnothing$,则 $f_n(A \cup B) = f_n(A) + f_n(B)$.

证 (3) 因为 $AB = \varnothing$,所以 $n_{A \cup B} = n_A + n_B$,

$$f_n(A+B) = \frac{n_{A \cup B}}{n} = \frac{n_A + n_B}{n} = f_n(A) + f_n(B).$$

二、概率的统计定义

由于频率具有稳定性,所以我们可以由频率定义概率.

定义 1.3.1(概率的统计定义) 当试验次数 n 增大时,事件 A 的频率 $f_n(A)$ 总是在某个常数 p 附近摆动,这个常数 p 叫作事件发生的概率,记作 $P(A) = p$.

例如,表 1.2 中, $P(A) = 0.5$,即掷硬币时出现下面的概率是 0.5.

这个定义称为概率的统计定义,由此定义确定的概率称为统计概率. 在许多实际问题中,我们无法把一个试验无限次地重复下去. 因此,概率的精确值往往不易求得,这时当试验

次数 n 很大时,就取频率 $\frac{n_A}{n}$ 作为 $P(A)$ 的近似值.

根据频率的性质可知,统计概率具有下列性质:

(1) 非负性　$0 \leqslant P(A) \leqslant 1$;

(2) 规范性　$P(\Omega) = 1$;

(3) 可加性　若 $AB = \varnothing$,则 $P(A \cup B) = P(A) + P(B)$.

一般地,若事件 $A_1, A_2, \cdots, A_n$ 两两不相容,则

$$P(\bigcup_{i=1}^{n} A_i) = \sum_{i=1}^{n} P(A_i) \quad (\text{有限可加性}).$$

第四节　古典概型

我们考虑一类特殊的随机试验,它曾是概率论早期研究的主要对象,比较直观.这类随机试验,其基本事件的发生具有等可能性,什么叫等可能性呢?

比如,掷一枚均匀硬币,我们认为"出现正面"和"出现反面"的可能性是一样的.掷一颗均匀的骰子,"出现 1 点"和"出现 2 点"的可能性也应该是一样的.基本事件的这种特性叫作等可能性.

定义 1.4.1　如果随机试验具有以下两个特点:

(1) 试验的基本事件(样本点)为有限个;

(2) 每个基本事件的发生具有等可能性.

则称这种随机试验为古典型试验,这种数学模型称为古典概型,也称为等可能概型.

对于古典概型,样本空间 $\Omega = \{\omega_1, \omega_2, \cdots, \omega_n\}$,$P(\omega_1) = P(\omega_2) = \cdots = P(\omega_n)$,由于 $P(\Omega) = 1$,所以 $P(\omega_i) = \frac{1}{n}$,$i = 1, 2, \cdots, n$.

任意事件

$$A = \{\omega_{i_1}, \omega_{i_2}, \cdots, \omega_{i_k}\} \subset \Omega,$$
$$P(A) = P(\omega_{i_1}) + P(\omega_{i_2}) + \cdots + P(\omega_{i_k}) = \frac{k}{n}.$$

所以 $P(A) = \frac{k}{n} = \frac{A \text{ 包含的基本事件数}}{\text{总的基本事件数}}$.由此得到古典概型中概率的定义.

定义 1.4.2(古典概率)　设 E 为一古典型随机试验,共有 n 个基本事件,而随机事件 A 包括其中的 k 个基本事件,则事件 A 发生的概率 $P(A) = \frac{k}{n}$.

古典概率有如下三个性质:

(1) 非负性　对任意事件 A,有 $0 \leqslant P(A) \leqslant 1$;

(2) 规范性　$P(\Omega) = 1$;

(3) 可加性　设 $A_1, \cdots, A_n$ 为 n 个互不相容事件,则

$$P(\bigcup_{i=1}^{n} A_i) = \sum_{i=1}^{n} P(A_i) \quad (\text{有限可加性}).$$

该定义是由法国数学家拉普拉斯(Laplace)于 1812 年首先提出的.它只适用于古典概型,故现在通常称该定义为概率的古典定义.由古典定义计算出来的概率称为古典概率.

例 1.4.1 一个盒子中装有 10 个完全相同的球,球上分别标有号码 $1,2,\cdots,10$,从中任取一球,求取出的球的号码为偶数的概率.

解 设 $A=\{$取出的球的号码为偶数$\}$,则

$$\Omega=\{1,2,\cdots,10\}, A=\{2,4,\cdots,10\},$$

所以 $P(A)=\dfrac{5}{10}=\dfrac{1}{2}$.

在有些古典概型的问题中,样本空间比较复杂,往往不易写出样本空间 Ω,此时必须弄清基本事件总数和事件 A 中的基本事件数.

例 1.4.2 在例 1.4.1 中考虑任取 3 球,求其中一个球的号码小于 5、一个等于 5、一个大于 5 的概率.

解 10 个球中任取 3 个共有 C_{10}^3 种取法,这 C_{10}^3 种可能的取法构成一个样本空间 Ω.设 $A=\{$一个球的号码小于 5、一个等于 5、一个大于 5$\}$,则 A 的基本事件数为 $C_4^1 C_1^1 C_5^1$.

所以 $P(A)=\dfrac{C_4^1 C_1^1 C_5^1}{C_{10}^3}=\dfrac{1}{6}$.

例 1.4.3 袋中有 a 只黑球,b 只白球,现把球一个一个地摸出(不放回).求第 k 次摸出的球是黑球的概率($1\leqslant k\leqslant a+b$).

解法一 设 $A=\{$第 k 次摸出的球是黑球$\}$.将 $a+b$ 个球编号,把摸出的球依次排列在 $a+b$ 个位置上,共有 $(a+b)!$ 种排法.而第 k 个位置放黑球,可以从 a 个黑球中任取一个,其余的 $a+b-1$ 个位置各放一球,因而排法数为 $a(a+b-1)!$.

所以 $P(A)=\dfrac{a(a+b-1)!}{(a+b)!}=\dfrac{a}{a+b}$.

解法二 把 a 个黑球看作没有区别,b 个白球也看作没有区别.将摸出的球放在 $a+b$ 个位置上,共有 C_{a+b}^a 种放法.第 k 个位置放黑球,剩下的 $a-1$ 个黑球和 b 个白球放在 $a+b-1$ 个位置上,共有 C_{a+b-1}^{a-1} 种放法.

所以 $P(A)=\dfrac{C_{a+b-1}^{a-1}}{C_{a+b}^a}=\dfrac{a}{a+b}$.

这个例子告诉我们,事件的概率是由假设确定的,与选择什么样的样本空间无关.因此,对于同一个问题可以建立不同的样本空间来解决.解法一把 a 个黑球和 b 个白球看作各不相同,$a+b$ 个球的每一种排列都是 Ω 中的一个样本点,Ω 中共有 $(a+b)!$ 个样本点.解法二中对同色的球不加区别,Ω 中只有 C_{a+b}^a 个样本点.但一旦样本空间建立起来之后,在计算样本点总数和事件 A 中的样本点数时必须在同一样本空间进行,否则就会导致错误的结果.概率论中的样本空间如同解析几何中的坐标系.当然,我们在解题时必须使所建立的样本空间

符合实际情况.

例 1.4.4　将 n 只球随机地放入 $N(N\geqslant n)$ 个盒子中去,求至少有两个球在同一个盒子中的概率(设盒子的容量不限).

解　设 $A=\{$每个盒子中最多有一只球$\}$,$B=\{$至少有两只球在同一个盒子中$\}$.

将 n 只球放入 N 个盒子中去,每一种放法是一基本事件,故共有 N^n 种不同的放法.而每个盒子中最多放一只球,共有 P_N^n 种不同放法.因而

$$P(A)=\frac{\mathrm{P}_N^n}{N^n},\ P(B)=1-P(A)=1-\frac{\mathrm{P}_N^n}{N^n}.$$

许多问题与本例有相同的数学模型.如假设每人生日在一年 365 天中的任一天是等可能的.那么,随机地抽取 $n(N=365)$ 个人,他们之中至少有 2 个人生日相同的概率为 $p=1-\dfrac{\mathrm{P}_{365}^n}{365^n}$.

当 $n=64$ 时,$p=0.997$.计算结果表明,在仅有 64 人的班次中,"至少有 2 个人生日相同"这个事件的概率与 1 接近.

例 1.4.5　一批产品共有 N 件,其中不合格品有 M 件,从中任取 n 件,恰好有 m 件不合格品的概率是多少?

解　记 $A_m=\{$恰好有 m 件不合格品$\}$,$m=0,1,\cdots,M$.

从 N 件产品中抽取 n 件,所有可能的取法有 C_N^n 种,每一种取法为一基本事件.在 M 件不合格品中取 m 件,共有 C_M^m 种取法.在 $N-M$ 件正品中取 $n-m$ 件正品,共有 C_{N-M}^{n-m} 种取法.由乘法原理可知事件 A_m 的基本事件数为 $\mathrm{C}_M^m\mathrm{C}_{N-M}^{n-m}$,于是

$$P(A_m)=\frac{\mathrm{C}_M^m\mathrm{C}_{N-M}^{n-m}}{\mathrm{C}_N^n},\ m=0,1,2,\cdots,M.$$

第五节　几何概型

古典概率的定义要求试验满足有限性与等可能性,这使得它在实际应用中受到了很大的限制.例如,对于旋转均匀的陀螺试验,在一个均匀的陀螺圆周上均匀地刻上区间 $[0,3)$ 内诸数字,旋转陀螺,当它停下时,其圆周上与桌面接触处的刻度位于某区间 $[a,b)\subset[0,3)$ 内的概率有多大? 对于这样的试验,古典概率的定义就不适用,因为此试验的样本点不是有限的,而是区间 $[0,3)$ 中的每个点,它有无穷多个.为克服古典概率的局限性,人们又引入了所谓的几何概率.

先看一个例子.

例 1.5.1　向平面上一区域 Ω 内投一质点,设质点落在 Ω 内任何一点是等可能的,区域 $A\subset\Omega$,求质点落在区域 A 中的概率(见图 1.7).

解　设 $A=\{$质点落在区域 A 中$\}$.因为质点可以落在 Ω 内的任何一点上,Ω 中的每个点都是一个基本事件,该试验共有无穷多个基本

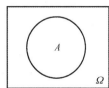

图 1.7

事件,所以这不属于古典概型,概率的古典定义在这里不能用. 直观上看,如果 A 的面积越大,落在区域 A 的概率也就越大,因此,把 $\dfrac{A\ 的面积}{\Omega\ 的面积}$ 作为事件 A 的概率是比较合理的,即

$$P(A)=\frac{A\ 的面积}{\Omega\ 的面积}.$$

同样,向直线上某一线段 Ω 内投一质点,设质点落在 Ω 内每个点上都是等可能的,线段 $A \subset \Omega$,那么质点落在线段 A 内的概率应该定义为 $\dfrac{A\ 的长度}{\Omega\ 的长度}$,即 $P(A)=\dfrac{A\ 的长度}{\Omega\ 的长度}.$

这种概型称为几何概型.

数学上把长度、面积、体积统称为测度,集合 A 的测度记作 $m(A)$,由此可得几何型概率的定义.

定义 1.5.1 设试验 E 的样本空间为某可测度的区域 Ω(一维、二维或三维等),且 Ω 中任一区域出现的可能性大小与该区域的测度成正比,而与该区域的位置与形状无关,则称 E 为几何概型的试验,且定义 E 的事件 A 的概率为

$$P(A)=\frac{m(A)}{m(\Omega)}.$$

此定义称为几何型概率的定义. 由此定义计算的概率称为几何概率.

例 1.5.2 甲、乙两人约定在 6～7 时之间在某处会面,并约定先到者等候另一个人一刻钟,过时即离去,求两人能会到面的概率.

解 设 x,y 分别表示甲、乙两人到达约会地点的时刻,$A=\{$两人能会到面$\}$,则 $A=\{(x,y):|x-y| \leqslant 15\}$.

在平面上建立直角坐标系,如图 1.8 所示,$\Omega=\{(x,y):0 \leqslant x \leqslant 60,$ $0 \leqslant y \leqslant 60\}$,而可能会到面的 (x,y) 由图中的阴影部分所表示. 这是一个几何概率问题,由定义可知

$$P(A)=\frac{m(A)}{m(\Omega)}=\frac{60^2-45^2}{60^2}=\frac{7}{16}.$$

例 1.5.3(Buffon 问题) 平面上画有一些平行线,它们之间的距离都是 a,向此平面掷一枚长为 $l(l<a)$ 的针,求针与平行线相交的概率.

解 设 $A=\{$针与平行线相交$\}$,x 表示针的中心到最近一条平行线的距离,φ 表示针与平行线的夹角,x 和 φ 的大小就完全决定了针与平行线是否相交(见图 1.9(a)). 易知 $0 \leqslant x \leqslant \dfrac{a}{2}$,$0 \leqslant \varphi \leqslant \pi$,这两式确定 $x-\varphi$ 平面上一矩形区域(见图 1.9(b)). 针与平行线相交的充要条件是 $x \leqslant \dfrac{l}{2}\sin\varphi$,满足这个关系的区域记为 A. 这也是一个几何概率问题. 所求的概率为

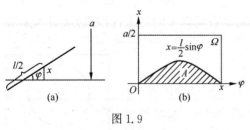

图 1.9

$$P(A) = \frac{m(A)}{m(\Omega)} = \frac{\int_0^{\pi} \frac{l}{2} \sin \varphi \mathrm{d}\varphi}{\frac{\pi}{2} a} = \frac{2l}{\pi a}.$$

几何概率有如下性质:

(1) 非负性　对任意事件 A,有 $0 \leqslant P(A) \leqslant 1$;

(2) 规范性　$P(\Omega) = 1$;

(3) 可加性　设 $A_1, \cdots, A_n$ 为互不相容事件,则 $P(\bigcup\limits_{i=1}^{n} A_i) = \sum\limits_{i=1}^{n} P(A_i)$ (有限可加性).

几何概率还具有一个性质是古典概率和统计概率未考虑的,即可列可加性:

(3′) 设 $A_1, A_2, \cdots, A_n, \cdots$ 为可列无穷多个互不相容的事件,则 $P(\bigcup\limits_{i=1}^{\infty} A_i) = \sum\limits_{i=1}^{\infty} P(A_i)$.

第六节　概率的定义及性质

一、概率的定义

事件 A 的概率,我们习惯用一个 0 到 1 之间的数 $P(A)$ 表示.前面几小节提供了几种朴素的模型来描述概率,由此,我们得到了概率应具有一些直观上看来必须满足的性质,这些性质可作为我们定义概率的依据.

首先在一次随机试验中,总会有一个结果发生,故有 $P(\varnothing) = 0, P(\Omega) = 1$.其次,若事件 A, B 互不相容,即 A、B 不能同时发生,直观地,我们有和事件 $A \cup B$ 发生的可能性是它们分别发生的可能性的和.也就是说,若 $AB = \varnothing$,则 $P(A \cup B) = P(A) + P(B)$.

要把概率论作为数学的一个分支,必须给概率下一个严格的定义,光有直观是不够的.前面我们学习的概率的统计定义、古典定义和几何定义都是直观上得到的,细加分析就会发现这些定义都经不起逻辑上的推敲.

在概率的统计定义中,将概率 $P(A)$ 定义为频率 $f_n(A)$ 的稳定值.因此,第一,要计算 $P(A)$,必须在同一条件下做大量的试验,这是很麻烦的;第二,计算 $P(A)$ 时到底要进行多少次试验才够,这在逻辑上没有严格的标准;第三,即使做了大量的试验,得出了一列 $f_n(A)$ 值,$f_n(A)$ 到底稳定在哪个数 p 附近,这很难确定.

同样,对于古典概率和几何概率的定义,虽然它们各有一定的使用范围,但都是以等可能性为基础.所谓等可能性,就是频率相等.这两个定义都存在一个用频率定义概率的问题,这在逻辑上也是不严格的.

因此,概率论这个学科虽然于 17 世纪中叶就已经诞生,但概率的定义一直到 19 世纪还未解决.当时有人认为只要会计算事件的概率就行,而不必去考虑它的定义,如同一个足球运动员,只要会踢球而不必去考虑足球的定义.但也有不少学者认为,概率论要作为一门数学分支屹立于科学之林,必须对概率有一个严格的定义才行.这就产生了概率的公理化定义,此定义由俄国数学家柯尔莫哥洛夫在 1935 年提出.由于该定义比较抽象和冗长,我们只能简要地叙述如下.

定义 1.6.1 设 E 是随机试验,Ω 是它的样本空间,对于 E 中的每一事件 A 赋予一实数 $P(A)$,如果它满足下列条件:

(1) 对每一事件 A,有 $0 \leqslant P(A) \leqslant 1$(非负性);

(2) $P(\Omega) = 1$(规范性);

(3) 对于两两不相容的事件 $A_i(i = 1, 2, \cdots)$,有

$$P(\bigcup_{i=1}^{\infty} A_i) = \sum_{i=1}^{\infty} P(A_i) \quad (\text{可列可加性})$$

和

$$P(\bigcup_{i=1}^{n} A_i) = \sum_{i=1}^{n} P(A_i) \quad (\text{有限可加性}).$$

则称 $P(A)$ 为事件 A 的概率.

二、概率的性质

由概率的非负性、规范性和可列可加性,可推得概率的其他一些重要性质.

性质 1.6.1 $P(A) = 1 - P(\overline{A})$.

证 因为 $A \cup \overline{A} = \Omega, A\overline{A} = \varnothing$,由有限可加性得
$$1 = P(\Omega) = P(A \cup \overline{A}) = P(A) + P(\overline{A}).$$

所以 $P(A) = 1 - P(\overline{A})$.

性质 1.6.2 设 $\varnothing$ 为不可能事件,则 $P(\varnothing) = 0$.

证 由性质 1.6.1,令 $A = \varnothing$,则 $\overline{A} = \Omega$.

所以 $P(\varnothing) = 1 - P(\Omega) = 0$.

性质 1.6.3 设 A, B 为两个事件,$A \subset B$,则
$$P(A) \leqslant P(B) \quad (\text{单调性}).$$

证 因为 $A \subset B$,所以 $B = A \cup (B - A), A(B - A) = \varnothing$.由有限可加性,有 $P(B) = P(A) + P(B - A)$.而 $P(B - A) \geqslant 0$,所以 $P(A) \leqslant P(B)$.

性质 1.6.4 设 A, B 为两个事件,$A \subset B$,则
$$P(B - A) = P(B) - P(A) \quad (\text{可减性}).$$

性质 1.6.5 设 A, B 为随机试验中的任意两个事件,则
$$P(A \cup B) = P(A) + P(B) - P(AB).$$

证 因为 $A \cup B = A \cup (B - A)$,且 A 与 $(B - A)$ 不相容,由有限可加性得
$$P(A \cup B) = P[A \cup (B - A)] = P(A) + P(B - A). \tag{1.1}$$

又
$$P(B) = P(AB) + P(B - A), \tag{1.2}$$

解出 $P(B - A)$ 并代入式(1.1),得 $P(A \cup B) = P(A) + P(B) - P(AB)$.

例 1.6.1　甲、乙两人向某目标同时进行射击,每人射击 1 次,甲击中的概率为 0.9,乙击中的概率为 0.8,两人同时击中的概率为 0.72,求目标被击中的概率.

解　设 $A=\{$甲击中目标$\}$,$B=\{$乙击中目标$\}$,

$$P(\text{目标被击中})=P(A\bigcup B)=P(A)+P(B)-P(AB)$$
$$=0.9+0.8-0.72=0.98.$$

性质 1.6.5 还可推广:设 A_1、A_2、A_3 为三个事件,则

$$P(A_1\bigcup A_2\bigcup A_3)=P(A_1)+P(A_2)+P(A_3)-P(A_1A_2)-$$
$$P(A_1A_3)-P(A_2A_3)+P(A_1A_2A_3).$$

更一般地,对于任意 n 个事件 $A_1,A_2,\cdots,A_n$,可以用归纳法证得

$$P(\bigcup_{i=1}^{n}A_i)=\sum_{i=1}^{n}P(A_i)-\sum_{i<j}P(A_iA_j)+\sum_{i<j<k}P(A_iA_jA_k)-\cdots+(-1)^{n-1}P(A_1A_2\cdots A_n).$$

第七节　条件概率和乘法公式

一、条件概率

条件概率是概率论中一个重要而实用的概念.条件概率要涉及两个事件 A 与 B,在事件 B 已发生的条件下,事件 A 发生的概率称为条件概率,记为 $P(A\mid B)$.先举一个例子.

例 1.7.1　设从 $0,1,2,3,4,5,6,7,8,9$ 这 10 个数中任取一个(设 10 个数均等可能被取到),求:

(1) 取得的数大于 4 的概率;

(2) 已知取得的数是奇数,而它大于 4 的概率;

(3) 取到一个大于 4 的奇数的概率.

解　设　$A=\{$取得的数大于 4$\}$;

$B=\{$取得的数是奇数$\}$;

$AB=\{$取到一个大于 4 的奇数$\}$.

(1) 由古典概率,有 $P(A)=\dfrac{5}{10}$.

(2) 10 个数中有 5 个是奇数,则 $P(B)=\dfrac{5}{10}$;而大于 4 的奇数只有 3 个,故 $P(A\mid B)=\dfrac{3}{5}$.

(3) $P(AB)=\dfrac{3}{10}$.

由例 1.7.1 可知,一般地,$P(A)\neq P(A\mid B)$,且

$$P(A\mid B)=\frac{3}{5}=\frac{3/10}{5/10}=\frac{P(AB)}{P(B)}.$$

对于一般的情形(古典概型),设随机试验的样本空间中有 n 个基本事件,事件 A 和 AB 的基本事件数分别为 n_A 和 n_{AB},则

$$P(B \mid A) = \frac{n_{AB}}{n_A} = \frac{n_{AB}/n}{n_A/n} = \frac{P(AB)}{P(A)} \quad (P(A) > 0).$$

这一事实启发我们定义条件概率如下.

定义 1.7.1 设 A, B 为随机试验的两个事件,且 $P(A) > 0$,则称 $P(B \mid A) = \frac{P(AB)}{P(A)}$ 为在事件 A 发生的条件下事件 B 发生的概率.

由条件概率的定义有 $P(A \mid \Omega) = P(A)$,若 $A \subset B$,则

$$P(B \mid A) = \frac{P(AB)}{P(A)} = \frac{P(A)}{P(A)} = 1,$$

$$P(A \mid B) = \frac{P(AB)}{P(B)} = \frac{P(A)}{P(B)}.$$

不难验证,条件概率 $P(\cdot \mid A)$ 符合概率定义中的三个条件,即

(1) 对每一事件 B,有 $0 \leqslant P(B \mid A) \leqslant 1$;

(2) $P(\Omega \mid A) = 1$;

(3) 设 $B_1, B_2, \cdots$ 是两两不相容的事件,则有

$$P(\bigcup_{i=1}^{\infty} B_i \mid A) = \sum_{i=1}^{\infty} P(B_i \mid A).$$

由以上讨论可知,计算条件概率 $P(B \mid A)$ 有两种解法.

解法一 在压缩的样本空间中考虑

$$P(B \mid A) = \frac{A \text{ 发生的条件下 } B \text{ 中的基本事件数}}{A \text{ 发生的条件下的基本事件总数}}.$$

这一方法是将原来的样本空间 Ω 缩减为 A,在 A 中考虑事件 B 发生的概率.

解法二 在原样本空间 Ω 中考虑,有

$$P(B \mid A) = \frac{P(AB)}{P(A)}.$$

例 1.7.2 一盒子中装有 5 件产品,其中 3 件正品、2 件次品、现两次从中各取一件产品(不放回),设 $A = \{$第一次取到正品$\}$,$B = \{$第二次取到正品$\}$,求 $P(B \mid A)$.

解法一 $P(B \mid A) = \frac{C_2^1}{C_4^1} = \frac{1}{2}$.

解法二 用 $1, 2, 3$ 表示正品;$4, 5$ 表示次品.则

$\Omega = \{(1,2),(1,3),(1,4),(1,5),(2,1),(2,3),(2,4),(2,5),\cdots,(5,1),(5,2),(5,3),(5,4)\}$,

$A = \{(1,2),(1,3),(1,4),(1,5),(2,1),(2,3),(2,4),(2,5),(3,1),(3,2),(3,4),(3,5)\}$,

$$AB = \{(1,2)(1,3),(2,1),(2,3),(3,1),(3,2)\},$$

则

$$P(B \mid A) = \frac{P(AB)}{P(A)} = \frac{6/20}{12/20} = \frac{1}{2}.$$

在概率论中,对语言的错误理解会导致错误的答案.有时候,直觉也不一定准确.

如下面这个简单的例子.

例 1.7.3 某人掷甲、乙两枚硬币,若已知有一枚是正面,求另一枚是正面的概率.

正确答案是 $\frac{1}{3}$,因为这时如果用 H 表示"出现正面",用 T 表示"出现反面",则压缩的样本空间是 $\{HH, HT, TH\}$.但很多人直觉是 $\frac{1}{2}$,理由是掷一枚硬币是否为正面与另一枚硬币出现哪一面没有关系.这个理由是正确的.那到底错在哪呢? 错在对题目"有一枚是正面"的理解上,如果已知了硬币甲(或硬币乙)是正面,那么另一枚硬币出现正面的概率则为 $\frac{1}{2}$.

二、乘法公式

由条件概率的定义可得乘法公式.

定理 1.7.1(乘法公式) 设 $P(A) > 0$,则
$$P(AB) = P(A)P(B \mid A).$$

也就是说,两个事件同时发生的概率等于第一个事件发生的概率乘以第一个事件发生的条件下第二个事件发生的概率.

同样,$P(AB) = P(BA) = P(B)P(A|B)(P(B) > 0)$.

一般地,设 $A_1, A_2, \cdots, A_n$ 为 n 个事件,$P(A_1 A_2 \cdots A_{n-1}) > 0$,则
$$P(A_1 A_2 \cdots A_n) = P(A_1)P(A_2 \mid A_1)P(A_3 \mid A_1 A_2) \cdots P(A_n \mid A_1 A_2 \cdots A_{n-1}).$$

例 1.7.4 在例 1.7.2 中求两次都取到正品的概率.

解 $P(AB) = P(A)P(B|A) = \frac{3}{5} \times \frac{2}{4} = \frac{3}{10}.$

例 1.7.5 设袋中有 b 只黑球,r 只红球.现从中连续三次取球,取球的方式:任取一只,观察其颜色,放回,并再放入一只与刚取出的那只同颜色的球.求第一、二次取到黑球且第三次取到红球的概率.

解 设 $A_i = \{$第 i 次取到黑球$\}$,$i = 1, 2, 3$,则
$$P(A_1 A_2 \overline{A_3}) = P(A_1)P(A_2 \mid A_1)P(\overline{A_3} \mid A_1 A_2) = \frac{b}{b+r} \cdot \frac{b+1}{b+r+1} \cdot \frac{r}{b+r+2}.$$

例 1.7.6(配对问置) 某人写了 n 封信,将其分别装入 $n(n \geqslant 2)$ 个信封,并在每个信封上分别随机地写上 n 个收信人的地址(不重复),求:

(1) 没有一个信封上所写的地址正确的概率 $q_0(n)$.

(2) 恰有 $r(1 \leqslant r \leqslant n)$ 个信封上所写的地址正确的概率 $q_r(n)$.

解 设 $A_i = \{$第 i 个信封上所写地址正确$\}$,$i = 1, 2, \cdots, n$.则
$$\bigcup_{i=1}^{n} A_i = \{n \text{ 个信封上至少有一个所写地址正确}\}.$$

由乘法公式,有
$$P(A_i) = \frac{1}{n}, i = 1, \cdots, n,$$

$$P(A_iA_j) = P(A_j \mid A_i)P(A_i) = \frac{1}{n(n-1)},$$

$$P(A_iA_jA_k) = P(A_i)P(A_j \mid A_i)P(A_k \mid A_iA_j) = \frac{1}{n(n-1)(n-2)},$$

$$\cdots$$

$$P(A_1A_2\cdots A_n) = \frac{1}{n!}.$$

故

(1) $q_0(n) = 1 - P(\bigcup_{i=1}^{n} A_i)$

$$= 1 - \Big[\sum_{i=1}^{n} P(A_i) - \sum_{1 \leqslant i < j \leqslant n} P(A_iA_j) + \sum_{1 \leqslant i < j \leqslant k} P(A_iA_jA_k) - \cdots +$$

$$(-1)^{n-1} P(A_1A_2\cdots A_n) \Big]$$

$$= 1 - \Big[1 - C_n^2 \frac{1}{n(n-1)} + C_n^3 \frac{1}{n(n-1)(n-2)} - \cdots + (-1)^{n-1} \frac{1}{n!} \Big]$$

$$= \frac{1}{2!} - \frac{1}{3!} + \frac{1}{4!} - \cdots + (-1)^n \frac{1}{n!}$$

$$= \sum_{k=0}^{n} \frac{(-1)^k}{k!} \to \frac{1}{e} \approx 0.367\,8 \,(当\, n \to \infty \,时).$$

(2) 由乘法公式,在指定的"某 r 个信封(不妨设前 r 个信封)上所写的地址正确"的概率为

$$P(A_1A_2\cdots A_r) = P(A_1)P(A_2 \mid A_1)\cdots P(A_r \mid A_1A_2\cdots A_{r-1})$$

$$= \frac{1}{n(n-1)\cdots(n-r+1)} = \frac{(n-r)!}{n!} = \frac{1}{P_n^r}.$$

由(1),得

$$q_r(n) = C_n^r \frac{1}{P_n^r} q_0(n-r) = \frac{1}{r!} \sum_{k=1}^{n-r} \frac{(-1)^k}{k!}.$$

第八节　全概率公式和贝叶斯公式

全概率公式和贝叶斯公式是概率论中的两个重要公式,用它们可以解决许多较复杂的求概率问题.

一、全概率公式

例 1.8.1　在例 1.7.2 中求第二次取到正品的概率.

解　$A = \{$第一次取到正品$\}$,$B = \{$第二次取到正品$\}$.

显然,"第二次取到正品"的概率与第一次取到什么产品有关,而第一次抽取产品只有两种可能结果,即 A 和 $\overline{A}$. $A \cup \overline{A} = \Omega$,$A\overline{A} = \varnothing$,所以

$$P(B) = P(\Omega B) = P[(A \cup \overline{A})B] = P(AB \cup \overline{A}B)$$
$$= P(AB) + P(\overline{A}B) = P(A)P(B \mid A) + P(\overline{A})P(B \mid \overline{A})$$
$$= \frac{3}{5} \times \frac{2}{4} + \frac{2}{5} \times \frac{3}{4} = \frac{3}{5}.$$

上述解法的关键是将 B 分解为两个事件的和,即 $B = AB \cup \overline{A}B$.相应地,$\Omega = A \cup \overline{A}$,即将样本空间 Ω 分为两部分.

该问题的直观解释:对于一个试验,某一结果的发生可能有多种原因,每一种原因对结果的发生做出一定的"贡献".当然,这结果发生的可能性与各种原因的"贡献"大小有关.对于这一类问题,从概率上表达它们发生可能性之间的关系的一个重要公式就是全概率公式.我们先引入如下重要的概念.

定义 1.8.1(分割) 设 $A_1, A_2, \cdots, A_n$ 为 Ω 中的 n 个事件,若满足:

(1) $A_i A_j = \varnothing, i \neq j, i, j = 1, 2, \cdots, n$,

(2) $\bigcup\limits_{i=1}^{n} A_i = \Omega$,

则称 $A_1, A_2, \cdots, A_n$ 构成样本空间 Ω 的一个分割.

例如,$\Omega = \{0, 1, 2, 3, 4, 5, 6\}, A_1 = \{0\}, A_2 = \{1, 2\}, A_3 = \{3, 4, 5, 6\}$,则 A_1, A_2, A_3 构成 Ω 的一个分割.

定理 1.8.1(全概率公式) 设事件 $A_1, A_2, \cdots, A_n$ 构成样本空间 Ω 的一个分割,且 $P(A_i) > 0, i = 1, 2, \cdots, n$,则对 Ω 中的任一事件 B 有

$$P(B) = \sum_{i=1}^{n} P(A_i)P(B \mid A_i).$$

证 $P(B) = P(B\Omega) = P[B(\bigcup\limits_{i=1}^{n} A_i)] = P(\bigcup\limits_{i=1}^{n} A_i B)$

$$= \sum_{i=1}^{n} P(A_i B) = \sum_{i=1}^{n} P(A_i)P(B \mid A_i).$$

全概率公式运用的关键在于寻找一个合适的分割,使诸概率 $P(A_i)$ 和条件概率 $P(B \mid A_i)$ 容易求得.

例 1.8.2 某工厂有四条流水线生产同一产品,该四条流水线的产量分别占总产量的 $15\%, 20\%, 30\%, 35\%$,这四条流水线的次品率依次为 $0.05, 0.04, 0.03, 0.02$,现从出厂的产品中任取一件,恰好抽到次品的概率为多少?

解 设 $B = \{$抽到次品$\}$,

$A_i = \{$抽到第 i 条流水线的产品$\}, i = 1, 2, 3, 4$,

于是由全概率公式有

$$P(B) = \sum_{i=1}^{4} P(A_i)P(B \mid A_i)$$
$$= 0.15 \times 0.05 + 0.2 \times 0.04 + 0.3 \times 0.03 + 0.35 \times 0.02$$
$$= 0.0315.$$

例 1.8.3 在例 1.8.2 中若该厂规定,出了次品要追究有关人员的经济责任.现从出厂的产品中任取一件,发现是次品,求该次品是第四条流水线生产的概率.

解 $P(A_4|B)=\dfrac{P(A_4B)}{P(B)}=\dfrac{P(A_4)P(B|A_4)}{P(B)}=\dfrac{0.35\times0.02}{0.031\ 5}\approx0.222.$

在上面的计算中,事实上已经建立了一个极为有用的公式,常称为贝叶斯公式,因为它是由美国数学家 Rhomas Bayes 在 1763 年首先发现的.

二、贝叶斯公式

定理 1.8.2(Bayes 公式) 设事件 $A_1,A_2,\cdots,A_n$ 构成样本空间 Ω 的一个分割,且 $P(A_i)>0,i=1,2,\cdots,n$,则对 Ω 中的任一事件 $B(P(B)>0)$ 有

$$P(A_i\mid B)=\frac{P(B\mid A_i)P(A_i)}{\sum\limits_{i=1}^{n}P(A_i)P(B\mid A_i)}.$$

证 $P(A_i|B)=\dfrac{P(A_iB)}{P(B)}=\dfrac{P(A_i)P(B|A_i)}{P(B)},$

由全概率公式知

$$P(B)=\sum_{i=1}^{n}P(A_i)P(B\mid A_i),$$

所以

$$P(A_i\mid B)=\frac{P(B\mid A_i)P(A_i)}{\sum\limits_{i=1}^{n}P(A_i)P(B\mid A_i)}.$$

贝叶斯公式用来解决这样一类概率问题:当某个事件 B 已经发生,而且事件 B 的发生是由多个可能的原因(事件 $A_1,A_2,\cdots,A_n$)引起的,求由其中第 i 个原因引起的概率 $P(A_i|B)$.

例 1.8.4 用 B 超扫描普查肝癌,令

$$C=\{被检查者患有肝癌\},$$

$$A=\{做 B 超检查诊断是肝癌\},$$

$$\overline{C}=\{被检查者未患肝癌\},$$

$$\overline{A}=\{做 B 超检查诊断不是肝癌\}.$$

由过去的资料知

$$P(A\mid C)=0.99,\ P(\overline{A}\mid\overline{C})=0.98.$$

又已知该地区肝癌的发病率 $P(C)=0.002$.

现在某次普查中,某人的 B 超检查诊断是肝癌,求此人真的患有肝癌的概率.

解 由贝叶斯公式可得

$$P(C\mid A)=\frac{P(A\mid C)P(C)}{P(C)P(A\mid C)+P(\overline{C})P(A\mid\overline{C})}$$

$$=\frac{0.99\times0.002}{0.002\times0.99+0.998\times0.02}\approx0.09.$$

由此可知,虽然此人 B 超检查结果为肝癌,但他真的患有肝癌的概率(0.09)并不大,这并不意味着这种检查办法准确性低(这从 $P(A|C)=0.99,P(\bar{A}|\bar{C})=0.98$ 可以看出),而是由于该地区肝癌的发病率低($P(C)=0.002$)所致.

例 1.8.5 对以往数据的分析结果表明,一射击手用校正过的枪射击时,中靶率为 0.9;而用未校正过的枪射击时,中靶率为 0.2.今假定有 8 支枪中混有 3 支未经校正,5 支已经校正的枪.从 8 支枪中任取一支进行射击,结果中靶.求所用这支枪已校正过的概率.

解 令 $A_1=\{$所取的枪是校正过的$\}$,

$A_2=\{$所取的枪是未校正过的$\}$,

$B=\{$射击中靶$\}$.

于是 $P(B|A_1)=0.9,P(B|A_2)=0.2,P(A_1)=\dfrac{5}{8},P(A_2)=\dfrac{3}{8}$.

由 Bayes 公式,得

$$P(A_1\mid B)=\frac{P(A_1)P(B\mid A_1)}{P(A_1)P(B\mid A_1)+P(A_2)P(B\mid A_2)}$$

$$=\frac{\dfrac{5}{8}\times 0.9}{\dfrac{5}{8}\times 0.9+\dfrac{3}{8}\times 0.2}\approx 0.88.$$

例 1.8.6 在美国的某刊物有一个栏目名为:Ask.Marilyn.回答读者提出的各种问题,其中有一个后来被称为 Monty Hall 问题.有一个由 Monty 主持的电视游戏栏目是这样的:Monty 让参与人 Voila 在 3 扇完全一样的大门 A、B、C 中任选一扇,这 3 扇门中有两扇门后面分别有一只羊,另一扇门后面有一辆汽车,主持人 Monty 事先已经知道每扇门后有什么东西.游戏开始了,Voila 选定一扇门(如 A)后,Monty 打开一扇放有羊的门(如 B),接着告诉 Voila 可以再选择.Voila 想要汽车,问题是 Voila 是保持原选择不动,还是换呢?

Marilyn 的答案是换.但这个答案在当时引起了很大的争议,因为很多人认为在 Monty 打开门之后,剩下的两扇门后有汽车的概率是一样的.所以换不换没有区别.

实际上,争议是因为对问题的理解不同.依我们理解,这是一个条件概率问题,就是计算在 Monty 打开 B 门的条件下,Voila 选择换门而得到汽车的概率.

由这个游戏我们知道:①Monty 总是打开有羊的门;②在①的条件下,如果 Monty 还可以选择,他总是随机地选择.

故我们有下面的情况:

(1) A 门后是汽车,这时 Monty 打开 B 门的概率为 $\dfrac{1}{2}$;

(2) B 门后是汽车,这时 Monty 打开 B 门的概率是 0;

(3) C 门后是汽车,这时 Monty 打开 B 门的概率是 1.

这样,由 Bayes 公式推出在 Monty 打开 B 门的条件下,Voila 选择换而得到汽车的概率为

$$\frac{\dfrac{1}{3} \times 1}{\dfrac{1}{3} \times \dfrac{1}{2} + 0 + \dfrac{1}{3} \times 1} = \frac{2}{3}.$$

例 1.8.7 设有来自三个地区的各 10 名、15 名和 25 名考生的报名表,其中女生的报名表分别为 3 份、7 份和 5 份.随机地抽取一个地区的报名表,从中先后抽取两份.(1)求先抽到的一份为女生表的事件概率 p.(2)已知后抽到的一份是男生表,求先抽到的一份是女生表的事件概率 q.

解 令 $H_i = \{$报名表是第 i 区考生的表$\}$,$i = 1, 2, 3$;

$A_j = \{$第 j 次抽到的报名表是男生表$\}$,$j = 1, 2$.

于是

$$P(H_1) = P(H_2) = P(H_3) = \frac{1}{3},$$

$$P(A_1 \mid H_1) = \frac{7}{10}, P(A_1 \mid H_2) = \frac{8}{15}, P(A_1 \mid H_3) = \frac{20}{25}.$$

(1)由全概率公式得

$$p = P(\overline{A}_1) = \sum_{i=1}^{3} P(H_i) P(\overline{A}_1 \mid H_i) = \frac{1}{3} \left(\frac{3}{10} + \frac{7}{15} + \frac{5}{25} \right) = \frac{29}{90}.$$

(2) $$P(A_2 \mid H_1) = \frac{7}{10}, P(A_2 \mid H_2) = \frac{8}{15}, P(A_2 \mid H_3) = \frac{20}{25},$$

$$P(\overline{A}_1 A_2 \mid H_1) = \frac{3}{10} \times \frac{7}{9} = \frac{7}{30}, P(\overline{A}_1 A_2 \mid H_2) = \frac{7}{15} \times \frac{8}{14} = \frac{8}{30},$$

$$P(\overline{A}_1 A_2 \mid H_3) = \frac{5}{25} \times \frac{20}{24} = \frac{5}{30},$$

$$P(A_2) = \sum_{i=1}^{3} P(H_i) P(A_2 \mid H_i) = \frac{61}{90}.$$

由全概率公式有

$$P(\overline{A}_1 A_2) = \sum_{i=1}^{3} P(H_i) P(\overline{A}_1 A_2 \mid H_i) = \frac{1}{3} \left(\frac{7}{30} + \frac{8}{30} + \frac{5}{30} \right) = \frac{2}{9}.$$

故 $q = P(\overline{A}_1 \mid A_2) = \dfrac{P(\overline{A}_1 A_2)}{P(A_2)} = \dfrac{20}{61}.$

第九节　随机事件的独立性

一、两个事件的独立性

事件的独立性是在同一随机试验的多个事件中,某个随机事件的发生可能影响其他随机事件发生的可能性,即对任意两个事件 A, B,可能有 $P(B \mid A) \neq P(B)$,即事件 A 的发生

会影响事件 B 发生的概率,但有时 $P(B|A)=P(B)$,这就是说,条件概率 $P(B|A)$ 等于无条件概率,这便是事件 A,B 独立的直观含义.

当 $P(B|A)=P(B)$ 时,有
$$P(AB)=P(A)P(B\mid A)=P(A)P(B). \tag{1.3}$$
于是我们给出如下的定义.

定义 1.9.1 若两事件 A,B 满足 $P(AB)=P(A)P(B)$,则称事件 A 与 B 相互独立.

就是说两事件独立,它们积的概率等于概率的积.

依此定义,容易验证必然事件 Ω 和不可能事件 $\varnothing$ 与任何事件独立.

事实上,对任何事件 $A,P(A\Omega)=P(A)=P(A)\cdot 1=P(A)\cdot P(\Omega)$,
$$P(A\varnothing)=P(\varnothing)=0=P(A)\cdot P(\varnothing).$$

例 1.9.1 甲、乙两人各掷一枚均匀硬币,设
$$A=\{甲出现正面\},B=\{乙出现正面\},$$
事件 A,B 是否相互独立?

解 样本空间 $\Omega=\{(正,正),(正,反),(反,正),(反,反)\}$,
$$A=\{(正,正),(正,反)\},$$
$$B=\{(正,正),(反,正)\},$$
$$AB=\{(正,正)\},$$
$$P(A)=P(B)=\frac{1}{2},$$
$$P(AB)=\frac{1}{4}=P(A)P(B).$$

所以事件 A,B 独立.

直观上甲、乙两人掷硬币是互不影响的,A,B 应该是独立事件,但并不是所有的问题都这么容易判断.

例 1.9.2 假定生男生女是等可能的,考虑有两个孩子的家庭,设 $A=\{一个家庭中有男孩又有女孩\}$,$B=\{最多有一女孩\}$,A,B 是否独立?

解 样本空间 $\Omega=\{(男,男),(男,女),(女,男),(女,女)\}$,
$$A=\{(男,女),(女,男)\},$$
$$B=\{(男,男),(男,女),(女,男)\},$$
$$AB=\{(男,女),(女,男)\},$$
于是由等可能性有 $P(A)=\frac{1}{2},P(B)=\frac{3}{4},P(AB)=\frac{1}{2}$.

由此可知 $P(AB)\neq P(A)P(B)$.

所以事件 A,B 不独立.

两个事件的独立性具有下列性质.

(1) A,B 为两个随机事件,且 $P(A)>0$,则 A,B 独立的充要条件是 $P(B|A)=P(B)$.

证 充分性由式(1.3)即得,下面证必要性.

因为 A,B 独立,所以 $P(AB)=P(A)P(B)$.则

$$P(B\mid A)=\frac{P(AB)}{P(A)}=\frac{P(A)P(B)}{P(A)}=P(B).$$

(2) 若事件 A 与 B 相互独立,则 A 与 $\overline{B}$,$\overline{A}$ 与 B,$\overline{A}$ 与 $\overline{B}$ 也相互独立.

证 $\quad P(\overline{A}B)=P(B-AB)=P(B)-P(AB)=P(B)-P(A)P(B)$
$$=P(B)[1-P(A)]=P(\overline{A})P(B).$$

所以 $\overline{A}$ 与 B 相互独立.

类似可证 A 与 $\overline{B}$,$\overline{A}$ 与 $\overline{B}$ 也相互独立.

(3) 若 $P(A)>0,P(B)>0$,则 A,B 相互独立与 A,B 互不相容不能同时成立.

例 1.9.3 一个工人管理甲、乙两台自动车床,每台车床发生故障与否是相互独立的,一周内这两台车床发生故障的概率分别是 0.1 和 0.2,求一周内至少有一台车床不发生故障的概率.

解法一 设 $A=\{$甲车床不发生故障$\}$,
$\qquad\qquad B=\{$乙车床不发生故障$\}$,

则 $\qquad\qquad\qquad P\{$至少有一台车床不发生故障$\}$
$$=P(A\bigcup B)=P(A)+P(B)-P(AB)$$
$$=P(A)+P(B)-P(A)P(B)$$
$$=0.9+0.8-0.9\times0.8=0.98.$$

解法二 $P\{$至少有一台车床不发生故障$\}=1-P(\overline{A}\,\overline{B})=1-P(\overline{A})P(\overline{B})$
$$=1-0.2\times0.1=0.98$$

二、多个事件的独立性

定义 1.9.2 设 A,B,C 为三个事件,如果

$$\left.\begin{array}{l}P(AB)=P(A)P(B)\\P(AC)=P(A)P(C)\\P(BC)=P(B)P(C)\end{array}\right\},\qquad\qquad(1.4)$$

且 $P(ABC)=P(A)P(B)P(C)$,则称事件 A,B,C 相互独立,简称 A,B,C 独立.若仅仅是式(1.4)中三个等式成立,则称 A,B,C 两两独立.

一般地,若 A,B,C 两两独立,并不能保证
$$P(ABC)=P(A)P(B)P(C).$$

例 1.9.4 设袋中有 4 个球,其中 3 个分别涂成白色、红色和黄色,1 个涂白、红、黄三种颜色.今从袋中任取一球,设

$A=\{$取出的球涂有白色$\}$,$B=\{$取出的球涂有红色$\}$,$C=\{$取出的球涂有黄色$\}$,
试验证事件 A、B、C 两两独立,但不相互独立.

解 易知

$$P(A) = P(B) = P(C) = \frac{1}{2},$$

$$P(AB) = P(BC) = P(CA) = \frac{1}{4},$$

所以

$$P(AB) = P(A)P(B),$$
$$P(BC) = P(B)P(C),$$
$$P(CA) = P(C)P(A),$$

即事件 A、B、C 两两独立.

但是

$$P(ABC) = \frac{1}{4} \neq P(A)P(B)P(C) = \frac{1}{8},$$

所以

$$P(ABC) \neq P(A)P(B)P(C),$$

故 A,B,C 不相互独立.

下面考虑 n 个事件的独立性.

定义 1.9.3 设 $A_1,A_2,\cdots,A_n$ 是 n 个事件,如果对于其中任意 $k(2\leqslant k\leqslant n)$ 个事件 A_{i_1}, $A_{i_2},\cdots,A_{i_k}$ 有

$$P(A_{i_1}A_{i_2}\cdots A_{i_k}) = P(A_{i_1})P(A_{i_2})\cdots P(A_{i_k}), \tag{1.5}$$

则称事件 $A_1,A_2,\cdots,A_n$ 相互独立.

式(1.5)中共有

$$C_n^2 + C_n^3 + \cdots + C_n^n = (1+1)^n - C_n^1 - C_n^0$$
$$= 2^n - n - 1$$

个等式.

由此可知,若 n 个事件 $A_1,A_2,\cdots,A_n$ 相互独立,则它们一定两两独立,反之两两独立则不一定相互独立.

在实际应用中,对于事件的独立性,我们往往不是根据定义来判断,而是根据实际意义来加以判断的.

例 1.9.5 一个电路(见图 1.10)共有四个元件,它们发生故障与否是相互独立的. 已知每个元件发生故障的概率均为 p,求该电路因元件发生故障而不能通电的概率.

解 设 $A = \{$电路不能通电$\}$,

$A_i = \{$第 i 个元件发生故障$\}$,$i=1,2,3,4$.

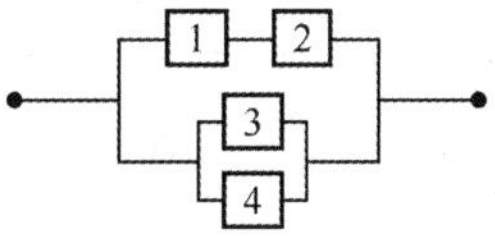

则

图 1.10

$$P(A) = P\{(A_1 \bigcup A_2)A_3A_4\} = P(A_1A_3A_4 \bigcup A_2A_3A_4)$$
$$= P(A_1A_3A_4) + P(A_2A_3A_4) - P(A_1A_2A_3A_4)$$
$$= P(A_1)P(A_3)P(A_4) + P(A_2)P(A_3)P(A_4) - P(A_1)P(A_2)P(A_3)P(A_4)$$
$$= p^3 + p^3 - p^4 = 2p^3 - p^4.$$

第十节 伯努利概型

在许多问题中,我们对试验感兴趣的是事件 A 是否发生.例如,在产品抽样检查中注意的是抽到"正品"还是"次品",射击时我们关心的是"中"还是"不中".像这样只有两个可能结果的随机试验称为伯努利试验.

对于伯努利试验,$\Omega = \{A, \overline{A}\}$,一般把事件 A 发生叫"成功",出现 $\overline{A}$ 则叫"失败",设 $P(A) = p, P(\overline{A}) = q$,即有 $p + q = 1$.

有些试验的结果不止两个.例如,掷一颗骰子,假如我们关心的是"出现一点"还是"不出现一点",则掷一颗骰子也是伯努利试验.

如果将伯努利试验在相同的条件下重复 n 次,各次试验的结果相互独立,且事件 A 和事件 $\overline{A}$ 发生的概率保持不变,则称这 n 次试验为 n 重伯努利试验,或称伯努利概型.

例 1.10.1 某射手向某目标射击 5 次,每次击中的概率为 p,不中的概率为 q,且各次射击中与不中是相互独立的.求 5 次射击当中恰好击中 3 次的概率 $P_5(3)$.

解 这是一个 5 重伯努利试验.

$$\{5 \text{次中恰好击中} 3 \text{次}\} = A_1 A_2 A_3 \overline{A_4} \, \overline{A_5} + \cdots + \overline{A_1} \, \overline{A_2} A_3 A_4 A_5 (\text{共有 } C_5^3 \text{ 项}).$$

$$P(A_1 A_2 A_3 \overline{A_4} \, \overline{A_5}) = P(A_1) P(A_2) P(A_3) P(\overline{A_4}) P(\overline{A_5}) = p^3 q^2,$$

由于有 C_5^3 项,每一项的概率都是 $p^3 q^2$,所以 5 次中恰好击中 3 次的概率 $P_5(3) = C_5^3 p^3 q^2$.

同理
$$P_5(4) = C_5^4 p^4 q^1,$$

$$P_5(k) = C_5^4 p^k q^{5-k}, \quad k = 0, 1, 2, 3, 4, 5.$$

由此有下面的定理.

定理 1.10.1 在 n 重伯努利试验中,事件 A 恰好发生 k 次的概率为
$$P_n(k) = C_n^k p^k q^{n-k}, \quad k = 0, 1, 2, \cdots, n.$$

证 由伯努利概型知事件 A 在指定的 k 次试验中发生,在其余 $n-k$ 次试验中不发生的概率为 $p^k q^{n-k}$.由于事件 A 的发生可以有各种排列顺序,它共有 C_n^k 种.而这 C_n^k 种排列所对应的 C_n^k 个事件是互不相容的.因此

$$P_n(k) = C_n^k p^k q^{n-k}, \quad 0 \leqslant k \leqslant n.$$

例 1.10.2 某金工车间有 10 台同类型的机床,每台机床配备的电动机功率为 10 kW.已知每台机床工作时,平均每小时实际开动 12 min,且开动与否是相互独立的.现因当地电力供应紧张,供电部门只提供 50 kW 电力给这 10 台机床.求这 10 台机床能正常工作的概率.

解 50 kW 电力可同时供 5 台机床开动.每台机床只有"开动"和"不开动"两种情况,"开动"的概率为 $\frac{12}{60} = \frac{1}{5}$,"不开动"的概率为 $\frac{4}{5}$.

设 10 台机床中开动着的台数为 ξ,则

$$P\{\xi = k\} = C_{10}^k \left(\frac{1}{5}\right)^k \left(\frac{4}{5}\right)^{10-k}, k = 0, 1, 2, \cdots, 10.$$

$$P\{\text{能正常工作}\}=P\{\xi\leqslant 5\}=\sum_{k=0}^{5}P\{\xi=k\}=\sum_{k=0}^{5}C_{10}^{k}\left(\frac{1}{5}\right)^{k}\left(\frac{4}{5}\right)^{10-k}\approx 0.994.$$

例 1.10.3　数学家巴拿赫的左右衣袋里各装有一盒火柴,每次使用时任取两盒中的一盒,假设每盒各有 n 根,求他首次发现一盒空时,另一盒恰有 r 根的概率($r=0,1,2,\cdots,n$).

解　两盒火柴有一盒用完有两种可能情形,设手伸向左边衣袋表示"成功",伸向右边衣袋表示"失败",则发现左边一盒空时,右边一盒恰有 r 根的概率,就是重复独立试验中,第 $n+1$ 次"成功,发生在第 $2n-r+1$ 次试验的概率,即 $C_{2n-r}^{n}\left(\frac{1}{2}\right)^{n}\cdot\left(\frac{1}{2}\right)^{n-r}\frac{1}{2}$.故所求概率为

$$p=C_{2}^{1}C_{2n-r}^{n}\left(\frac{1}{2}\right)^{n+1}\left(\frac{1}{2}\right)^{n-r}=C_{2n-r}^{n}\left(\frac{1}{2}\right)^{2n-r}.$$

习　题　一

1. 写出下列随机试验的样本空间:

(1) 袋中有外形相同的三个球,编号分别为 1,2,3,一次从中任取两球;

(2) 10 只产品中有 3 只优质品,每次从中随机地取 1 只,直至将 3 只优质品都取出,记录抽取的次数;

(3) 某人投篮,直至投中为止,记录投篮的次数.

2. 设 A,B,C 为三事件,试用 A,B,C 的运算式表示下列事件:

(1) A,B,C 都发生;

(2) A,B,C 都不发生;

(3) A,B,C 不都发生;

(4) A,B,C 中至多发生两个;

(5) A,B,C 中至少发生两个.

3. 设 $\Omega=\{1,2,3,4,5,6\}$,$A=\{2,3,4\}$,$B=\{3,4,5\}$,$C=\{5,6\}$.用样本点的集合表示下列事件:

(1)$\overline{A\bigcup B}$;　　　(2)$\overline{A}\ \overline{B}$;　　　(3)$\overline{AB}$;　　　(4)$\overline{A}\bigcup\overline{B}$.

4. 共有 3 个零件,$A_i=\{$第 i 个零件是正品$\}$,$\overline{A}_i=\{$第 i 个零件是次品$\}$,$i=1,2,3$.用语言文字表述下列事件:

(1) $\overline{A_1A_2A_3}$;　　　　　　　　(2) $A_1\ \overline{A_2A_3}$;

(3) $A_1A_3\bigcup A_1A_2\bigcup A_2A_3$;　　　(4) $\overline{A}_1\bigcup\overline{A}_2\bigcup\overline{A}_3$.

5. 指出下列各等式是否成立:

(1) $(A-B)\bigcup B=A$;

(2) 若 $A\subset B$,则 $A=AB$;

(3) $A\bigcup B=A\bigcup\overline{A}B$;

(4) 若 $AB = \varnothing$, 则 $A \cup B = \Omega$.

6. 一部文集共有 5 卷(每卷一本).现将它按任意次序放到书架上,求下列事件的概率:

(1) 第一卷出现在旁边;

(2) 第一卷和第五卷都出现在旁边;

(3) 第三卷在中间.

7. 一盒产品共 10 个,其中次品 2 个、正品 8 个,现从中不放回地取 3 个,求下列事件的概率:

(1) $A = \{3$ 个都是正品$\}$;

(2) $B = \{$至少有 1 个次品$\}$.

8. 某人有 5 把钥匙,但忘记了开门的是哪一把,逐把试开,求下列事件的概率:

(1) 恰好在第三次打开门;

(2) 三次内打开门.

9. 设 A, B, C 是三个事件,$P(A) = P(B) = P(C) = \dfrac{1}{4}$,$P(AB) = P(BC) = 0$,$P(AC) = \dfrac{1}{8}$,求 A, B, C 至少有一个发生的概率.

10. 某公共汽车站每隔 5 min 有一辆汽车到达,某乘客到达汽车站的时间是任意的,求该乘客候车时间不超过 3 min 的概率.

11. 甲、乙两人相约在 0~T 这段时间内在预定地点会面,先到的人等候另一个人的时间为 $t(t < T)$,过时即离去.求两人能会到面的概率.

12. 设 A, B 为两个随机事件,且 $P(A) = p$,$P(B) = q$,$P(A \cup B) = r$,求

(1)$P(AB)$;　　　(2)$P(\bar{A}B)$;　　　(3)$P(\bar{A}\bar{B})$;　　　(4)$P(\bar{A} \cup \bar{B})$.

13. 比较下列三个数的大小:$P(AB)$,$P(A \cup B)$ 和 $P(A) + P(B)$.

14. 设 A, B 为两个随机事件,A 和 B 至少有一个发生的概率为 $\dfrac{1}{3}$,A 发生 B 不发生的概率为 $\dfrac{1}{9}$,求 B 发生的概率.

15. 设 100 件产品中有 5 件次品,从中任取三次,每次任取一件(不放回),求

(1) 三次都取到正品的概率;

(2) 两次取正品、一次取次品的概率.

16. 某工厂分配到 15 名技校毕业生,其中有 3 名优秀生,计划平均分配到 3 个小组中去,求

(1) 每个小组分到一名优秀生的概率;

(2) 3 名优秀生分配到同一小组的概率.

17. 一贵重物品从甲地运往乙地,中间要经过两个转运站.在第一个转运站中,该物品包装被损坏的概率为 0.12;在第二个转运站中,该物品包装被损坏的概率为 0.08.求物品到达乙地包装完好的概率.

18. n 个人用摸彩的方法决定谁能得到一张电影票,求

(1) 已知前 $k-1(k\leqslant n)$ 个人都没摸到,求第 k 个人摸到的概率;

(2) 第 $k(k\leqslant n)$ 个人摸到的概率.

19. 根据以往资料表明,某三口之家患某种传染病的概率有以下规律:
$$P\{孩子得病\}=0.6, \quad P\{母亲得病\mid 孩子得病\}=0.5,$$
$$P\{父亲得病\mid 孩子及母亲得病\}=0.4.$$
求母亲及孩子得病但父亲不得病的概率.

20. 某油漆公司发出 17 桶油漆,其中白漆 10 桶、黑漆 4 桶、红漆 3 桶,在搬运中所有标签脱落,交货人随意将这些油漆发给顾客.问:一个定了 4 桶白漆、3 桶黑漆和 2 桶红漆的顾客,能按所定颜色如数得到货品的概率是多少?

21. 在 1 500 个产品中有 400 个次品、1 100 个正品,任取 200 个.求:(1)恰有 90 个次品的概率;(2)至少有 2 个次品的概率.

22. 从 5 双不同的鞋子中任取 4 只,这 4 只鞋子中至少有两只鞋子配成一双的概率是多少?

23. 在 11 张卡片上分别写上"Probability"这 11 个字母,从中任意连抽 7 张,求其排列结果为"ability"的概率.

24. 将 3 个球随机地放入 4 个杯子中去,求杯子中球的最大个数分别为 1,2,3 的概率.

25. 50 个铆钉随机地取来用在 10 个部件上,其中有 3 个铆钉强度太弱.每个部件用 3 只铆钉.若将 3 只强度太弱的铆钉都装在一个部件上,则这个部件强度就太弱.问:发生一个部件强度太弱的概率是多少?

26. 已知 $P(\overline{A})=0.3,P(B)=0.4,P(A\overline{B})=0.5,$求 $P(B\mid A\cup\overline{B})$.

27. 已知 $P(A)=\dfrac{1}{4},P(B\mid A)=\dfrac{1}{3},P(A\mid B)=\dfrac{1}{2}.$求 $P(A\cup B)$.

28. 将两信息分别编码为 A 和 B 传递出去,接收站收到时,A 被误收作 B 的概率为 0.02,而 B 被误收作 A 的概率为 0.01.信息 A 与信息 B 传送的频繁程度为 2∶1.若接收站收到的信息是 A,原发信息是 A 的概率是多少?

29. 某人下午 5∶00 下班.他所积累的资料(见表 1.3)表明:

表 1.3

到家时间(下午)	5∶35~5∶39	5∶40~5∶44	5∶45~5∶49	5∶50~5∶54	迟于 5∶54
乘地铁到家的概率	0.10	0.25	0.45	0.15	0.05
乘汽车到家的概率	0.03	0.35	0.20	0.10	0.05

某日他抛一枚硬币决定乘地铁还是乘汽车,结果他是下午 5∶47 到家的.试求他是乘地铁回家的概率.

30. 有两箱同种类的零件.第一箱装 50 只,其中 10 只一等品;第二箱装 30 只,其中 18 只一等品.今从两箱中任挑出一箱,然后从该箱中取零件两次,每次任取一只,做不放回抽样.试

求:(1)第一次取到的零件是一等品的概率;(2)在第一次取到的零件是一等品的条件下,第二次取到的也是一等品的概率.

31. 有朋友从远方来访,他乘火车、轮船、汽车、飞机来的概率分别是 0.3,0.2,0.1,0.4.如果他乘火车、轮船、汽车来的话,迟到的概率分别是 $\frac{1}{4},\frac{1}{3},\frac{1}{12}$,而乘飞机不会迟到.结果他迟到了,试问:他是搭火车来的概率是多少?

32. 在某工厂里有甲、乙、丙三台机器生产螺丝钉,它们的产量各占 25%,35%,40%.并且在各自的产品里,不合格品各占 5%,4%,2%.现从生产的产品中任取一件,恰好是不合格品,问:此不合格品是机器甲、乙、丙生产的概率分别是多少?

33. 某工厂的车床、钻床、磨床、刨床之比是 9:3:2:1,它们在一定的时间内需要修理的概率之比为 1:2:3:1.当有一台机床需要修理时,这台机床是车床的概率是多少?

34. 已知一只母鸡生 k 个蛋的概率为 $\frac{\lambda^k e^{-\lambda}}{k!}(\lambda>0)$,而每一个蛋能孵化成小鸡的概率为 p,求一只母鸡恰有 r 个下一代(小鸡)的概率.

35. 设有两门高射炮,每一门炮击中飞机的概率都是 0.6,求同时发射一发炮弹而击中飞机的概率是多少?又若有一架敌机侵入领空,欲以 0.99 的概率击中它,至少需要多少门高射炮?

36. 设 A,B 为两事件,$P(A)>0,P(B)>0$,证明 A,B 相互独立与 A,B 互不相容不能同时成立.

37. 袋中有 a 只白球,b 只黑球,每次有放回地从中任取一球,直至取到白球为止,试求取出的黑球数恰好是 k 的概率.

38. 一医院治疗某种稀有血液病的治愈率为 0.4.今有这一疾病患者 5 名.求以下各事件的概率:

(1) 恰有 3 人治愈;

(2) 至少有 4 人治愈.

39. 某电路如图 1.11 所示.其中 1,2,3,4 为继电器接点.设各继电器接点导通与否是相互独立的,每个接点导通的概率均为 p,求 L 至 R 通路的概率.

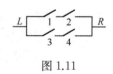

图 1.11

40. 三人独立地破译一个密码,他们能译出的概率分别为 $\frac{1}{5},\frac{1}{3},\frac{1}{4}$,求此密码能被译出的概率.

41. 袋中装有 m 只正品硬币、n 只次品硬币(次品硬币的两面均印有国徽).在袋中任取一只,将它投掷 r 次,已知每次都得到国徽,问:这只硬币是正品的概率为多少?

42. 甲、乙、丙三人同时对飞机进行射击,三人击中的概率分别为 0.4,0.5,0.7.飞机被一人击中而被击落的概率为 0.2;被两人击中而被击落的概率为 0.6;若三人都击中,飞机必定被击落.求飞机被击落的概率.

43. 设根据以往记录的数据分析,某船只运输的某种物品损坏的情况共有三种:损坏 2%(事件 A_1)、损坏 10%(事件 A_2)、损坏 90%(事件 A_3).且知 $P(A_1)=0.8$,$P(A_2)=0.15$,$P(A_3)=0.05$.现在从已被运输的物品中随机地取 3 件,发现这 3 件都是好的(事件 B).试求 $P(A_1|B)$,$P(A_2|B)$,$P(A_3|B)$(这里设物品件数很多,取出一件后不影响取后一件是否为好品的概率).

44. 某机构有一个 9 人组成的顾问小组.每个顾问提供正确意见的概率是 0.7,现该机构对某事的可行与否征求各位顾问的意见,并按多数人的意见做出决策,求决策正确的概率.

第二章

随机变量及其分布

第一节 随机变量

一、随机变量

有时在进行随机试验时,人们关心的往往不是样本空间本身,而是对依赖于样本点的实数感兴趣.举几个典型的例子:每一次赌博中,赌徒所得的赌金(赢了为正数,输了为负数);n重伯努利试验中成功的次数;n个同学中生日相同的人数.在每一种情形中都有唯一的一个规则使每一个样本点 ω 与一个实数 $X(\omega)$ 联系起来.由此我们可以在样本空间 Ω 上定义一个函数,在概率论中,称为随机变量.

定义 2.1.1 设 E 为随机试验,而样本空间为 Ω,如果每一个 $\omega \in \Omega$,有唯一的实数 $X(\omega)$ 与之对应,则称 Ω 上的函数 $X(\omega)$ 为随机变量.

随机变量用 $X(\omega)$、$Y(\omega)$、$Z(\omega)$ 表示,简记为 X,Y,Z.

例 2.1.1 某射手向某一目标射击三次,每次击中的概率是 p,击不中的概率是 q,人们关心的是三次射击中命中目标的次数 X,这个数 X 有如下特点:

(1) X 的取值事先不知道,只知道它的可能取值是 $0,1,2,3$;

(2) X 可能取什么值与样本点 ω 有关,即 $X = X(\omega)$.

事实上,设 $A_i = \{$第 i 次击中$\}$,$i = 1,2,3$,则

$$\Omega = \{\overline{A_1}\,\overline{A_2}\,\overline{A_3}, A_1\,\overline{A_2}\,\overline{A_3}, \overline{A_1}A_2\overline{A_3}, \overline{A_1}\,\overline{A_2}A_3, A_1A_2\overline{A_3}, A_1\,\overline{A_2}A_3, \overline{A_1}A_2A_3, A_1A_2A_3\}$$
$$= \{\omega_1, \omega_2, \cdots, \omega_8\}$$

$$X = X(\omega) = \begin{cases} 0, & \omega = \omega_1, \\ 1, & \omega = \omega_2, \omega_3, \omega_4, \\ 2, & \omega = \omega_5, \omega_6, \omega_7, \\ 3, & \omega = \omega_8. \end{cases}$$

像这样的样本点的函数 $X(\omega)$,就是随机变量.

当我们引入了随机变量 X 以后,就可以用它来描述事件.例如,例 2.1.1 中,X 取值为 1,写成 $\{X=1\}=\{\omega:X(\omega)=1\}$,表示"击中目标的次数为 1"这一事件.

二、随机变量的分类

下面再举几个随机变量的例子.

例 2.1.2 某电话机一天接到的电话呼唤次数 $X(\omega)$ 是一随机变量,它的可能值是 0,1,2,$\cdots$.

例 2.1.3 某商店一天的顾客人数 $X(\omega)$ 是一随机变量,它的可能值是 0,1,2,$\cdots$.

例 2.1.4 掷一枚硬币,$\Omega=\{正,反\}=\{\omega_1,\omega_2\}$,令

$$X(\omega)=\begin{cases}1,\omega=\omega_1,\\0,\omega=\omega_2.\end{cases}$$

则 $X(\omega)$ 也是一随机变量,它表示掷一枚硬币出现正面的次数,它的可能取值是 0 或 1.

例 2.1.5 一台电视机的寿命是随机变量 $X(\omega)$,它在 $[0,\infty)$ 中取值.

例 2.1.6 某公共汽车站每隔 5 min 有一趟汽车通过,乘客到达汽车站的时刻是任意的,则乘客的候车时间 $X(\omega)$ 是一个随机变量,它在区间 $[0,5)$ 中取值.

按随机变量取值的情况可以把随机变量分类,最常用的是两类:

(1) 离散型随机变量.这类随机变量只取有限个值或可列无限多个值,如例 2.1.1、例 2.1.2、例 2.1.3、例 2.1.4.

(2) 连续型随机变量.这类随机变量的可能取值可以连续地充满某一区间,如例 2.1.5、例 2.1.6.

第二节 离散型随机变量及其概率分布

一、概率分布

随机变量作为一个实值函数,与普通函数有着本质的差异:①定义域不同,随机变量是定义在样本空间上的,样本空间上的元素不一定是实数,而普通函数是定义在数轴上的;②随机变量的取值随试验结果的不同而不同,我们在试验之前只知道它可能的取值范围,而不能确定它取什么值,并且随机变量取各个值有一定的概率.

例如,在例 2.1.1 中,X 的可能取值是 0,1,2,3.

$$P\{X=0\}=q^3,$$
$$P\{X=1\}=C_3^1pq^2,$$
$$P\{X=2\}=C_3^2p^2q,$$
$$P\{X=3\}=p^3.$$

为了使观察更直观,将 X 的可能取值及相应的概率列成表 2.1,称为概率分布表.

表 2.1

X	0	1	2	3
P	q^3	$C_3^1 pq^2$	$C_3^2 p^2 q$	p^3

一般地,设离散型随机变量 X 的可能取值为 $x_1, x_2, \cdots, x_i, \cdots,$ 且

$$P\{X = x_i\} = p_i, i = 1, 2, \cdots, \tag{2.1}$$

称式(2.1)为随机变量 X 的概率分布律,简称分布律.

X 的概率分布可以用表或图表示(见表 2.2,图 2.1),分别称为 X 的概率分布表与概率分布图.

表 2.2

X	x_1	x_2	$\cdots$	x_i	$\cdots$
P	p_1	p_2	$\cdots$	p_i	$\cdots$

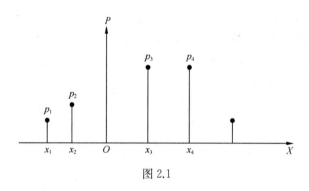

图 2.1

由概率的基本性质可知,概率分布具有以下性质:

(1) 非负性 $p_i \geqslant 0, i = 1, 2, \cdots$;

(2) 规范性 $\sum\limits_{i=1}^{\infty} P_i = 1.$

反之,可以证明,具有性质(1)、(2)的数列 $\{p_i\}$ 必是某个随机变量的概率分布.

例 2.2.1 设随机变量 X 的概率分布为

$$P\{X = k\} = \frac{a}{6}, \quad k = 1, 2, \cdots, 6.$$

试确定常数 a.

解 由 $\sum\limits_{k=1}^{6} P\{X = k\} = \sum\limits_{k=1}^{6} \frac{a}{6} = 1$, 得

$$a = 1.$$

例 2.2.2 从 $1, 2, 3, 4, 5$ 五个数中任取三个数,记 X 表示三个数中最小者,求:

(1) X 的概率分布;

(2) $P\{X \geqslant 2\}$.

解 (1) X 的可能取值是 $1,2,3$,则

$$P\{X=1\}=C_4^2/C_5^3=0.6,$$
$$P\{X=2\}=C_3^2/C_5^3=0.3,$$
$$P\{X=3\}=C_2^2/C_5^3=0.1.$$

于是,X 的概率分布律如表 2.3 所示.

表 2.3

X	1	2	3
P	0.6	0.3	0.1

(2) **解法一** $P\{X\geqslant 2\}=P\{X=2\}+P\{X=3\}=0.4.$

解法二 $P\{X\geqslant 2\}=1-P\{X<2\}=1-P\{X=1\}=0.4.$

二、几种常用的分布

下面介绍几种常见的离散型随机变量的概率分布.

1.两点分布(0−1分布)

定义 2.2.1 如果随机变量 X 只可能取 $0,1$ 两个值,且 $P\{X=1\}=p$,$P\{X=0\}=q(0\leqslant p\leqslant 1,q=1-p)$,则称 X 服从两点分布,记作 $X\sim B(1,p)$.特别地,当 $p=1$ 时,随机变量 X 以概率 1 取值 1,称为退化分布或单点分布.

例如,投篮时中与不中、任选一名学生是男生还是女生、检查产品质量是否合格、电气元件的开或关等,都可以用两点分布的随机变量来描述.

例 2.2.3 一箱产品中共有 10 件,其中 8 件正品、2 件次品,从中任取一件,定义随机变量 X 如下:

$$X=\begin{cases}1, & \text{当取到正品时;}\\ 0, & \text{当取到次品时.}\end{cases}$$

则 $P\{X=1\}=0.8$,$P\{X=0\}=0.2$,$X\sim B(1,0.8)$.

2. 二项分布

定义 2.2.2 若随机变量 X 的概率分布为

$$P\{X=k\}=C_n^k p^k q^{n-k},k=0,1,2,\cdots,n(0<p<1,q=1-p), \tag{2.2}$$

则称 X 服从参数为 n,p 的二项分布,记作 $X\sim B(n,p)$.特别地,当 $n=1$ 时,二项分布化为 $P\{X=k\}=p^k q^{1-k}$,$k=0,1$.这就是 0−1 分布.

二项分布可以描述 n 重伯努利试验中事件发生次数的数学模型.假设试验 E 只有两个可能结果:A 及 $\overline{A}$,$P(A)=p$,$P(\overline{A})=q=1-p$,用随机变量 X 表示 n 重伯努利试验中事件 A 发生的次数,X 的所有可能取值为 $0,1,2,\cdots,n$.由第一章第十节可知:$P\{X=k\}=C_n^k p^k(1-p)^{n-k}$,$k=0,1,\cdots,n$.显然

$$P\{X=k\}\geqslant 0,\ k=0,1,2,\cdots,n,$$

$$\sum_{k=0}^{n} C_n^k p^k (1-p)^{n-k} = [p + (1-p)]^n = 1,$$

从而 $P\{X=k\}$ 满足概率分布的性质.

例 2.2.4 某人射击,设每次射击击中目标的概率为 0.01,独立射击 500 次,试求最少两次击中目标的概率.

解 将每次射击看成一次伯努利试验,设击中的次数为 X.显然,X 是随机变量.则 $X \sim B(500, 0.01)$,其分布律为

$$P\{X=k\} = C_{500}^k (0.01)^k (0.99)^{500-k}, \quad k = 0, 1, \cdots, 500.$$

于是,所求概率为

$$P\{X \geqslant 2\} = 1 - P\{X=1\} - P\{X=0\} = 1 - 500 \times 0.01 \times 0.99^{499} - 0.99^{500}.$$

直接计算上式是很麻烦的,下面给出著名的二项分布的泊松逼近定理.

泊松(Poisson)定理 若 $\lim\limits_{n \to \infty} np_n = \lambda \geqslant 0$,$\lambda$ 为常数,$0 < p_n < 1$,则

$$\lim_{n \to \infty} C_n^k p_n^k (1-p_n)^{n-k} = \frac{\lambda^k}{k!} e^{-\lambda}, k = 0, 1, \cdots, n, \cdots.$$

证 当 $k \geqslant 1$ 时,

$$C_n^k p_n^k (1-p_n)^{n-k} = \frac{n(n-1)\cdots(n-k+1)}{k!} \cdot p_n^k (1-p_n)^{n-k}$$

$$= \frac{\lambda_n^k}{k!} \left(1 - \frac{1}{n}\right) \left(1 - \frac{2}{n}\right) \cdots \left(1 - \frac{k-1}{n}\right) \left(1 - \frac{\lambda_n}{n}\right)^{n \cdot \frac{n-k}{n}},$$

其中 $\lambda_n = np_n$.

显然,

$$\lim_{n \to \infty} \lambda_n^k = \lambda^k,$$

$$\lim_{n \to \infty} \left(1 - \frac{\lambda_n}{n}\right)^n = e^{-\lambda},$$

$$\lim_{n \to \infty} \left(1 - \frac{1}{n}\right) \left(1 - \frac{2}{n}\right) \cdots \left(1 - \frac{k-1}{n}\right) = 1.$$

故 $\lim\limits_{n \to \infty} C_n^k p_n^k (1-p_n)^{n-k} = \frac{\lambda^k}{k!} e^{-\lambda}$.

当 $k=0$ 时,显然 $\lim\limits_{n \to \infty} (1-p_n)^n = \lim\limits_{n \to \infty} \left(1 - \frac{\lambda_n}{n}\right)^n = e^{-\lambda}$.

由此可见,若 np_n 恒等于常数 λ 或 p_n 足够小,n 足够大,且 $\lim\limits_{n \to \infty} np_n$ 存在时,有二项分布 $C_n^k p_n^k (1-p_n)^{n-k} \approx e^{-\lambda_n} \frac{\lambda_n^k}{k!}$,其中 $\lambda_n = np_n (k = 0, 1, \cdots, n)$.

在实际计算中,当 $n \geqslant 20$,$p \leqslant 0.05$ 时,用 $\frac{\lambda^k e^{-\lambda}}{k!} (\lambda = np)$ 作为 $C_n^k p^k (1-p)^{n-k}$ 的近似值效果很好,而 $\frac{\lambda^k}{k!} e^{-\lambda}$ 的值可通过查表(本书附表 1)得到.

例 2.2.5 利用近似公式计算例 2.2.4 中的概率 $P\{X \geqslant 2\}$.

解 因为 $P\{X=k\} = C_n^k p^k (1-p)^{n-k} \approx \dfrac{e^{-\lambda}\lambda^k}{k!}$，$\lambda = np = 5$，于是 $P\{X=0\} \approx e^{-5}$，$P\{X=1\} \approx 5e^{-5}$，从而 $P\{X \geqslant 2\} \approx 1 - e^{-5} - 5e^{-5} = 0.959\ 6$.

这个概率很接近 1，它说明虽然每次射击的命中率很小（为 0.01），但如果射击 500 次，则至少两次击中目标是几乎可以肯定的. 这一事实说明，一个事件尽管在一次试验中发生的概率很小，但只要试验次数很多，且试验是独立进行的，那么这一事件的发生几乎是肯定的. 读者不妨用此原理解释彩票一等奖总有人中这一博彩现象.

下面研究 $P\{X=k\} = \dfrac{\lambda^k}{k!}e^{-\lambda}$，$k = 0, 1, \cdots, n, \cdots$ 的性质.

(1) $P\{X=k\} \geqslant 0$；

(2) $\displaystyle\sum_{k=0}^{\infty} \dfrac{\lambda^k}{k!}e^{-\lambda} = e^{-\lambda}\sum_{k=0}^{\infty}\dfrac{\lambda^k}{k!} = e^{-\lambda} \cdot e^{\lambda} = 1$.

因此，它可以作为某个随机变量的概率分布.

3. 泊松分布

定义 2.2.3 若随机变量 X 的可能取值为 $0, 1, 2, \cdots$，且 $P\{X=k\} = \dfrac{\lambda^k e^{-\lambda}}{k!} (\lambda > 0)$，则称 X 服从参数为 λ 的泊松分布，记为 $X \sim P(\lambda)$.

泊松分布的应用很广，常用于当随机变量的可能取值很多而每次试验中事件 A 发生的概率又很小的情况. 例如，铸件上的疵点数、电话机某段时间内的电话呼唤次数、一页纸中印刷错误的个数、单位时间内放射性物质放射的粒子数、纺纱机上一定时间间隔内纱线的断头数、足球比赛时各队进球的个数等，均服从泊松分布.

例 2.2.6 已知某电话机一小时内的电话呼唤次数 X 服从 $\lambda = 3$ 的泊松分布，求在一小时内有多于 5 次电话呼唤的概率.

解 $P\{X > 5\} = P\{X \geqslant 6\} = \displaystyle\sum_{k=6}^{\infty}\dfrac{3^k e^{-3}}{k!} = 0.083\ 9$.

第三节 随机变量的分布函数

对于非离散型随机变量 X，由于其可能取的值不能一个一个地列举出来，因而就不能像离散型随机变量那样可以用分布律来描述它. 为了理论研究的方便，必须给出一个统一的方法来描述随机变量取值的概率分布情况. 下面引入随机变量的分布函数的概念.

一、分布函数的概念

定义 2.3.1 设 X 是一随机变量，x 是任意实数，函数 $F(x) = P\{X \leqslant x\}$ 称为 X 的分布函数.

由定义可知，分布函数 $F(x)$ 是随机变量 X 取值小于或等于 x 的概率，它是定义在实数轴 R 上的一个普通的函数. 因此，我们可以借助数学分析的工具来研究随机变量.

对于任意的实数 $x_1, x_2(x_1 < x_2)$，由于事件

$$\{x_1 < X \leqslant x_2\} = \{X \leqslant x_2\} - \{X \leqslant x_1\}, \text{且} \{X \leqslant x_1\} \subset \{X \leqslant x_2\},$$

故 $P\{x_1 < X \leqslant x_2\} = P\{X \leqslant x_2\} - P\{X \leqslant x_1\} = F(x_2) - F(x_1)$.

由此可知，若已知 X 的分布函数，我们就知道随机变量 X 落在区间 $(x_1, x_2]$ 上的概率。从这个意义上说，分布函数完整地描述了随机变量的统计规律性。

例 2.3.1 设随机变量服从两点分布，即 $P\{X=0\}=p$，$P\{X=1\}=1-p$。求其分布函数 $F(x)$。

解 当 $x < 0$ 时，$F(x) = P\{X \leqslant x\} = P\{\varnothing\} = 0$；

当 $0 \leqslant x < 1$ 时，$F(x) = P\{X \leqslant x\} = P\{X=0\} = p$；

当 $x \geqslant 1$ 时，$F(x) = P\{X \leqslant x\} = P\{X=0\} + P\{X=1\} = 1$。

其分布函数如图 2.2 所示。

由图 2.2 可知，分布函数 $F(x)$ 的图形是一右连续的阶梯函数，它在 0，1 两点有跳跃，跳跃的高度分别为 p 和 $1-p$。

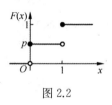

图 2.2

一般地，设离散型随机变量 X 的分布律为

$$P\{X=x_i\} = p_i, \ i=1, 2, \cdots,$$

则 X 的分布函数为

$$F(x) = P\{X \leqslant x\} = \sum_{x_i \leqslant x} P\{X=x_i\} = \sum_{x_i \leqslant x} p_i.$$

这里，和式是对于所有满足 $x_i \leqslant x$ 的 i 求和。

例 2.3.2 将一质点投于半径为 4 的圆内，落点到圆心的距离为 X，设质点落到圆内任一同心圆中的概率等于两圆面积之比（见图 2.3），求 X 的分布函数。

解 当 $x \leqslant 0$ 时，$F(x) = P\{X \leqslant x\} = P\{\varnothing\} = 0$；

当 $0 < x \leqslant 4$ 时，$F(x) = P\{X \leqslant x\} = \dfrac{\pi x^2}{\pi 4^2} = \dfrac{x^2}{16}$；

当 $x > 4$ 时，$F(x) = P\{X \leqslant x\} = P\{\Omega\} = 1$。

所以 X 的分布函数（见图 2.4）为

$$F(x) = \begin{cases} 0, & x \leqslant 0, \\ \dfrac{x^2}{16}, & 0 < x \leqslant 4, \\ 1, & x > 4. \end{cases}$$

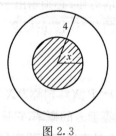

图 2.3

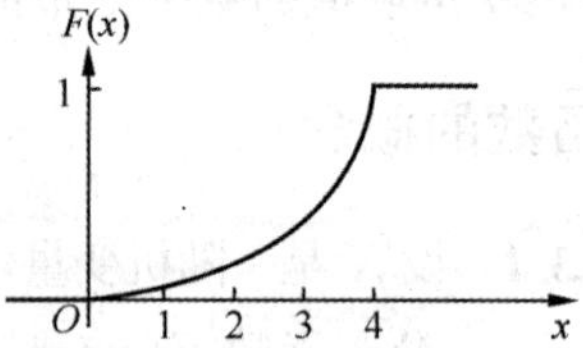

图 2.4

二、分布函数的性质

分布函数具有下列基本性质:

(1) $F(x)$ 是 x 的单调非降函数.事实上,对任意的 $x_1 < x_2$,由概率的非负性,有

$$F(x_2) - F(x_1) = P\{x_1 < X \leqslant x_2\} \geqslant 0.$$

(2) $0 \leqslant F(x) \leqslant 1$(非负有界性).

(3) $F(x+0) = F(x)$,即 $F(x)$ 是右连续的(证略).

(4) $F(-\infty) = \lim\limits_{x \to -\infty} F(x) = 0$; $F(+\infty) = \lim\limits_{x \to +\infty} F(x) = 1$.

直观上,当 $x \to -\infty$ 时,事件 $\{X \leqslant x\}$ 趋于不可能事件,从而其概率趋于 0;当 $x \to +\infty$ 时,事件 $\{X \leqslant x\}$ 趋于必然事件,从而其概率趋于 1.

第四节　连续型随机变量及其密度函数

一、连续型随机变量

定义 2.4.1　设随机变量 X 的分布函数为 $F(x)$,若存在非负函数 $f(x)$,使得对于任意实数 x,有 $F(x) = \int_{-\infty}^{x} f(t)\mathrm{d}t$,则称 X 为连续型随机变量,$f(x)$ 称为 X 的密度函数(或概率密度).

由定义可知,连续型随机变量的分布函数是连续函数.

例如,例 2.3.2 中的随机变量 X 便是连续型随机变量,其分布函数和密度函数分别是

$$F(x) = \begin{cases} 0, & x \leqslant 0, \\ \dfrac{x^2}{16}, & 0 < x \leqslant 4, \\ 1, & x > 4; \end{cases} \quad f(x) = \begin{cases} \dfrac{x}{8}, & 0 < x \leqslant 4, \\ 0, & \text{其他}. \end{cases}$$

不难验证 $F(x) = \int_{-\infty}^{x} f(t)\mathrm{d}t$ 且 $F(x)$ 关于 x 连续.

由定义 2.4.1 可知密度函数 $f(x)$ 具有以下性质.

(1) $f(x) \geqslant 0$(非负性).

(2) $\int_{-\infty}^{+\infty} f(x)\mathrm{d}x = 1$(规范性).

这是因为 $\int_{-\infty}^{+\infty} f(x)\mathrm{d}x = F(+\infty) = 1.$

可以证明满足(1)、(2)的函数一定是某个随机变量的密度函数.

(3) $P\{x_1 < X \leqslant x_2\} = F(x_2) - F(x_1) = \int_{-\infty}^{x_2} f(x)\mathrm{d}x - \int_{-\infty}^{x_1} f(x)\mathrm{d}x$

$$= \int_{x_1}^{x_2} f(x)\mathrm{d}x.$$

由性质(3)可知，X 落在区间 $(x_1,x_2]$ 的概率 $P\{x_1<X\leqslant x_2\}$ 等于区间 $(x_1,x_2]$ 上曲线 $y=f(x)$ 之下的曲边梯形的面积.

(4) 在 $f(x)$ 的连续点处，$F'(x)=f(x)$.

(5) 对于连续型随机变量 X，$P\{X=a\}=0$.

性质(4)和(5)直观上是显然的，因为

$$F(x)=\left[\int_{-\infty}^{x}f(t)\mathrm{d}t\right]'=f(x),\ P\{X=a\}=\int_{a}^{a}f(x)\mathrm{d}x=0.$$

由于 $P\{X=a\}=0$，有

$$P\{a\leqslant X<b\}=P\{a<X\leqslant b\}=P\{a\leqslant X\leqslant b\}.$$

在这里，虽然 $P\{X=a\}=0$，但并不是说 $\{X=a\}$ 是不可能事件，因此得到不可能事件的概率为零，概率为零的事件却不一定是不可能事件.这一性质类似于几何学中空集的面积为零，面积为零的集合却不一定是空集(如一条线段的面积为零，但它不是空集).

例 2.4.1 设随机变量 X 的密度函数

$$f(x)=\frac{c}{1+x^2},\ -\infty<x<+\infty.$$

求：(1)常数 c；(2)$P\{0\leqslant X\leqslant 1\}$；(3)$P\{X>1\}$.

解 (1) 由密度函数的性质(2)得

$$1=\int_{-\infty}^{+\infty}\frac{c}{1+x^2}\mathrm{d}x=c\cdot\arctan x\Big|_{-\infty}^{+\infty}=c\pi,$$

所以 $c=\frac{1}{\pi}$.

从而 $f(x)=\frac{1}{\pi(1+x^2)}$.

(2) $P\{0\leqslant X\leqslant 1\}=\int_{0}^{1}\frac{\mathrm{d}x}{\pi(1+x^2)}=\frac{1}{\pi}\arctan x\Big|_{0}^{1}=\frac{1}{4}$.

(3) $P\{X>1\}=\int_{1}^{+\infty}\frac{\mathrm{d}x}{\pi(1+x^2)}=\frac{1}{\pi}\arctan x\Big|_{1}^{+\infty}=\frac{1}{\pi}\left(\frac{\pi}{2}-\frac{\pi}{4}\right)=\frac{1}{4}$.

例 2.4.2 设随机变量 X 的密度函数

$$f(x)=\begin{cases}c\mathrm{e}^{-\lambda x}, & x\geqslant 0,\\ 0, & x<0\end{cases}(\lambda>0).$$

试确定常数 c，并求 $P\{X\geqslant 1\}$ 及其分布函数 $F(x)$.

解 (1)因为 $1=\int_{-\infty}^{+\infty}f(x)\mathrm{d}x=\int_{-\infty}^{0}0\mathrm{d}x+\int_{0}^{+\infty}c\mathrm{e}^{-\lambda x}\mathrm{d}x=-\frac{c}{\lambda}\mathrm{e}^{-\lambda x}\Big|_{0}^{+\infty}=\frac{c}{\lambda}$，所以 $c=\lambda$.

从而 $f(x)=\begin{cases}\lambda\mathrm{e}^{-\lambda x}, & x\geqslant 0,\\ 0, & x<0.\end{cases}$

(2) $P\{X\geqslant 1\}=\int_{1}^{+\infty}\lambda\mathrm{e}^{-\lambda x}\mathrm{d}x=-\mathrm{e}^{-\lambda x}\Big|_{1}^{+\infty}=\mathrm{e}^{-\lambda}$.

下面求分布函数 $F(x)$.

当 $x<0$ 时，$F(x)=0$；

当 $x\geqslant 0$ 时，$F(x)=P\{X\leqslant x\}=\int_{-\infty}^{x}f(t)\mathrm{d}t=\int_{0}^{x}\lambda\mathrm{e}^{-\lambda t}\mathrm{d}t=1-\mathrm{e}^{-\lambda x}$.

故 $F(x)=\begin{cases}0, & x<0,\\ 1-\mathrm{e}^{-\lambda x}, & x\geqslant 0.\end{cases}$

二、三种重要的连续型随机变量的分布

1. 均匀分布

定义 2.4.2 若随机变量 X 的密度函数为

$$f(x)=\begin{cases}\dfrac{1}{b-a}, & a\leqslant x\leqslant b,\\ 0, & \text{其他},\end{cases}$$

则称 X 服从区间 $[a,b]$ 上的均匀分布，记作 $X\sim U[a,b]$. 不难验证 $f(x)$ 满足非负性和规范性.

设 $X\sim U[a,b]$，则对任意 x_1,x_2，当 $a\leqslant x_1<x_2\leqslant b$ 时，有

$$P\{x_1\leqslant X\leqslant x_2\}=\int_{x_1}^{x_2}\frac{\mathrm{d}x}{b-a}=\frac{x_2-x_1}{b-a},$$

即 X 落在子区间 $[x_1,x_2]$ 中的概率等于两个区间的长度之比，而与子区间的位置无关，X 的概率分布具有等可能性. X 的分布函数

$$F(x)=\int_{-\infty}^{x}f(t)\mathrm{d}t=\begin{cases}0, & x<a,\\ \dfrac{x-a}{b-a} & a\leqslant x\leqslant b,\\ 1, & x>b.\end{cases}$$

$f(x)$ 及 $F(x)$ 的图形分别如图 2.5 和图 2.6 所示.

图 2.5   图 2.6

在实际问题中，均匀分布的例子很多，如乘客在公共汽车站的候车时间、近似计算中的舍入误差等.

2. 指数分布

定义 2.4.3 如果随机变量 X 的密度函数

$$f(x)=\begin{cases}\lambda\mathrm{e}^{-\lambda x}, & x\geqslant 0,\\ 0, & x<0\end{cases}\quad(\lambda>0),$$

则称 X 服从参数为 λ 的指数分布，记作 $X\sim E(\lambda)$. 指数分布密度函数的图形如图 2.7 所示.

指数分布常被用来描述各种"寿命"的分布规律,如某些消耗性产品的寿命、电子元件的寿命,一般都服从指数分布.排队问题中的"等待问题"也服从指数分布.

例 2.4.3 设 $X \sim E(\lambda)$,试求 $P\{X > t\}$ 和 $P\{X > s+t \mid X > s\}$,其中 $t > 0, s > 0$.

解 $P\{X > t\} = \int_t^{+\infty} \lambda \mathrm{e}^{-\lambda x} \mathrm{d}x = \mathrm{e}^{-\lambda t}$,

$$P\{X > s+t \mid X > s\} = \frac{P\{X > s, X > s+t\}}{P\{X > s\}} = \frac{P\{X > s+t\}}{P\{X > s\}} = \frac{\mathrm{e}^{-\lambda(t+s)}}{\mathrm{e}^{-\lambda s}} = \mathrm{e}^{-\lambda t}.$$

由例 2.4.3 可知,如果 $X \sim E(\lambda)$,则

$$P\{X > s+t \mid X > s\} = P\{X > t\}.$$

指数分布的这一特性称为无记忆性.如果 X 是某一元件的寿命,那么此式表明元件在使用了 s 小时的条件下再使用 t 小时的概率等于从最初开始使用 t 小时的概率,元件对它使用过 s 小时已没有记忆.

3. 正态分布

定义 2.4.4 设随机变量 X 的密度函数

$$f(x) = \frac{1}{\sqrt{2\pi}\,\sigma} \mathrm{e}^{\frac{-(x-\mu)^2}{2\sigma^2}} \quad (-\infty < x < +\infty),$$

其中,μ、$\sigma(\sigma > 0)$ 为常数,则称 X 服从参数为 μ 和 σ 的正态分布,记为 $X \sim N(\mu, \sigma^2)$.参数 μ,σ 的意义将在第四章中说明.$f(x)$ 的图形如图 2.8 所示.

该曲线关于 $x = \mu$ 对称,在 $x = \mu \pm \sigma$ 处有拐点.当 $x = \mu$ 时取最大值 $f(\mu) = \frac{1}{\sqrt{2\pi}\,\sigma}$,$x$ 轴是它的渐近线,曲线的位置依赖于参数 μ(位置参数),曲线的形状依赖于参数 σ(形状参数):σ 小,图形"高而瘦";σ 大,图形"矮而胖"(见图 2.9).

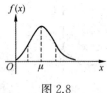

图 2.8

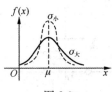

图 2.9

在实际应用中,大量的随机变量都服从正态分布.例如,测量误差,射击偏差,农作物的产量,工业产品的尺寸(直径、长度等),学生的身高、体重、学习成绩……一般地,若一个随机变量的取值受很多随机因素的影响,而每个因素所起的作用又非常微小,那么这个随机变量一般服从正态分布.

当 $X \sim N(\mu, \sigma^2)$ 时,X 的分布函数

$$F(x) = \frac{1}{\sqrt{2\pi}\,\sigma} \int_{-\infty}^x \mathrm{e}^{\frac{(t-\mu)^2}{2\sigma^2}} \mathrm{d}t.$$

特别地,当 $\mu=0,\sigma=1$ 时,称 X 服从标准正态分布 $N(0,1)$.标准正态分布的密度函数和分布函数分别用 $\varphi(x)$ 和 $\Phi(x)$ 表示,

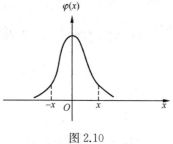

$$\varphi(x)=\frac{1}{\sqrt{2\pi}}\mathrm{e}^{-\frac{x^2}{2}},$$

$$\Phi(x)=\frac{1}{\sqrt{2\pi}}\int_{-\infty}^{x}\mathrm{e}^{-\frac{t^2}{2}}\mathrm{d}t.$$

$\varphi(x)$ 的图形如图 2.10 所示,它关于纵轴对称,因此,对于 $x>0$,有

图 2.10

$$P\{X\leqslant-x\}=P\{X\geqslant x\}=1-P\{X\leqslant x\},$$

即 $\Phi(-x)=1-\Phi(x)$.

人们已经编制了 $\Phi(x)$ 的函数值表.例如,$\Phi(1.53)=0.937$,$\Phi(-1.42)=1-\Phi(1.42)=1-0.922\,2=0.077\,8$.

例 2.4.4 设 $X\sim N(0,1)$,

(1) 求 $P\{2\leqslant X\leqslant3\}$;　　(2)求 $P\{|X|<1\}$;　　(3) 求 x,使得 $P\{|X|\geqslant x\}=0.10$.

解 (1) $P\{2\leqslant X\leqslant3\}=\Phi(3)-\Phi(2)=0.998\,7-0.977\,3=0.021\,4$.

(2) $P\{|X|<1\}=P\{-1<X<1\}=\Phi(1)-\Phi(-1)$

$\qquad\qquad\qquad=2\Phi(1)-1=2\times0.841\,3-1=0.682\,6$.

(3) 利用正态曲线的对称性可知,问题(3)实际上就是求 x,使得 $P\{X>x\}=0.05$,即 $\Phi(x)=0.95$,查表得 $x=1.645$.

为了便于今后的应用,对于标准正态随机变量,我们引入如下的 α 分位点的定义.

设 $X\sim N(0,1)$,若 Z_α 满足条件

$$P\{X>Z_\alpha\}=\alpha,0<\alpha<1,$$

则称点 Z_α 为标准正态分布的上 α 分位点(见图 2.11).

例如,由查标准正态分布表可知:$Z_{0.05}=1.645$,$Z_{0.005}=2.57$,$Z_{0.001}=3.10$.

下面考虑一般正态分布的概率计算问题.先介绍正态随机变量的标准化定理.

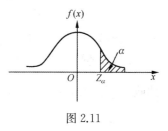

图 2.11

定理 2.4.1 设随机变量 $X\sim N(\mu,\sigma^2)$,$Y=\dfrac{X-\mu}{\sigma}$,则

$$Y\sim N(0,1).$$

证 设 Y 的分布函数为 $F_Y(y)$,则

$$F_Y(y)=P\{Y\leqslant y\}=P\left\{\frac{X-\mu}{\sigma}\leqslant y\right\}=P\{X\leqslant\sigma y+\mu\}$$

$$=\frac{1}{\sqrt{2\pi}\sigma}\int_{-\infty}^{\sigma y+\mu}\mathrm{e}^{-\frac{(t-\mu)^2}{2\sigma^2}}\mathrm{d}t\xrightarrow{\frac{t-\mu}{\sigma}=\mu}\frac{1}{\sqrt{2\pi}}\int_{-\infty}^{y}\mathrm{e}^{-\frac{u^2}{2}}\mathrm{d}u.$$

所以 $Y\sim N(0,1)$.

于是,若 $X \sim N(\mu, \sigma^2)$,则它的分布函数 $F(x)$ 可以写成

$$F(x) = P\{X \leqslant x\} = P\left\{\frac{X-\mu}{\sigma} \leqslant \frac{x-\mu}{\sigma}\right\} = \Phi\left(\frac{x-\mu}{\sigma}\right).$$

对于任意区间 $[x_1, x_2]$,有

$$P\{x_1 \leqslant X \leqslant x_2\} = P\left\{\frac{x_1-\mu}{\sigma} \leqslant \frac{x-\mu}{\sigma} \leqslant \frac{x_2-\mu}{\sigma}\right\}$$

$$= \Phi\left(\frac{x_2-\mu}{\sigma}\right) - \Phi\left(\frac{x_1-\mu}{\sigma}\right).$$

例 2.4.5 设随机变量 $X \sim N(3,4)$,求 $P\{2 < X \leqslant 4\}$.

解 $P\{2 < X \leqslant 4\} = \Phi\left(\frac{4-3}{2}\right) - \Phi\left(\frac{2-3}{2}\right) = \Phi(0.5) - \Phi(-0.5)$

$$= 2\Phi(0.5) - 1 = 2 \times 0.691\ 5 - 1 = 0.383\ 0.$$

例 2.4.6 某工厂生产的电子管寿命 X(以时计)服从参数为 $\mu = 160$、σ 的正态分布.若要求 $P\{120 < X \leqslant 200\} \geqslant 0.80$,允许 σ 最大为多少?

解 $P\{120 < X \leqslant 200\} = \Phi\left(\frac{200-160}{\sigma}\right) - \Phi\left(\frac{120-160}{\sigma}\right)$

$$= 2\Phi\left(\frac{40}{\sigma}\right) - 1 \geqslant 0.80.$$

所以 $\Phi\left(\frac{40}{\sigma}\right) \geqslant 0.9$,故 $\frac{40}{\sigma} \geqslant 1.28$,即 $\sigma \leqslant 31.25$.

第五节　随机变量函数的分布

在实际生话中,我们所关心的随机变量往往不能直接观测得出,而是某个能直接测量的随机变量的函数.因此,我们有必要讨论由已知的随机变量 X 的分布,求得它的函数的分布.

设 X、Y 是两个随机变量,它们的取值有某种依赖关系,当 X 取值 x,Y 取值 y 时,有 $y = g(x)$,则称 Y 是 X 的函数,记作 $Y = g(X)$.

例如,随机变量 X 表示某电影院下周售出的门票张数,每张售价 5 元,Y 表示下周的门票收入,则 $Y = 5X$;再如,分子的运动速度为随机变量 X,分子的动能 $Y = \frac{1}{2}mX^2$,Y 是随机变量 X 的函数,它也是随机变量.我们的问题是:已知 X 的分布,如何求出 Y 的分布.

一、离散型随机变量函数的分布

例 2.5.1 设随机变量 X 的概率分布如表 2.4 所示.

表 2.4

X	-1	0	1
P	$\frac{1}{3}$	$\frac{1}{3}$	$\frac{1}{3}$

$Y=X^2$,求 Y 的概率分布.

解　Y 的可能取值为 $0,1$.

$$P\{Y=0\}=P\{X^2=0\}=P\{X=0\}=\frac{1}{3},$$

$$P\{Y=1\}=P\{X^2=1\}=P\{X=1\}+P\{X=-1\}=\frac{2}{3}.$$

所以 Y 的概率分布如表 2.5 所示.

一般地,设随机变量 X 的概率分布如表 2.6 所示.

表 2.5

Y	0	1
P	$\frac{1}{3}$	$\frac{2}{3}$

表 2.6

X	x_1	x_2	$\cdots$	x_i	$\cdots$
P	p_1	p_2	$\cdots$	p_i	$\cdots$

为了求 $Y=g(X)$ 的分布,我们可以先形式地列出表(见表 2.7).

表 2.7

$g(X)$	$g(x_1)$	$g(x_2)$	$\cdots$	$g(x_i)$	$\cdots$
P	p_1	p_2	$\cdots$	p_i	$\cdots$

若表 2.7 中 $g(x_1),g(x_2),\cdots,g(x_i),\cdots$ 没有相同的,则这个表就是 $Y=g(X)$ 的分布;若 $g(x_1),g(x_2),\cdots,g(x_i),\cdots$ 中有相同的,则把相同的值归并为一个值,再把对应的概率相加,这样归并后的表格便是 $Y=g(X)$ 的概率分布.

例 2.5.2　设 X 为离散型随机变量,其分布函数为

$$F(x)=\begin{cases}0, & x<-2,\\ 0.2, & -2\leqslant x<-1,\\ 0.35, & -1\leqslant x<0,\\ 0.6, & 0\leqslant x<1,\\ 1, & x\geqslant 1.\end{cases}$$

令 $Y=|X+1|$,求 Y 的分布函数 $F_Y(y)$.

解　由 X 的分布函数 $F(x)$ 知,X 只取四个值:$-2,-1,0,1$.应用公式 $P\{X=x_i\}=F(x_i)-F(x_i-0)$,得 X 的分布律,如表 2.8 所示.

表 2.8

X	-2	-1	0	1
P	0.2	0.15	0.25	0.4

显然,Y 只取 $0,1,2$ 三个值,且

$$P\{Y=0\}=P\{|X+1|=0\}=P\{X=-1\}=0.15,$$

$$P\{Y=1\}=P\{|\,X+1\,|=1\}=P\{X=0\}+P\{X=-2\}=0.45,$$
$$P\{Y=2\}=P\{|\,X+1\,|=2\}=P\{X=1\}=0.4.$$

因此,Y 的分布函数为

$$F_Y(y)=\begin{cases}0, & y<0,\\ 0.15, & 0\leqslant y<1,\\ 0.6, & 1\leqslant y<2,\\ 1, & y\geqslant 2.\end{cases}$$

二、连续型随机变量函数的分布

设 X 为一连续型随机变量,密度函数为 $f_X(x)$,$Y=g(X)$ 是 X 的函数,随机变量取值的关系是 $y=g(x)$,我们的问题是如何求 Y 的密度函数 $f_Y(y)$.

先考虑 $y=g(x)$ 严格单调的情形.

因为 $y=g(x)$ 严格单调,$a<x<b$(a 可为 $-\infty$,b 可为 $+\infty$),所以存在反函数 $x=g^{-1}(y)$,$\alpha<y<\beta$.其中 $\alpha=\min[g(a),g(b)]$,$\beta=\max[g(a),g(b)]$.

我们有如下的定理.

定理 2.5.1 设 X 为一连续型随机变量,其密度函数为 $f_X(x)$,$y=g(x)$ 为严格单调函数,其反函数 $x=g^{-1}(y)$ 有连续导数,则 $Y=g(X)$ 也是一连续型随机变量,其密度函数为

$$f_Y(y)=\begin{cases}f_X[g^{-1}(y)]\cdot|\,[g^{-1}(y)]'\,|, & \alpha<y<\beta,\\ 0, & 其他.\end{cases}$$

证 不妨设 $g(x)$ 是严格增函数,从而它的反函数 $g^{-1}(y)$ 也是严格增函数.于是当 $y\in(\alpha,\beta)$ 时,

$$F_Y(y)=P\{Y\leqslant y\}=P\{g(X)\leqslant y\}=P\{X\leqslant g^{-1}(y)\}=\int_a^{g^{-1}(y)}f_X(x)\mathrm{d}x,$$

因此得 Y 的密度函数

$$f_Y(y)=F'_Y(y)=f_X[g^{-1}(y)][g^{-1}(y)]'.$$

当 $y\notin(\alpha,\beta)$ 时,$F_Y(y)=0$ 或 1,从而 $f_Y(y)=F'_Y(Y)=0$.

同理可证,当 $g(x)$ 是严格减函数时,

$$f_Y(y)=-f_X[g^{-1}(y)][g^{-1}(y)]',y\in(\alpha,\beta),$$

所以

$$f_Y(y)=\begin{cases}f_X[g^{-1}(y)]\,|\,[g^{-1}(y)]'\,|, & a<y<\beta,\\ 0, & 其他.\end{cases}$$

例 2.5.3 设随机变量 $X\sim N(\mu,\sigma^2)$,$Y=\mathrm{e}^X$,求 Y 的密度函数 $f_Y(y)$.

解 显然,Y 的取值只能大于 0.

函数 $y=\mathrm{e}^x$ 的反函数为 $x=\ln y$,因此 $y>0$ 时,

$$f_Y(y)=f_X(\ln y)\,|\,(\ln y)'\,|=\frac{1}{\sqrt{2\pi}\sigma}\mathrm{e}^{-\frac{(\ln y-\mu)^2}{2\sigma^2}}\cdot\frac{1}{y}=\frac{1}{\sqrt{2\pi}\sigma y}\mathrm{e}^{-\frac{(\ln y-\mu)^2}{2\sigma^2}},$$

故

$$f_Y(y)=\begin{cases}\dfrac{1}{\sqrt{2\pi}\,\sigma y}\mathrm{e}^{\frac{-(\ln y-\mu)^2}{2\sigma^2}},&y>0,\\[2mm]0,&y\leqslant 0.\end{cases}$$

下面讨论 $y=g(x)$ 不单调的情形,这时我们可以先求 Y 的分布函数 $F_Y(y)$,再求 Y 的密度函数 $f_Y(y)=F'_Y(y)$.

例 2.5.4　已知 $X\sim N(0,1),Y=X^2$,求 Y 的密度函数 $f_Y(y)$.

解　当 $y>0$ 时,$F_Y(y)=P\{Y\leqslant y\}=P\{X^2\leqslant y\}=P\{-\sqrt{y}\leqslant X\leqslant\sqrt{y}\}$

$$=\frac{1}{\sqrt{2\pi}}\int_{-\sqrt{y}}^{\sqrt{y}}\mathrm{e}^{-\frac{x^2}{2}}\mathrm{d}x,$$

$$f_Y(y)=F'_Y(y)=\frac{1}{\sqrt{2\pi}}\mathrm{e}^{-\frac{y}{2}}(\sqrt{y})'-\frac{1}{\sqrt{2\pi}}\mathrm{e}^{-\frac{y}{2}}(-\sqrt{y})'$$

$$=\frac{1}{\sqrt{2\pi}}y^{-\frac{1}{2}}\mathrm{e}^{-\frac{y}{2}}.$$

当 $y\leqslant 0$ 时,$F_Y(y)=P\{Y\leqslant y\}=P\{X^2\leqslant y\}=P\{\varnothing\}=0$,从而 $f_Y(y)=0$.

所以

$$f_Y(y)=\begin{cases}\dfrac{1}{\sqrt{2\pi}}y^{-\frac{1}{2}}\mathrm{e}^{-\frac{y}{2}},&y>0,\\[2mm]0,&y\leqslant 0.\end{cases}$$

例 2.5.5　设电压 $V=A\sin\theta$,其中 A 是一个已知的正常数,相角 θ 是一个随机变量,在区间 $(0,\pi)$ 内服从均匀分布,试求电压的密度函数 $f_V(v)$.

解　V 的取值范围是 $(0,A]$,θ 的密度函数为

$$f_\Theta(\theta)=\begin{cases}\dfrac{1}{\pi},&0<\theta<\pi,\\[2mm]0,&其他.\end{cases}$$

当 $v\in(0,A]$ 时,

$$F_V(v)=P\{V\leqslant v\}=P\{A\sin\theta\leqslant v\}=P\left\{\sin\theta\leqslant\frac{v}{A}\right\}$$

$$=P\left\{0<\theta\leqslant\arcsin\frac{v}{A}\right\}+P\left\{\pi-\arcsin\frac{v}{A}\leqslant\theta<\pi\right\}$$

$$=\int_0^{\arcsin\frac{v}{A}}\frac{1}{\pi}\mathrm{d}\theta+\int_{\pi-\arcsin\frac{v}{A}}^{\pi}\frac{1}{\pi}\mathrm{d}\theta=\frac{2}{\pi}\arcsin\frac{v}{A},$$

所以

$$f_V(v)=\frac{2}{\pi\sqrt{A^2-v^2}},0<v\leqslant A.$$

当 $v\leqslant 0$ 时,$F_V(v)=0$;当 $v>A$ 时,$F_V(v)=1$.

故

$$f_V(v)=\begin{cases}\dfrac{2}{\pi\sqrt{A^2-v^2}}, & 0<v\leqslant A,\\ 0, & \text{其他.}\end{cases}$$

习 题 二

1. 一盒产品共 8 只，其中 5 只正品、3 只次品，从盒中任意取 3 只产品，X 表示取出的产品中次品的只数.求 X 的概率分布.

2. 某人射击时，每次击中目标的概率为 p，击不中的概率为 q，设 X 表示所需射击的次数.

(1) 直至击中目标为止；

(2) 直至 r 次击中目标为止.

求 X 的概率分布.

3. 设随机变量 X 的概率分布如下，求常数 c：

(1) $P\{X=k\}=c\left(\dfrac{2}{3}\right)^{k-1}$, $k=1,2,\cdots$;

(2) $P\{X=k\}=c\dfrac{\lambda^k}{k!}$, $k=1,2,\cdots$.

4. 设随机变量 X 的概率分布为

$$P\{X=k\}=\dfrac{k}{15},\ k=1,2,3,4,5.$$

求：(1)$P\{X=1$ 或 $3\}$；(2)$P\left\{\dfrac{1}{4}\leqslant X\leqslant\dfrac{7}{2}\right\}$；(3) $P\{1\leqslant X\leqslant 3\}$.

5. 设随机变量 X 服从泊松分布，且 $P\{X=1\}=P\{X=2\}$，求 $P\{X=4\}$.

6. 某十字路口某天有 1000 辆汽车通过，设每辆汽车在这里发生交通事故的概率为 0.003，求发生交通事故的次数不小于 2 的概率.

7. 设某公司共有 300 台设备.各台设备的工作是互相独立的，发生故障的概率都是 0.01，一台设备的故障可由一人来处理，问：至少要配备多少维修人员，才能保证设备发生故障时能及时维修的概率大于 0.99?

8. 一篮球运动员的投篮命中率为 45%，以 X 表示他首次投中时累计已投篮的次数，写出 X 的分布律，并计算 X 取偶数的概率.

9. (1) 设随机变量 X 的分布律为

$$P\{X=k\}=a\dfrac{\lambda^k}{k!},\ k=0,1,2,\cdots;\lambda>0,且为常数.$$

试确定常数 a.

(2) 设随机变量 X 的分布律为

$$P\{X=k\}=\dfrac{a}{N},\ k=1,2,\cdots,N.$$

试确定常数 a.

10. 一大楼装有 5 个同类型的供水设备. 调查表明, 在任一时刻 t, 每个设备被使用的概率为 0.1. 求在同一时刻,

(1) 恰有 2 个设备被使用的概率;

(2) 至少有 3 个设备被使用的概率;

(3) 至多有 3 个设备被使用的概率;

(4) 至少有 1 个设备被使用的概率.

11. 设事件 A 在每一次试验中发生的概率为 0.3. 当 A 发生不少于 3 次时, 指示灯发出信号. (1) 进行了 5 次独立试验, 求指示灯发出信号的概率; (2) 进行了 7 次独立试验, 求指示灯发出信号的概率.

12. 甲、乙两人投篮. 投中的概率分别为 0.6, 0.7. 今各投 3 次. 求: (1) 两人投中次数相等的概率; (2) 甲比乙投中次数多的概率.

13. 设随机变量 X 的分布函数为

$$F(x) = \begin{cases} 0, & x \leqslant 0, \\ x^2, & 0 < x \leqslant 1, \\ 1, & x > 1. \end{cases}$$

求: $(1) P\{X \leqslant -1\}; (2) P\{X \leqslant 0.5\}; (3) P\{X > 0.4\}; (4) P\{0.2 < X \leqslant 0.5\}$.

14. 设随机变量 X 的分布函数为 $F(x) = A + B\arctan x$, 求常数 A, B 及 $P\{|X| \leqslant 1\}$.

15. 随机变量 X 的密度函数为

$$f(x) = \begin{cases} Ax^3, & 0 < x < 2, \\ 0, & \text{其他}. \end{cases}$$

(1) 确定常数 A;

(2) 求 $P\{0 < X \leqslant 1\}$;

(3) 求 $P\{-8 < X \leqslant 1\}$;

(4) 求分布函数 $F(x)$;

(5) 画出 $f(x)$ 和 $F(x)$ 的图形.

16. 设随机变量 X 的密度函数为

$$f(x) = \begin{cases} x, & 0 \leqslant x < 1, \\ 2-x, & 1 \leqslant x < 2, \\ 0, & \text{其他}. \end{cases}$$

求: (1) 分布函数 $F(x)$; (2) $P\{-1 < X < 5\}$.

17. 已知随机变量 X 的密度函数

$$f(x) = \begin{cases} 12x^2 - 12x + 3, & 0 < x < 1, \\ 0, & \text{其他}. \end{cases}$$

求 $P\{X < 0.2 | 0.1 < X < 0.5\}$.

18. 设随机变量 X 在 $[0,5]$ 上服从均匀分布, 求方程 $4x^2 + 4Xx + X + 2 = 0$ 有实根的

概率.

19. 设 $X \sim N(0,25)$,

(1) 求 $P\{X<15\}, P\{X>12\}, P\{9 \leqslant X \leqslant 20\}$;

(2) 求 b, 使得 $P\{X \geqslant b\}=0.251\,4$.

20. 某机器生产的螺栓长度(设以 cm 为单位)服从参数 $\mu=10.05, \sigma=0.06$ 的正态分布, 规定长度在范围 10.05 ± 0.12 以内为合格品, 求一螺栓为次品的概率.

21. 一工厂生产的电子管的寿命 X (以 h 计)服从参数 $\mu=160$ 的正态分布. 若要求 $P\{120<X \leqslant 200\} \geqslant 0.80$, 允许均方差 σ 的最大值为多少?

22. 设 $X \sim N(3, 2^2)$, (1) 求 $P\{2<X \leqslant 5\}, P\{-4<X \leqslant 10\}, P\{|X|>2\}, P\{X>3\}$; (2) 确定 c, 使得 $P\{X>c\}=P\{X \leqslant c\}$.

23. 某地区 18 岁的女青年的血压(收缩压, 以 mmHg 计)服从 $N(110, 12^2)$. 在该地区任选一位 18 岁的女青年, 测量她的血压 X. (1) 求 $P\{X \leqslant 105\}, P\{100<X \leqslant 120\}$; (2) 确定最小的 x, 使 $P\{X>x\} \leqslant 0.05$.

24. 设随机变最 X 的概率分布如表 2.9 所示.

表 2.9

X	-2	-1	0	1	3
P	$\frac{1}{5}$	$\frac{1}{6}$	$\frac{1}{5}$	$\frac{1}{15}$	$\frac{11}{30}$

求 $Y=X^2$ 的概率分布.

25. 设 X 为离散型随机变量, $P\{X=0\}=P\{X=\pi\}=\frac{1}{4}, P\left\{X=\frac{\pi}{2}\right\}=\frac{1}{2}, Y=\cos X$, 求 Y 的概率分布.

26. 设随机变量 X 服从参数为 λ 的指数分布, 求 $Y=X^3$ 的密度函数.

27. 设电流 X 是一个随机变量, 它均匀分布在 9~11 A 之间, 若此电流通过 2 Ω 的电阻, 求功率 $Y=2X^2$ 的密度函数.

28. 设随机变量 X 服从 $\left(-\frac{\pi}{2}, \frac{\pi}{2}\right)$ 上的均匀分布, 若 $Z=\tan X$, 求随机变量 Z 的密度函数 $f_Z(z)$.

29. 顾客在银行窗口等待服务的时间(以 min 计)服从指数分布, 其密度函数为

$$f(x)=\begin{cases} \dfrac{1}{5}\mathrm{e}^{-\frac{x}{5}}, & x \geqslant 0, \\ 0, & x<0. \end{cases}$$

若某顾客等待时间超过 10 min, 他就离开. 一个月他去银行 5 次, 以 Y 表示一个月内他未等到服务而离开的次数, 求 Y 的概率分布.

30. 设某河流每年的最高洪水位 X 的密度函数为

$$f(x) = \begin{cases} \dfrac{2}{x^3}, & x \geqslant 1, \\ 0, & x < 1. \end{cases}$$

今要修建一个河堤,能防御百年一遇的洪水(遇到的概率不超过 $\dfrac{1}{100}$),河堤至少要修多高?

第三章

多维随机变量及其分布

第一节　二维随机变量与分布函数

一、二维随机变量

在实际生产与理论研究中,常常会遇到需要同时使用几个随机变量的情形.例如,炮弹在地面的着弹点的位置由一对随机变量(两个坐标)来描述;电子放大器的干扰电流由其振幅和相位这两个随机变量来表示;飞机在空中的位置由三个随机变量(三个坐标)来确定等.

一般地,设 E 是一个随机试验,它的样本空间是 Ω,$X(\omega)$,$Y(\omega)$ 是定义在 Ω 上的两个随机变量,其整体$((X(\omega),Y(\omega))$ 称为二维随机向量或二维随机变量,简记为(X,Y).二维随机变量实际上是 Ω 到 $\mathbf{R}^2$ 的一个映射(见图 3.1).

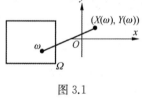

图 3.1

二维随机变量(X,Y)的性质不仅与 X、Y 有关,还依赖于这两个随机变量的相互关系.因此,逐个地研究 X 或 Y 的性质是不够的,还需将(X,Y)作为一个整体来研究.同一维情形类似,我们也借助"分布函数"来研究二维随机变量.

二、分布函数

定义 3.1.1　设(X,Y)是二维随机变量,对于任意实数 x、y,二元函数 $F(x,y)=P\{X\leqslant x,Y\leqslant y\}$ 称为二维随机变量(X,Y)的分布函数,或称为随机变量 X 和 Y 的联合分布函数.

如果将二维随机变量(X,Y)看成平面上随机点的坐标,那么,分布函数 $F(x,y)$ 在(x,y)处的函数值就是随机点(X,Y)落在图 3.2 所示的阴影部分的概率.

依上所述,随机点(X,Y)落在矩形域$\{(x,y):x_1<x\leqslant x_2;y_1<y\leqslant y_2\}$(见图 3.3)的概率为

$$P\{x_1 < X \leqslant x_2; y_1 < Y \leqslant y_2\}$$
$$= F(x_2, y_2) - F(x_2, y_1) - F(x_1, y_2) + F(x_1, y_1). \tag{3.1}$$

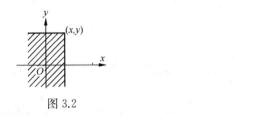 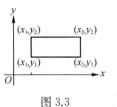

图 3.2　　　　　　　　　　　　　　　图 3.3

分布函数 $F(x,y)$ 具有以下基本性质:

(1) $F(x,y)$ 分别对 x 和 y 单调非降.当 $x_1 < x_2$ 时,$F(x_1, y) \leqslant F(x_2, y)$;当 $y_1 < y_2$ 时,$F(x, y_1) \leqslant F(x, y_2)$.

(2) $0 \leqslant F(x,y) \leqslant 1$.

(3) 对任意固定的 x,$F(x, -\infty) \xlongequal{\Delta} \lim\limits_{y \to -\infty} F(x,y) = 0$;

对任意固定的 y,$F(-\infty, y) \xlongequal{\Delta} \lim\limits_{x \to -\infty} F(x,y) = 0$;

$$F(-\infty, -\infty) \xlongequal{\Delta} \lim\limits_{\substack{x \to -\infty \\ y \to -\infty}} F(x,y) = 0;$$

$$F(+\infty, +\infty) \xlongequal{\Delta} \lim\limits_{\substack{x \to +\infty \\ y \to +\infty}} F(x,y) = 1.$$

(4) $F(x,y) = F(x+0, y)$,$F(x,y) = F(x, y+0)$,即 $F(x,y)$ 关于 x 右连续,关于 y 也右连续.

(5) 对于任意的 (x_1, y_1),(x_2, y_2),$x_1 < x_2$,$y_1 < y_2$,下述不等式成立:

$$F(x_2, y_2) - F(x_2, y_1) - F(x_1, y_2) + F(x_1, y_1) \geqslant 0.$$

这一性质可由式(3.1)得出.

二维随机变量作为一个整体,具有联合分布函数 $F(x,y)$.如果让其中一个变量趋于无穷大,则其极限函数恰好是一维分布函数,分别记为 $F_X(x)$ 与 $F_Y(y)$,依次称它们为二维随机变量 (X,Y) 关于 X 和 Y 的边缘分布函数,可由 (X,Y) 的分布函数 $F(x,y)$ 来得到.

$$F_X(x) = P\{X \leqslant x\} = P\{X \leqslant x, y < +\infty\} = F(x, +\infty),$$

即 $F(x, +\infty) = F_X(x)$.同理,$F(+\infty, y) = F_Y(y)$.

以上关于二维随机变量的讨论,不难推广到 $n(n > 2)$ 维随机变量的情形.一般地,设 E 是一个随机试验,它的样本空间是 Ω,设 $X_1 = X_1(\omega)$,$X_2 = X_2(\omega)$,$\cdots$,$X_n = X_n(\omega)$ 是定义在同一 Ω 上的 n 个随机变量,其整体 $(X_1, X_2, \cdots, X_n)$ 叫作 n 维随机向量或 n 维随机变量.

对于任意 n 个实数 $x_1, x_2, \cdots, x_n$,n 元函数

$$F(x_1, x_2, \cdots, x_n) = P\{X_1 \leqslant x_1, X_2 \leqslant x_2, \cdots, X_n \leqslant x_n\}$$

称为 n 维随机变量 $(X_1, X_2, \cdots, X_n)$ 的分布函数或随机变量 $X_1, X_2, \cdots, X_n$ 的联合分布函数.它具有类似于二维随机变量分布函数的性质.

第二节　二维离散型随机变量及其概率分布

一、联合概率分布律

如果二维随机变量(X,Y)的所有可能取值是有限对或可列无限,则称(X,Y)是二维离散型随机变量.

对于二维离散型随机变量,与一维时情形一样,用表格表示其概率分布情况,更为直观与方便(见表3.1).

表 3.1

X\Y	y_1	y_2	...	y_j	...
x_1	p_{11}	p_{12}	...	p_{1j}	...
x_2	p_{21}	p_{22}	...	p_{2j}	...
⋮	⋮	⋮	⋮	⋮	...
x_i	p_{i1}	p_{i2}	...	p_{ij}	...
⋮	...	...	...	...	...

其中$p_{ij}=P\{X=x_i,Y=y_j\},i,j=1,2,\cdots$.

由概率的定义及性质有:$p_{ij}\geq0,\sum_{i=1}^{\infty}\sum_{j=1}^{\infty}p_{ij}=1$.

称$P\{X=x_i,Y=y_j\}=p_{ij}(i,j=1,2,\cdots)$为二维离散型随机变量$(X,Y)$的概率分布或联合分布律.

例 3.2.1　随机变量X在1,2,3,4四个整数中等可能取值,另一个随机变量Y随机地在$1\sim X$中等可能取值,试求(X,Y)的联合分布.

解　由乘法公式及条件概率公式可得:$P\{X=i,Y=j\}$的取值情况是$i=1,2,3,4,j$取不大于i的正整数,且

$$P\{X=i,Y=j\}=P\{Y=j\mid X=i\}P\{X=i\}=\frac{1}{i}\cdot\frac{1}{4},i=1,2,3,4;1\leq j\leq i.$$

于是,(X,Y)的联合分布律如表3.2所示.

表 3.2

X\Y	1	2	3	4
1	$\frac{1}{4}$	0	0	0
2	$\frac{1}{8}$	$\frac{1}{8}$	0	0

续表

X＼Y	1	2	3	4
3	$\dfrac{1}{12}$	$\dfrac{1}{12}$	$\dfrac{1}{12}$	0
4	$\dfrac{1}{16}$	$\dfrac{1}{16}$	$\dfrac{1}{16}$	$\dfrac{1}{16}$

例 3.2.2(二维两点分布)　设 X,Y 的联合分布由表 3.3 给出(其中 $0<p<1$),则称 (X,Y) 服从二维两点分布.

表 3.3

X＼Y	0	1
0	$1-p$	0
1	0	p

离散型随机变量 X 和 Y 的联合分布函数具有以下形式:

$$F(x,y)=\sum_{\substack{x_i\leqslant x\\y_j\leqslant y}}p_{ij},\tag{3.2}$$

其中和式是对一切满足 $x_i\leqslant x,y_j\leqslant y$ 的 i,j 来求和的.

应注意,多维随机变量与一维随机变量不同,刻画一个联合分布函数需要假设条件(性质(5)).

例 3.2.3　若二元函数为

$$F(x,y)=\begin{cases}0,x+y\leqslant 0,\\1,x+y>0.\end{cases}$$

$F(x,y)$ 是否为某二维随机变量的分布函数?

解　容易验证 $F(x,y)$ 满足二维分布函数的性质(1)～(3),现验证是否满足性质(5).
取 $(x_1,y_1)=(0,0),(x_2,y_2)=(2,2)$,则

$$F(x_2,y_2)-F(x_1,y_2)-F(x_2,y_1)+F(x_1,y_1)$$
$$=1-1-1+0=-1<0,$$

故 $F(x,y)$ 不满足性质(5),从而它不是二维随机变量的分布函数.

二、边缘分布

对于二维离散型随机变量 (X,Y),其联合分布律为 $P\{X=x_i,Y=y_j\}=p_{ij},i,j=1,2,\cdots$,由边缘分布的定义知

$$F_X(x)=F(x,+\infty)=\sum_{x_i\leqslant x}\sum_{j=1}^{\infty}p_{ij}.$$

又

$$F_X(x) = \sum_{x_i \leqslant x} P\{X = x_i\}.$$

记 $p_i. \overset{\Delta}{=\!=\!=} P\{X = x_i\}, i = 1, 2, \cdots,$ 故

$$p_i. = P\{X = x_i\} = \sum_{j=1}^{\infty} p_{ij}, i = 1, 2, \cdots.$$

同理,由 $F_Y(y) = F(-\infty, y) = \sum_{y_j \leqslant y} \sum_{i=1}^{\infty} p_{ij}$ 可知

$$p_{\cdot j} \overset{\Delta}{=\!=\!=} P\{Y = y_j\} = \sum_{i=1}^{\infty} p_{ij}, j = 1, 2, \cdots.$$

分别称 $p_i., p_{\cdot j}(i, j = 1, 2, \cdots)$ 为 (X, Y) 关于 X 和 Y 的边缘分布律.

例 3.2.4 求例 3.2.1 中 (X, Y) 的边缘分布.

解 X 的所有可能值为 $1, 2, 3, 4$,则

$$P\{X = 1\} = \sum_{j=1}^{\infty} p_{1j} = \frac{1}{4},$$

$$P\{X = 2\} = \sum_{j=1}^{\infty} p_{2j} = \frac{1}{4},$$

$$P\{X = 3\} = \sum_{j=1}^{\infty} p_{3j} = \frac{1}{4},$$

$$P\{X = 4\} = \sum_{j=1}^{\infty} p_{4j} = \frac{1}{4}.$$

同理,$P\{Y = 1\} = \frac{25}{48}, P\{Y = 2\} = \frac{13}{48}, P\{Y = 3\} = \frac{7}{48}, P\{Y = 4\} = \frac{3}{48}.$

可以用表 3.4 来说明联合分布与边缘分布的关系.

表 3.4

X \ Y	1	2	3	4	$P\{X = x_i\}$
1	$\frac{1}{4}$	0	0	0	$\frac{1}{4}$
2	$\frac{1}{8}$	$\frac{1}{8}$	0	0	$\frac{1}{4}$
3	$\frac{1}{12}$	$\frac{1}{12}$	$\frac{1}{12}$	0	$\frac{1}{4}$
4	$\frac{1}{16}$	$\frac{1}{16}$	$\frac{1}{16}$	$\frac{1}{16}$	$\frac{1}{4}$
$P\{Y = y_j\}$	$\frac{25}{48}$	$\frac{13}{48}$	$\frac{7}{48}$	$\frac{3}{48}$	1

表 3.4 中,每一列的和表示 Y 的边缘分布,每一行的和表示 X 的边缘分布.右下角的 1 是所有 p_{ij} 的和,也是 X, Y 各自边缘分布的和.

例 3.2.5 设二维随机变量 (X, Y) 的联合分布如表 3.5 所示,又 $P\{Y = 2\} = \frac{1}{3}.$

表 3.5

X \ Y	1	2	3
1	$\frac{1}{4}$	$\frac{1}{6}$	$\frac{1}{24}$
2	$\frac{1}{8}$	a	$\frac{1}{24}$
3	$\frac{1}{8}$	$\frac{1}{12}$	b

(1)求 a,b;(2)求边缘分布律.

解 (1)由 $\sum\limits_{i=1}^{3}\sum\limits_{j=1}^{3}p_{ij}=1$,可知

$$a+b=\frac{1}{6}.$$

又 $P\{Y=2\}=\frac{1}{6}+a+\frac{1}{12}=\frac{1}{3}$,所以 $a=\frac{1}{12}$.故 $b=\frac{1}{6}-a=\frac{1}{12}$.

(2) X 的概率分布如表 3.6 所示.

Y 的概率分布如表 3.7 所示.

表 3.6

X	1	2	3
$p_i.$	$\frac{11}{24}$	$\frac{6}{24}$	$\frac{7}{24}$

表 3.7

Y	1	2	3
$p._j$	$\frac{1}{2}$	$\frac{1}{3}$	$\frac{1}{6}$

第三节 随机变量的独立性

一、随机变量的独立性

在第一章中介绍了事件独立性的概念,现在把这一概念应用到随机变量上.

定义 3.3.1 设 $F(x,y)$ 及 $F_X(x)$、$F_Y(x)$ 分别是二维随机变量 (X,Y) 的联合分布函数及边缘分布函数,若对于所有 x,y,有

$$F(x,y)=F_X(x) \cdot F_Y(y), \tag{3.3}$$

即

$$P\{X\leqslant x,Y\leqslant y\}=P\{X\leqslant x\} \cdot P\{X\leqslant y\}, \tag{3.4}$$

则称随机变量 X 和 Y 是相互独立的.

它的意义是事件 $\{X\leqslant x\}$ 与事件 $\{Y\leqslant y\}$ 相互独立.

当 (X,Y) 是离散型随机变量时,X 和 Y 相互独立的条件式(3.4)等价于:对于 (X,Y) 的所有可能取值 (x_i,y_i),有

$$P\{X=x_i,Y=y_j\}=P\{X=x_i\} \cdot P\{Y=y_j\}, \tag{3.5}$$

即

$$p_{ij} = p_{i\cdot} \cdot p_{\cdot j} \quad (i,j=1,2,\cdots).$$

事实上,若式(3.5)成立,则有

$$
\begin{aligned}
F(x,y) &= \sum_{x_i \leqslant x} \sum_{y_j \leqslant y} P\{X=x_i, Y=y_j\} \\
&= \sum_{x_i \leqslant x} \sum_{y_j \leqslant y} P\{X=x_i\} P\{Y=y_j\} \\
&= \Big(\sum_{x_i \leqslant x} P\{X=x_i\}\Big)\Big(\sum_{y_j \leqslant y} P\{Y=y_j\}\Big) \\
&= F_X(x) F_Y(y).
\end{aligned}
$$

反之,若式(3.4)成立,则对任意实数 x_1, y_1, x_2, y_2(其中 $x_1 < x_2, y_1 < y_2$),有

$$0 \leqslant P\{x_1 < X \leqslant x_2\} = F_X(x_2) - F_X(x_1),$$
$$0 \leqslant P\{y_1 \leqslant Y \leqslant y_2\} = F_Y(y_2) - F_Y(y_1).$$

于是

$$
\begin{aligned}
&P\{x_1 < X \leqslant x_2\} P\{y_1 < Y \leqslant y_2\} \\
&= F_X(x_2) F_Y(y_2) - F_X(x_2) F_Y(y_1) - F_X(x_1) F_Y(y_2) + F_X(x_1) F_Y(y_1) \\
&= F(x_2, y_2) - F(x_2, y_1) - F(x_1, y_2) + F(x_1, y_1) \\
&= P\{x_1 < X \leqslant x_2, y_1 < Y \leqslant y_2\}.
\end{aligned}
$$

由概率的连续性,令 $x_2 \to x_1, y_2 \to y_1$,即得

$$P\{X=x_1, Y=y_1\} = P\{X=x_1\} P\{Y=y_1\}. \qquad 证毕$$

例 3.3.1 设 X, Y 的联合分布如表 3.8 所示.

表 3.8

X \ Y	$\frac{1}{2}$	1	2
−1	$\frac{2}{20}$	$\frac{2}{20}$	$\frac{4}{20}$
0	$\frac{1}{20}$	$\frac{1}{20}$	$\frac{2}{20}$
2	$\frac{2}{20}$	$\frac{2}{20}$	$\frac{4}{20}$

X 与 Y 是否相互独立?

解 关于 X 的边缘分布和关于 Y 的边缘分布如表 3.9 所示.

表 3.9

X \ Y	$\frac{1}{2}$	1	2	$p_{i\cdot}$
−1	$\frac{2}{20}$	$\frac{2}{20}$	$\frac{4}{20}$	$\frac{2}{5}$
0	$\frac{1}{20}$	$\frac{1}{20}$	$\frac{2}{20}$	$\frac{1}{5}$

续表

Y X	$\frac{1}{2}$	1	2	$p_i.$
2	$\frac{2}{20}$	$\frac{2}{20}$	$\frac{4}{20}$	$\frac{2}{5}$
$p_{\cdot j}$	$\frac{1}{4}$	$\frac{1}{4}$	$\frac{2}{4}$	1

显然有 $p_i. \ p_{\cdot j} = p_{ij}(i,j=1,2,3)$，故 X 与 Y 相互独立.

二、条件分布

由条件概率很容易引出条件概率分布的概念.

设 (X,Y) 是二维离散型随机变量，其分布律为

$$P\{X=x_i, Y=y_j\} = p_{ij}, i,j=1,2,\cdots.$$

(X,Y) 关于 X 和 Y 的边缘分布分别为

$$P\{X=x_i\} = p_i. = \sum_{j=1}^{\infty} p_{ij}, i=1,2,\cdots;$$

$$P\{Y=y_j\} = p_{\cdot j} = \sum_{i=1}^{\infty} p_{ij}, j=1,2,\cdots.$$

设 $p_i. > 0, p_{\cdot j} > 0$，考虑在事件 $\{Y=y_j\}$ 已发生的条件下事件 $\{X=x_i\}$ 发生的概率. 由条件概率公式得

$$P\{X=x_i \mid Y=y_j\} = \frac{P\{X=x_i, Y=y_j\}}{P\{Y=y_j\}} = \frac{p_{ij}}{p_{\cdot j}}, i=1,2,\cdots.$$

易知上述条件概率具有分布律的特性：

(1) $P\{X=x_i \mid Y=y_j\} \geqslant 0$；

(2) $\sum_{i=1}^{\infty} P\{X=x_i \mid Y=y_j\} = \sum_{i=1}^{\infty} \frac{p_{ij}}{p_{\cdot j}} = \frac{1}{p_{\cdot j}} \sum_{i=1}^{\infty} p_{ij} = \frac{p_{\cdot j}}{p_{\cdot j}} = 1.$

于是引入以下定义.

定义 3.3.2 设 (X,Y) 是二维离散型随机变量，对于固定的 j，若 $P\{Y=y_j\} > 0$，则称

$$P\{X=x_i \mid Y=y_j\} = \frac{P\{X=x_i, Y=y_j\}}{P\{Y=y_j\}} = \frac{p_{ij}}{p_{\cdot j}}, i=1,2,\cdots \tag{3.6}$$

为在 $Y=y_j$ 条件下随机变量 X 的条件分布.

同样，对于固定的 i，若 $P\{X=x_i\} > 0$，则称

$$P\{Y=y_j \mid X=x_i\} = \frac{P\{X=x_i, Y=y_j\}}{P\{X=x_i\}} = \frac{p_{ij}}{p_i.}, j=1,2,\cdots \tag{3.7}$$

为在 $X=x_i$ 条件下随机变量 Y 的条件分布.

例 3.3.2 一射击手进行射击，击中目标的概率为 $p(0<p<1)$，射击进行到击中目标两次为止. 设 X 表示第一次击中目标时的射击次数，Y 表示总共进行的射击次数，试求 X 和 Y 的联合分布及条件分布.

解 按题意,$\{X=m,Y=n\}$表示前 $m-1$ 次不中,第 m 次击中,接着第 $n-1-m$ 次又不中,第 n 次击中,所以

$$P\{X=m,Y=n\}=p^2q^{n-2},q=1-p,n=2,3,\cdots,m=1,2,\cdots,n-1.$$

$$P\{X=m\}=\sum_{n=m+1}^{\infty}P\{X=m,Y=n\}$$

$$=\sum_{n=m+1}^{\infty}p^2q^{n-2}=pq^{m-1},m=1,2,\cdots,$$

$$P\{Y=n\}=\sum_{m=1}^{n-1}P\{X=m,Y=n\}$$

$$=\sum_{m=1}^{n-1}p^2q^{n-2}=(n-1)p^2q^{n-2},n=2,3,\cdots.$$

于是由式(3.6)、式(3.7)得到所求的条件分布如下:

当 $n=2,3,\cdots$ 时,

$$P\{X=m\mid Y=n\}=\frac{p^2q^{n-2}}{(n-1)p^2q^{n-2}}=\frac{1}{n-1},m=1,2,\cdots,n-1;$$

当 $m=1,2,\cdots$ 时,

$$P\{Y=n\mid X=m\}=\frac{p^2q^{n-2}}{pq^{m-1}}=pq^{n-m-1},n=m+1,m+2,\cdots.$$

第四节　二维连续型随机变量及其密度函数

与一维随机变量相似,对于二维随机变量 (X,Y) 的分布函数 $F(x,y)$,若存在非负函数 $f(x,y)$,使对于任意的实数 x,y 有

$$F(x,y)=\int_{-\infty}^{y}\int_{-\infty}^{x}f(u,v)\mathrm{d}u\,\mathrm{d}v,$$

则称 (X,Y) 是连续型的二维随机变量,函数 $f(x,y)$ 称为二维随机变量 (X,Y) 的密度函数(或联合密度). $f(x,y)$ 具有以下性质:

(1) $f(x,y)\geqslant 0$;

(2) $\int_{-\infty}^{+\infty}\int_{-\infty}^{+\infty}f(x,y)\mathrm{d}x\,\mathrm{d}y=1$,

因 $\int_{-\infty}^{+\infty}\int_{-\infty}^{+\infty}f(x,y)\mathrm{d}x\,\mathrm{d}y=F(+\infty,+\infty)=1$;

(3) 在 $f(x,y)$ 的连续点处,$\dfrac{\partial^2 F(x,y)}{\partial x\partial y}=f(x,y)$;

(4) 设 G 是 xOy 平面上的一个区域,(X,Y) 落在区域 G 内的概率为

$$P\{(X,Y)\in G\}=\iint\limits_{G}f(x,y)\mathrm{d}x\,\mathrm{d}y. \tag{3.8}$$

在几何上,$z=f(x,y)$ 表示三维空间中的一个曲面.由性质(2),介于它和 xOy 平面之

间的空间区域的体积等于 1.由性质(4)可知,$P\{(X,Y)\in G\}$ 的值等于以 G 为底,以曲面 $z=f(x,y)$ 为顶的曲顶柱体的体积.

例 3.4.1 设 (X,Y) 的密度函数为

$$f(x,y)=\begin{cases}ce^{-(x+y)},x>0,y>0,\\0,\qquad\qquad 其他.\end{cases}$$

(1) 求常数 c;

(2) 求分布函数 $F(x,y)$;

(3) 求 $P\{Y\leqslant X\}$.

解 (1) 由于 $f(x,y)$ 是密度函数,故有

$$\int_{-\infty}^{+\infty}\int_{-\infty}^{+\infty}f(x,y)\mathrm{d}x\,\mathrm{d}y=1,$$

即 $\int_0^{+\infty}\int_0^{+\infty}ce^{-(x+y)}\mathrm{d}x\,\mathrm{d}y=1$,解之得 $c=1$.

(2) $F(x,y)=\int_{-\infty}^x\int_{-\infty}^y f(u,v)\mathrm{d}u\,\mathrm{d}v$

$$=\begin{cases}\int_0^x\int_0^y e^{-(u+v)}\mathrm{d}u\,\mathrm{d}v,x>0,y>0,\\0,\qquad\qquad\qquad 其他\end{cases}$$

$$=\begin{cases}(1-e^{-x})(1-e^{-y}),x>0,y>0,\\0,\qquad\qquad\qquad 其他.\end{cases}$$

(3) $P\{Y\leqslant X\}=\iint\limits_{y\leqslant x}f(x,y)\mathrm{d}x\,\mathrm{d}y=\int_0^{+\infty}\mathrm{d}y\int_y^{+\infty}e^{-(x+y)}\mathrm{d}x=\dfrac{1}{2}$.

对于连续型随机变量 (X,Y),它的第一个分量 X 也是一随机变量.由

$$F_X(x)=F(x,+\infty)=\int_{-\infty}^x\left[\int_{-\infty}^{+\infty}f(x,y)\mathrm{d}y\right]\mathrm{d}x,$$

可见 X 也是一连续型随机变量,其密度函数为

$$f_X(x)=\int_{-\infty}^{+\infty}f(x,y)\mathrm{d}y. \tag{3.9}$$

同样,Y 也是一连续型随机变量,其密度函数为

$$f_Y(y)=\int_{-\infty}^{+\infty}f(x,y)\mathrm{d}x. \tag{3.10}$$

分别称 $f_X(x)$、$f_Y(y)$ 为 (X,Y) 关于 X 和 Y 的边缘分布密度.

(X,Y) 的联合分布全面反映了 (X,Y) 的概率分布状态,而边缘分布只反映分量 X 和 Y 的概率分布,联合分布能确定边缘分布,边缘分布却不能确定联合分布.例如

$$f(x,y)=\begin{cases}x+y,0\leqslant x,y\leqslant 1,\\0,\qquad\quad 其他,\end{cases}$$

$$g(x,y)=\begin{cases}\left(\dfrac{1}{2}+x\right)\left(\dfrac{1}{2}+y\right),0\leqslant x,y\leqslant 1,\\0,\qquad\qquad\qquad\qquad 其他,\end{cases}$$

均为联合密度,显然 $f(x,y) \neq g(x,y)$,但易验证 $f_X(x) = g_X(x)$、$f_Y(y) = g_Y(y)$.

下面考虑连续型随机变量的条件分布问题.对连续型随机变量(X,Y),由于任意x,y都有$P\{X=x\}=0,P\{Y=y\}=0$,因此不能直接用条件概率公式引入"条件分布函数".下面用极限的方法来处理.

定义 3.4.1 给定 y,设对任意的 $\varepsilon > 0$,$P\{y-\varepsilon < Y \leqslant y+\varepsilon\} > 0$,且若对任意实数 x,极限

$$\lim_{\varepsilon \to 0^+} P\{X \leqslant x \mid y-\varepsilon < Y \leqslant y+\varepsilon\}$$

$$=\lim_{\varepsilon \to 0^+} \frac{P\{X \leqslant x, y-\varepsilon < Y \leqslant y+\varepsilon\}}{P\{y-\varepsilon < Y \leqslant y+\varepsilon\}}$$

存在,则称此极限为在条件$Y=y$下X的条件分布函数,写成$P\{X \leqslant x | Y=y\}$或$F_{X|Y}(x|y)$.

设(X,Y)的分布函数为$F(x,y)$,密度函数为$f(x,y)$,如果$f(x,y)$在点(x,y)处连续,边缘分布密度$f_Y(y)$连续,而且有$f_Y(y)>0$,则

$$F_{X|Y}(x \mid y) = \lim_{\varepsilon \to 0^+} \frac{P\{X \leqslant x, y-\varepsilon < Y \leqslant y+\varepsilon\}}{P\{y-\varepsilon < Y \leqslant y+\varepsilon\}}$$

$$= \lim_{\varepsilon \to 0^+} \frac{F(x, y+\varepsilon) - F(x, y-\varepsilon)}{F_Y(y+\varepsilon) - F_Y(y-\varepsilon)}$$

$$= \frac{\lim_{\varepsilon \to 0^+}\{[F(x, y+\varepsilon) - F(x, y-\varepsilon)]/2\varepsilon\}}{\lim_{\varepsilon \to 0^+}\{[F_Y(y+\varepsilon) - F_Y(y-\varepsilon)]/2\varepsilon\}}$$

$$= \frac{\partial F(x,y)}{\partial y} \Big/ \frac{\mathrm{d}F_Y(y)}{\mathrm{d}y} = \frac{\int_{-\infty}^{x} f(u,y)\mathrm{d}u}{f_Y(y)}$$

$$= \int_{-\infty}^{x} \frac{f(u,y)}{f_Y(y)} \mathrm{d}u.$$

从而在条件$Y=y$下X的条件概率密度为

$$f_{X|Y}(x \mid y) = \frac{f(x,y)}{f_Y(y)}. \tag{3.11}$$

类似地,可定义 $f_{Y|X}(y|x) = \dfrac{f(x,y)}{f_X(x)}$.

例 3.4.2 设二维随机变量(X,Y)在圆域 $x^2+y^2 \leqslant 1$ 上服从均匀分布,求条件概率密度 $f_{X|Y}(x|y)$.

解 (X,Y)的密度函数

$$f(x,y) = \begin{cases} \dfrac{1}{\pi}, & x^2+y^2 \leqslant 1, \\ 0, & \text{其他.} \end{cases}$$

$$f_Y(y) = \int_{-\infty}^{+\infty} f(x,y)\mathrm{d}x = \begin{cases} \dfrac{2}{\pi}\sqrt{1-y^2}, & -1 \leqslant y \leqslant 1, \\ 0, & \text{其他,} \end{cases}$$

于是,当$-1<y<1$时,有

$$f_{X|Y}(x \mid y) = \frac{f(x,y)}{f_Y(y)} = \begin{cases} \dfrac{1}{2\sqrt{1-y^2}}, & x^2+y^2<1, \\ 0, & \text{其他.} \end{cases}$$

由随机变量独立性的定义可以推出,当(X,Y)是二维连续型随机变量时,X,Y相互独立的充要条件是对所有的x,y,有

$$f(x,y) = f_X(x) f_Y(y). \tag{3.12}$$

例 3.4.3 设二维随机变量(X,Y)的密度函数为

$$f(x,y) = \frac{1}{2\pi\sigma_1\sigma_2\sqrt{1-\rho^2}} \cdot$$

$$\exp\left\{\frac{-1}{2(1-\rho^2)}\left[\frac{(x-\mu_1)^2}{\sigma_1^2} - 2\rho\frac{(x-\mu_1)(y-\mu_2)}{\sigma_1\sigma_2} + \frac{(y-\mu_2)^2}{\sigma_2^2}\right]\right\},$$

$-\infty<x<+\infty, -\infty<y<+\infty, \mu_1,\mu_2,\sigma_1,\sigma_2,\rho$ 都是常数,且 $\sigma_1>0,\sigma_2>0,|\rho|<1$,称$(X,Y)$服从二维正态分布,记作$(X,Y)\sim N(\mu_1,\mu_2,\sigma_1^2,\sigma_2^2,\rho)$.试求二维正态分布的边缘分布密度及其条件分布密度.

解 $f_X(x)=\int_{-\infty}^{+\infty}f(x,y)\mathrm{d}y$, 由于

$$\left(\frac{y-\mu_2}{\sigma_2}\right)^2 - 2\rho\frac{x-\mu_1}{\sigma_1}\cdot\frac{y-\mu_2}{\sigma_2}$$

$$= \left(\frac{y-\mu_2}{\sigma_2} - \rho\frac{x-\mu_1}{\sigma_1}\right)^2 - \rho^2\left(\frac{x-\mu_1}{\sigma_1}\right)^2,$$

所以

$$f_X(x) = \frac{1}{2\pi\sigma_1\sigma_2\sqrt{1-\rho^2}} \cdot e^{-\frac{(x-\mu_1)^2}{2\sigma_1^2}} \int_{-\infty}^{+\infty} e^{-\frac{1}{2(1-\rho^2)}\left(\frac{y-\mu_2}{\sigma_2}-\rho\frac{x-\mu_1}{\sigma_1}\right)^2}\mathrm{d}y.$$

令 $t = \frac{1}{\sqrt{1-\rho^2}}\left(\frac{y-\mu_2}{\sigma_2} - \rho\frac{x-\mu_1}{\sigma_1}\right)$,则有

$$f_X(x) = \frac{1}{2\pi\sigma_1}e^{-\frac{(x-\mu_1)^2}{2\sigma_1^2}}\int_{-\infty}^{+\infty}e^{-\frac{t^2}{2}}\mathrm{d}t = \frac{1}{\sqrt{2\pi}\sigma_1}e^{-\frac{(x-\mu_1)^2}{2\sigma_1^2}},$$

所以

$$f_X(x) = \frac{1}{\sqrt{2\pi}\sigma_1}e^{-\frac{(x-\mu_1)^2}{2\sigma_1^2}}, -\infty<x<+\infty.$$

同理

$$f_Y(y) = \frac{1}{\sqrt{2\pi}\sigma_2}e^{-\frac{(y-\mu_2)^2}{2\sigma_2^2}}, -\infty<y<+\infty,$$

即

$$X \sim N(\mu_1,\sigma_1^2), Y \sim N(\mu_2,\sigma_2^2).$$

由条件分布密度的定义可知

$$f_{Y|X}(y\mid x) = \frac{f(x,y)}{f_X(x)} = \frac{1}{\sqrt{2\pi}\sigma_2\sqrt{1-\rho^2}}e^{-\frac{1}{2(1-\rho^2)}\left(\frac{y-\mu_2}{\sigma_2}-\rho\frac{x-\mu_1}{\sigma_1}\right)^2}.$$

由对称性,将 x 与 y 交换,得

$$f_{X|Y}(x \mid y) = \frac{f(x,y)}{f_Y(y)} = \frac{1}{\sqrt{2\pi}\sigma_1\sqrt{1-\rho^2}} e^{-\frac{1}{2(1-\rho^2)}(\frac{x-\mu_1}{\sigma_1}-\rho\frac{y-\mu_2}{\sigma_2})^2}.$$

由此例可知:

(1) 对于二维正态分布的随机变量(X,Y),当$\rho=0$时,有$f(x,y)=f_X(x)f_Y(y)$,即X、Y独立.反之,若X,Y独立,则$f(x,y)=f_X(x)f_Y(y)$.特别地,$f(\mu_1,\mu_2)=f_X(\mu_1)f_Y(\mu_2)$.由此可推得$\rho=0$,所以对于二维正态分布的随机变量$(X,Y)$,$X$,$Y$独立的充要条件是$\rho=0$.

(2) 在条件$X=x$下,Y的条件密度函数为正态分布$N\left(\mu_2+\rho\frac{\sigma_2}{\sigma_1}(x-\mu_1),(1-\rho^2)\sigma_2^2\right)$;在条件$Y=y$下,$X$的条件密度函数为正态分布$N\left(\mu_1+\rho\frac{\sigma_1}{\sigma_2}(y-\mu_2),(1-\rho^2)\sigma_1^2\right)$.特别地,当$(X,Y)\sim N(0,0,1,1,\rho)$,即$\mu_1=\mu_2=0,\sigma_1=\sigma_2=1$时,在条件$X=x$下,$Y$的条件密度函数为正态分布$N(\rho x,1-\rho^2)$;在条件$Y=y$下,$X$的条件密度函数为正态分布$N(\rho y,1-\rho^2)$.

第五节　二维离散型随机变量函数的分布

设(X,Y)是二维离散型随机变量,其概率分布为$P\{X=x_i,Y=y_i\}=p_{ij}$,$i,j=1,2,\cdots$,$z=g(x,y)$是一个二元函数,则$Z=g(X,Y)$是二维离散型随机变量的函数.问题是要求出$Z=g(X,Y)$的概率分布,为此先求随机变量Z的所有可能取值,再求出取这些值的概率.

例 3.5.1　设(X,Y)的概率分布如表 3.10 所示.

表 3.10

X＼Y	-1	2
-1	$\frac{5}{20}$	$\frac{3}{20}$
1	$\frac{2}{20}$	$\frac{3}{20}$
2	$\frac{6}{20}$	$\frac{1}{20}$

求:(1)$Z=2X-Y$的概率分布;(2)$Z=X+Y$的概率分布.

解　先形式地列表,如表 3.11 所示.

表 3.11

(X,Y)	$(-1,-1)$	$(-1,2)$	$(1,-1)$	$(1,2)$	$(2,-1)$	$(2,2)$
$2X-Y$	-1	-4	3	0	5	2
$X+Y$	-2	1	0	3	1	4
P	$\frac{5}{20}$	$\frac{3}{20}$	$\frac{2}{20}$	$\frac{3}{20}$	$\frac{6}{20}$	$\frac{1}{20}$

根据表 3.11,得所求的概率分布如表 3.12 和表 3.13 所示.

（1）
表 3.12

$2X-Y$	-4	-1	0	2	3	5
P	$\frac{3}{20}$	$\frac{5}{20}$	$\frac{3}{20}$	$\frac{1}{20}$	$\frac{2}{20}$	$\frac{6}{20}$

（2）
表 3.13

$X+Y$	-2	0	1	3	4
P	$\frac{5}{20}$	$\frac{2}{20}$	$\frac{9}{20}$	$\frac{3}{20}$	$\frac{1}{20}$

例 3.5.2 设 X,Y 相互独立,其概率分布为
$$P\{X=k\}=p(k),k=0,1,2,\cdots,$$
$$P\{Y=r\}=q(r),r=0,1,2,\cdots.$$
求 $Z=X+Y$ 的概率分布.

解 Z 的可能取值为 $0,1,2,\cdots$,有
$$P\{Z=i\}=P\{X+Y=i\}=P\{X=0,Y=i\}+P\{X=1,Y=i-1\}$$
$$+\cdots+P\{X=i,Y=0\}=\sum_{k=0}^{i}P\{X=k,Y=i-k\}$$
$$=\sum_{k=0}^{i}P\{X=k\}P\{Y=i-k\}=\sum_{k=0}^{i}p(k)q(i-k).$$

此结果可作为公式使用,称为离散型的卷积公式.

第六节　二维连续型随机变量函数的分布

设 (X,Y) 是二维连续型随机变量,密度函数为 $f(x,y)$,$z=g(x,y)$ 是一个二元连续函数,则 $Z=g(X,Y)$ 是二维连续型随机变量的函数,Z 也是一个随机变量.下面求 Z 的密度函数 $f_Z(z)$.首先 Z 的分布函数为
$$F_Z(z)=P\{Z\leqslant z\}=\iint\limits_{g(x,y)\leqslant z}f(x,y)\mathrm{d}x\mathrm{d}y,$$
所以 Z 的密度函数 $f_Z(z)=F'_Z(z)$.

一般地,若 n 维随机变量 $(X_1,X_2,\cdots,X_n)$ 的密度函数为 $f(x_1,x_2,\cdots,x_n)$,则 $Z=g(X_1,X_2,\cdots,X_n)$ 的分布函数为
$$F_Z(z)=\iint\limits_{g(x_1,x_2,\cdots,x_n)\leqslant z}\cdots\int f(x_1,x_2,\cdots,x_n)\mathrm{d}x_1\mathrm{d}x_2\cdots\mathrm{d}x_n,$$
Z 的密度函数为 $f_Z(z)=F'_Z(z)$.

在实际计算中,要把 $F_Z(z)$ 的解析表达式求出来,往往不容易,原因在于积分区域的形

式往往很复杂，会引起计算上的困难．

下面就几个具体的函数来讨论 $f_Z(z)$ 的求法．

一、$Z=X+Y$（和的分布）

设 (X,Y) 的密度函数为 $f(x,y)$，则 $Z=X+Y$ 的分布函数为

$$F_Z(z)=P\{Z\leqslant z\}=\iint\limits_{x+y\leqslant z}f(x,y)\mathrm{d}x\mathrm{d}y.$$

由图 3.4 得

$$\iint\limits_{x+y\leqslant z}f(x,y)\mathrm{d}x\mathrm{d}y=\int_{-\infty}^{+\infty}\mathrm{d}y\int_{-\infty}^{z-y}f(x,y)\mathrm{d}x,$$

所以

$$F_Z(z)=\int_{-\infty}^{+\infty}\mathrm{d}y\int_{-\infty}^{z-y}f(x,y)\mathrm{d}x.$$

固定 z 和 y，对积分 $\int_{-\infty}^{z-y}f(x,y)\mathrm{d}x$ 作变量变换，令 $x=u-y$，得

$$\int_{-\infty}^{z-y}f(x,y)\mathrm{d}x=\int_{-\infty}^{z}f(u-y,y)\mathrm{d}u,$$

于是

$$F_Z(z)=\int_{-\infty}^{+\infty}\int_{-\infty}^{z}f(u-y,y)\mathrm{d}u\mathrm{d}y=\int_{-\infty}^{z}\left[\int_{-\infty}^{+\infty}f(u-y,y)\mathrm{d}y\right]\mathrm{d}u,$$

所以

$$f_Z(z)=F'_Z(z)=\int_{-\infty}^{+\infty}f(z-y,y)\mathrm{d}y. \tag{3.13}$$

由 X,Y 的对称性，$f_Z(z)$ 也可写成

$$f_Z(z)=\int_{-\infty}^{+\infty}f(x,z-x)\mathrm{d}x. \tag{3.14}$$

当 X,Y 独立时，设 (X,Y) 关于 X,Y 的边缘密度分别为 $f_X(x),f_Y(y)$，有

$$f_Z(z)=\int_{-\infty}^{+\infty}f_X(z-y)f_Y(y)\mathrm{d}y, \tag{3.15}$$

$$f_Z(z)=\int_{-\infty}^{+\infty}f_X(x)f_Y(z-x)\mathrm{d}x. \tag{3.16}$$

这两个公式称为连续型随机变量分布的卷积公式，简称连续型的卷积公式，记为 $f_Z=f_X \cdot f_Y$．

例 3.6.1 设随机变量 X,Y 相互独立，都服从 $N(0,1)$ 分布，即

$$f_X(x)=\frac{1}{\sqrt{2\pi}}\mathrm{e}^{-\frac{x^2}{2}},\ -\infty<x<+\infty,$$

$$f_Y(y)=\frac{1}{\sqrt{2\pi}}\mathrm{e}^{-\frac{y^2}{2}},\ -\infty<y<+\infty.$$

求 $Z=X+Y$ 的密度函数．

解 $f_Z(z)=\int_{-\infty}^{+\infty}f_X(x)f_Y(z-x)\mathrm{d}x=\frac{1}{2\pi}\int_{-\infty}^{+\infty}\mathrm{e}^{-\frac{x^2}{2}}\mathrm{e}^{-\frac{(z-x)^2}{2}}\mathrm{d}x$

$$= \frac{1}{2\pi} e^{-\frac{z^2}{4}} \int_{-\infty}^{+\infty} e^{-\left(x - \frac{z}{2}\right)^2} dx,$$

令 $t = x - \dfrac{z}{2}$，得

$$f_Z(z) = \frac{1}{2\pi} e^{-\frac{z^2}{4}} \int_{-\infty}^{+\infty} e^{-t^2} dt = \frac{1}{2\pi} e^{-\frac{z^2}{4}} \sqrt{\pi} = \frac{1}{2\sqrt{\pi}} e^{-\frac{z^2}{4}},$$

即 $Z \sim N(0,2)$.

一般地，设 X, Y 相互独立，$X \sim N(\mu_1, \sigma_1^2)$，$Y \sim N(\mu_2, \sigma_2^2)$，则 $Z = X + Y \sim N(\mu_1 + \mu_2, \sigma_1^2 + \sigma_2^2)$. 此结论可以推广到 n 个随机变量的情形. 设 $X_k \sim N(\mu_k, \sigma_k^2)$，$k = 1, 2, \cdots, n$，且它们相互独立，则 $Z = X_1 + X_2 + \cdots + X_n \sim N(\mu_1 + \mu_2 + \cdots + \mu_n, \sigma_1^2 + \sigma_2^2 + \cdots + \sigma_n^2)$. 更可以证明 n 个相互独立的正态随机变量的线性组合仍具有正态分布.

例 3.6.2 设随机变量 X, Y 相互独立，且都服从 $[0,1]$ 上的均匀分布. 求 $Z = X + Y$ 的密度函数.

解 X, Y 的密度函数分别为

$$f_X(x) = \begin{cases} 1, & x \in [0,1], \\ 0, & \text{其他}, \end{cases}$$

$$f_Y(y) = \begin{cases} 1, & y \in [0,1], \\ 0, & \text{其他}. \end{cases}$$

由卷积公式，知

$$f_Z(z) = \int_{-\infty}^{+\infty} f_X(x) f_Y(z - x) dx = \int_0^1 f_Y(z - x) dx = \int_{z-1}^z f_Y(y) dy.$$

于是，当 $0 < z - 1 < 1$ 时，$f_Z(z) = \int_{z-1}^1 1 dy = 2 - z$；当 $0 \leqslant z \leqslant 1$ 时，$f_Z(z) = \int_0^z 1 dy = z$；对于其他的 z，$f_Z(z) = 0$.

所以

$$f_Z(z) = \begin{cases} z, & 0 \leqslant z \leqslant 1, \\ 2 - z, & 1 < z \leqslant 2, \\ 0, & \text{其他}. \end{cases}$$

其图形如图 3.5 所示，称它为三角形密度函数.

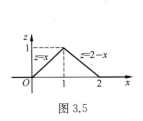

图 3.5

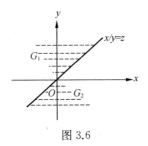

图 3.6

二、$Z = \dfrac{X}{Y}$（商的分布）

设 (X,Y) 的密度函数为 $f(x,y)$，则 $Z = \dfrac{X}{Y}(Y \neq 0)$ 的分布函数为

$$F_Z(z) = P\{Z \leqslant z\} = P\left\{\frac{X}{Y} \leqslant z\right\} = \iint\limits_{\frac{x}{y} \leqslant z} f(x,y)\mathrm{d}x\mathrm{d}y.$$

由图 3.6 得

$$\iint\limits_{\frac{x}{y} \leqslant z} f(x,y)\mathrm{d}x\mathrm{d}y = \iint\limits_{G_1} f(x,y)\mathrm{d}x\mathrm{d}y + \iint\limits_{G_2} f(x,y)\mathrm{d}x\mathrm{d}y$$

$$= \int_0^{+\infty} \mathrm{d}y \int_{-\infty}^{yz} f(x,y)\mathrm{d}x + \int_{-\infty}^0 \mathrm{d}y \int_{yz}^{+\infty} f(x,y)\mathrm{d}x,$$

所以

$$f_Z(z) = F'_Z(z) = \int_0^{+\infty} f(yz,y)y\mathrm{d}y + \int_{-\infty}^0 f(yz,y)(-y)\mathrm{d}y$$

$$= \int_{-\infty}^{+\infty} f(yz,y)\mid y \mid \mathrm{d}y,$$

所以

$$f_Z(z) = \int_{-\infty}^{+\infty} f(yz,y)\mid y \mid \mathrm{d}y. \tag{3.17}$$

特别地，当 X,Y 相互独立时，式(3.17)化为

$$f_Z(z) = \int_{-\infty}^{+\infty} \mid y \mid f_X(yz)f_Y(y)\mathrm{d}y, \tag{3.18}$$

其中，$f_X(x),f_Y(y)$ 分别为 (X,Y) 关于 X,Y 的边缘概率密度.

例 3.6.3 设 X,Y 相互独立，其概率密度分别为

$$f_X(x) = \begin{cases} \alpha\mathrm{e}^{-\alpha x}, & x > 0, \\ 0, & \text{其他}, \end{cases} \qquad f_Y(y) = \begin{cases} \beta\mathrm{e}^{-\beta y}, & y > 0, \\ 0, & \text{其他}, \end{cases}$$

其中，$\alpha > 0, \beta > 0$. 求 $Z = \dfrac{X}{Y}$ 的概率密度函数.

解 当 $z > 0$ 时，由式(3.18)得

$$f_Z(z) = \int_0^{+\infty} y \cdot \alpha\beta\mathrm{e}^{-\alpha yz} \cdot \mathrm{e}^{-\beta y}\mathrm{d}y = \frac{\alpha\beta}{(\alpha z + \beta)^2};$$

当 $z \leqslant 0$ 时，

$$f_Z(z) = 0.$$

所以

$$f_Z(z) = \begin{cases} \dfrac{\alpha\beta}{(\alpha z + \beta)^2}, & z > 0, \\ 0, & \text{其他}. \end{cases}$$

三、$M=\max(X,Y)$ 及 $N=\min(X,Y)$ 的分布(极值分布)

设 X,Y 是两个独立的随机变量,它们的分布函数分别为 $F_X(x),F_Y(y)$.下面求 $M=\max(X,Y)$ 及 $N=\min(X,Y)$ 的分布函数.

例 3.6.4 设系统 L 由两个相互独立的子系统 L_1,L_2 并联而成 (见图 3.7),已知 L_1,L_2 的寿命分别为 X 和 Y,密度函数分别为

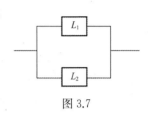

图 3.7

$$f_X(x)=\begin{cases}\alpha e^{-\alpha x}, & x>0,\\ 0, & x\leqslant 0,\end{cases}$$

$$f_Y(y)=\begin{cases}\beta e^{-\beta y}, & y>0,\\ 0, & y\leqslant 0,\end{cases}$$

其中 $\alpha>0,\beta>0$,求系统 L 的寿命 Z 的密度函数.

解 由于当且仅当 L_1,L_2 都损坏时系统 L 才停止工作,
所以

$$Z=\max(X,Y),$$

所以

$$F_Z(z)=P\{\max(X,Y)\leqslant z\}=P\{X\leqslant z,Y\leqslant z\},$$
$$=F_X(z)F_Y(z)=\begin{cases}(1-e^{-\alpha z})(1-e^{-\beta z}), & z>0,\\ 0, & z\leqslant 0.\end{cases}$$

所以

$$f_Z(z)=[F_Z(z)]'=\begin{cases}\alpha e^{-\alpha z}+\beta e^{-\beta z}-(\alpha+\beta)e^{-(\alpha+\beta)z}, & z>0,\\ 0, & z\leqslant 0.\end{cases}$$

一般地,极值分布的求解方法如下:设随机变量 X 与 Y 相互独立,其分布函数分别为 $F_X(x),F_Y(y)$,

(1) $M=\max(X,Y)$,

$$F_M(z)=P\{M\leqslant z\}=P\{\max(X,Y)\leqslant z\}$$
$$=P\{X\leqslant z,Y\leqslant z\}=F_X(z)F_Y(z);$$

(2) $N=\min(X,Y)$,

$$F_N(z)=P\{N\leqslant z\}=P\{\min(X,Y)\leqslant z\}$$
$$=1-P\{\min(X,Y)>z\}$$
$$=1-P\{X>z,Y>z\}$$
$$=1-P\{X>z\}P\{Y>z\}$$
$$=1-(1-F_X(z))(1-F_Y(z)).$$

特别地,设 n 个随机变量 $X_1,X_2,\cdots,X_n$ 相互独立且同分布,分布函数为 $F(x)$,则
$M=\max(X_1,X_2,\cdots,X_n)$ 的分布为 $F_M(z)=[F(z)]^n$;
$N=\min(X_1,X_2,\cdots,X_n)$ 的分布为 $F_N(z)=1-[1-F(z)]^n$.

习 题 三

1. 一个系统包括两个子系统,子系统的寿命分别为 X,Y,设 (X,Y) 的分布函数为

$$F(x,y)=\begin{cases}1-e^{-0.01x}-e^{-0.01y}+e^{-0.01(x+y)}, & x\geqslant 0,y\geqslant 0,\\ 0, & \text{其他}.\end{cases}$$

求:(1)边缘分布函数 $F_X(x),F_Y(y)$;(2)两个子系统的寿命都超过 120 的概率.

2. 将一枚均匀的硬币连掷三次,X 表示三次中出现正面的次数,Y 表示出现正面的次数和出现反面的次数之差的绝对值,求 (X,Y) 的联合分布及各自的边缘分布.

3. 设随机变量 (X,Y) 的概率分布如表 3.14 所示.

已知 $P\{X=0|Y=0\}=\dfrac{1}{2}$,试确定常数 a,b.

表 3.14

X \ Y	0	1
0	$\dfrac{1}{4}$	b
1	a	$\dfrac{1}{4}$

4. 二维随机变量 (X,Y) 的联合密度为

$$f(x,y)=\begin{cases}cxy, & 0<x<1,0<y<1,\\ 0, & \text{其他}.\end{cases}$$

求:(1)常数 c;(2)$P\{Y>X\}$;(3)$P\{X=Y\}$.

5. 盒子里装有 3 只黑球、2 只红球、2 只白球,在其中任取 4 只球,以 X 表示取到黑球的只数,以 Y 表示取到红球的只数.求 X 和 Y 的联合分布律.

6. 一整数 n 等可能地在 $1,2,3,\cdots,10$ 十个值中取一个值.设 $d=d(n)$ 是能整除 n 的正整数的个数,$F=F(n)$ 是能整除 n 的素数的个数(注意:1 不是素数).试写出 d 和 F 的联合分布律.

7. 设随机变量 (X,Y) 的概率密度为

$$f(x,y)=\begin{cases}k(6-x-y), & 0<x<2,2<y<4,\\ 0, & \text{其他}.\end{cases}$$

(1) 确定常数 k.

(2) 求 $P\{X<1,Y<3\}$.

(3) 求 $P\{X<1.5\}$.

(4) 求 $P\{X+Y\leqslant 4\}$.

8. 求第 1 题中随机变量 (X,Y) 的边缘分布密度.

9. 设二维随机变量 (X,Y) 的概率密度为

$$f(x,y)=\begin{cases}4.8y(2-x), & 0\leqslant x\leqslant 1,0\leqslant y\leqslant x,\\ 0, & 其他.\end{cases}$$

求边缘概率密度.

10. 设二维随机变量(X,Y)的概率密度为

$$f(x,y)=\begin{cases}e^{-y}, & 0<x<y,\\ 0, & 其他.\end{cases}$$

求边缘概率密度.

11. 设二维随机变量(X,Y)的概率密度为

$$f(x,y)=\begin{cases}cx^2y, & x^2\leqslant y\leqslant 1,\\ 0, & 其他.\end{cases}$$

(1) 试确定常数c.

(2) 求边缘概率密度.

12. 设二维随机变量(X,Y)的联合密度为

$$f(x,y)=\begin{cases}\dfrac{1}{4}e^{-\frac{y}{2}}, & y>0,0<x<y,\\ 0, & 其他.\end{cases}$$

求边缘分布密度.

13. 设二维随机变量(X,Y)服从矩形$\{(x,y):0<x<1,0<y<2\}$上的均匀分布,求$P\{X+Y\geqslant 1\}$.

14. 设X和Y是两个相互独立的随机变量,X在$(0,1)$上服从均匀分布,Y的概率密度为

$$f_Y(y)=\begin{cases}\dfrac{1}{2}e^{-\frac{y}{2}}, & y>0,\\ 0, & y\leqslant 0.\end{cases}$$

(1) 求X和Y的联合概率密度.

(2) 设含有a的二次方程为$a^2+2Xa+Y=0$,试求a有实根的概率.

15. 设X和Y是相互独立的随机变量,其概率密度分别为

$$f_X(x)=\begin{cases}\lambda e^{-\lambda x}, & x>0,\\ 0, & x\leqslant 0,\end{cases}\qquad f_Y(y)=\begin{cases}\mu e^{-\mu y}, & y>0,\\ 0, & y\leqslant 0,\end{cases}$$

其中$\lambda>0,\mu>0$,且为常数,引入随机变量

$$Z=\begin{cases}1,X\leqslant Y,\\ 0,X>Y.\end{cases}$$

(1) 求条件概率密度$f_{X|Y}(x|y)$;(2)求Z的分布律和分布函数.

16. 设X和Y是两个相互独立的随机变量,其概率密度分别为

$$f_X(x)=\begin{cases}1, & 0\leqslant x\leqslant 1,\\ 0, & 其他,\end{cases}\qquad f_Y(y)=\begin{cases}e^{-y}, & y>0,\\ 0, & 其他.\end{cases}$$

求随机变量 $Z=X+Y$ 的概率密度.

17. 某种商品一周的需求量是一个随机变量,其概率密度为

$$f(t)=\begin{cases}t\mathrm{e}^{-t}, & t>0,\\0, & t\leqslant 0,\end{cases}$$

设各周的需求量是相互独立的.试求:(1)两周的需求量的概率密度;(2)三周的需求量的概率密度.

18. 二维随机变量 (X,Y) 的联合密度

$$f(x,y)=\begin{cases}\mathrm{e}^{-\frac{x}{2}}(1+y)^{-3}, & x>0,y>0,\\0, & 其他.\end{cases}$$

问:X 与 Y 是否独立?

19. 设随机变量 X,Y 相互独立,都服从 $[0,1]$ 上的均匀分布,求 $Z=|X-Y|$ 的密度函数.

20. 设 X 与 Y 相互独立且均服从参数为 λ 的指数分布,求 $Z=X+Y$ 的密度函数.

21. 二维随机变量 (X,Y) 的密度函数

$$f(x,y)=\begin{cases}3x, & 0<x<1,0<y<x,\\0, & 其他.\end{cases}$$

求随机变量 $Z=X-Y$ 的密度函数.

22. 设 X 与 Y 相互独立且都服从泊松分布,参数分别为 $\lambda>0$ 及 $\mu>0$,$Z=X+Y$,求 Z 的概率分布.

23. 设 (X,Y) 的联合密度为

$$f(x,y)=\begin{cases}x\mathrm{e}^{-x(1+y)}, & x>0,y>0.\\0, & 其他.\end{cases}$$

求 $Z=X\cdot Y$ 的分布函数和密度函数.

24. 设随机变量 X 与 Y 独立且同分布,$P\{X=k\}=P\{Y=k\}=q^k p,k=0,1,2,\cdots,p+q=1$,求 $P\{X=Y\}$.

第四章

随机变量的数字特征

我们已经知道,随机变量的概率完全由其分布函数决定,即知道了随机变量的分布函数,就可以确定随机变量取值于任一点或任一区域的概率.但在实际应用中往往不需要或难以确定随机变量的分布函数,并且有时我们感兴趣的只是随机变量某方面的统计规律.因此必须讨论随机变量某些具有概率统计意义的特征.描述随机变量某种特征的量称为随机变量的数字特征.本章将介绍随机变量的常用数字特征:数字期望、方差、相关系数和矩.

第一节   数学期望

一、随机变量的数学期望

先考察一个具体问题.

例 4.1.1   某工厂生产的某产品分一等、二等、三等 3 个等级,这 3 个等级的产量经抽样检查依次占总量的 70%、25% 和 5%,每件产品相应的产值依次为 20 元、15 元和 10 元,这批产品的平均产值是多少?

解   从这批产品中取出一件产品,它有 3 种可能的产值,但每种可能性的大小不一,因此不能以这三个产值的算术平均数作为平均产值.

假定这批产量的总量为 N,由题设知一等品、二等品、三等品的件数大致分别为 $N \cdot 70\%$、$N \cdot 25\%$ 和 $N \cdot 5\%$ 件,从而总产值大致为 $0.70N \times 20 + 0.25N \times 15 + 0.05N \times 10$(元),因此平均产值就自然而然地理解为

$$(0.70N \times 20 + 0.25N \times 15 + 0.05N \times 10)/N$$
$$= 20 \times 0.70 + 15 \times 0.25 + 10 \times 0.05(\text{元}).$$

上式等号右边的每一项是两个数的乘积,其中一个数是产品可能的产值,另一个数则是产品具有相应产值的概率(在此具体问题中用频率替代了概率).因此,对于一般离散型随机变量,有如下定义.

定义 4.1.1   设离散型随机变量 X 的分布律如表 4.1 所示.

$$P\{X=x_k\}=p_k(k=1,2,\cdots),p_k\geqslant 0,$$

表 4.1

X	x_1	x_2	$\cdots$	x_k	$\cdots$
P	p_1	p_2	$\cdots$	p_k	$\cdots$

若

$$\sum_k |x_k| p_k < +\infty,$$

则称

$$E(X)=x_1 p_1 + x_2 p_2 + \cdots = \sum_k x_k p_k$$

为随机变量 X 的数学期望(或称期望).若 $\sum_k |x_k| p_k = +\infty$,则称 X 的期望不存在.

显然,当随机变量 X 以非零概率取值为有限个时,$E(X)$ 必存在.但当随机变量 X 以非零概率取值为(可列)无穷个时,我们自然而然地希望,对 X 取值的任何排序 $x_1,x_2,\cdots,x_k,\cdots$,级数 $\sum_{k=1}^{\infty} x_k p_k$ 均收敛于同一值,此时只要 $\sum_{k=1}^{\infty} |x_k| p_k < +\infty$,即可保证这一点.这就是定义要求 $\sum_k |x_k| p_k < +\infty$ 的原因.对于这一点,读者可不必细究.

对照例 4.1.1,设 X 为产品的产值,则 X 为一随机变量,它的分布律如表 4.2 所示.

表 4.2

X	10	15	20
P	0.05	0.25	0.70

故

$$E(X)=10\times 0.05 + 15\times 0.25 + 20\times 0.70$$
$$=18.25(元).$$

在此,随机变量 X 的期望表示产品的平均产值.

由于数学期望体现了随机变量取值的真正意义上的"平均",因此数学期望也常称为均值.

若 X 为一连续型随机变量,它的数学期望定义如下.

定义 4.1.2 设连续型随机变量 X 的密度函数为 $f(x)$,若

$$\int_{-\infty}^{+\infty} |x| f(x)\mathrm{d}x < +\infty,$$

则称 $E(X)=\int_{-\infty}^{+\infty} x f(x)\mathrm{d}x$ 为 X 的数学期望.

若

$$\int_{-\infty}^{+\infty} |x| f(x)\mathrm{d}x = +\infty,$$

则称 X 的数学期望不存在.

此处要求 $\int_{-\infty}^{+\infty} |x| f(x)\mathrm{d}x < +\infty$ 的理由同定义 4.1.1.

例如,若 X 的密度函数为

$$f(x)=\frac{1}{\pi} \cdot \frac{1}{1+x^2}, -\infty < x < +\infty,$$

则称 X 服从 Cauchy 分布.有兴趣的读者可以证明 X 的数学期望不存在.

连续型随机变量的数学期望同样反映了随机变量取值的"平均",因此亦常称为"均值".

例 4.1.2 某公共汽车停靠站每隔 5 min 有一辆汽车到站,乘客在任一时刻到达此地,求候车时间的数学期望.

解 设 X 为乘客的候车时间,则 X 服从 $[0,5]$ 上的均匀分布,即其密度函数为

$$f(x)=\begin{cases} \dfrac{1}{5}, & 0 \leqslant x \leqslant 5, \\ 0, & \text{其他}, \end{cases}$$

故

$$E(X)=\int_{-\infty}^{-\infty} xf(x)\mathrm{d}x=\int_0^5 x \cdot \frac{1}{5}\mathrm{d}x=2.5.$$

这意味着乘客的平均候车时间为 2.5 min,这一结果是很直观的.

例 4.1.3 设随机变量 X 的密度函数为

$$f(x)=\begin{cases} x, & 0 \leqslant x \leqslant 1, \\ 2-x, & 1 < x \leqslant 2, \\ 0, & \text{其他}. \end{cases}$$

求 X 的数学期望 $E(X)$.

解 $f(x)$ 为一分段函数,且在区间 $[0,2]$ 之外取值为 0,因此

$$E(X)=\int_{-\infty}^{+\infty} xf(x)\mathrm{d}x=\int_0^1 x \cdot x\mathrm{d}x+\int_1^2 x \cdot (2-x)\mathrm{d}x=1.$$

二、随机变量函数的数学期望

在大量现实问题中,很多随机变量彼此之间有着密切联系.譬如说,知道了一个随机变量 Y 是另一个随机变量 X 的函数 $(Y=h(X))$,而 X 的分布律或密度函数已知,如何求 $E(Y)$ 呢? 一个直接的方法是先求出 Y 的分布律或密度函数,再由期望的定义去求 $E(Y)$,但这样做往往是很麻烦的.

以下不加证明地给出几个定理.

定理 4.1.1 设离散型随机变量 X 的分布律为 $P\{X=x_k\}=p_k(k=1,2,\cdots)$,$Y=h(X)$ 是随机变量 X 的函数,则

$$E(Y)=\sum_k h(x_k)p_k.$$

关于 $E(Y)$ 的存在性不再证明,下同.

定理 4.1.2 设 X 与 Y 是分别取值为 $\{x_1,x_2,\cdots,x_i,\cdots\}$ 与 $\{y_1,y_2,\cdots,y_j,\cdots\}$ 的离散型

随机变量,其联合分布为

$$P\{X=x_i,Y=y_j\}=p_{ij},i,j=1,2,\cdots,$$

又 $Z=h(X,Y)$ 是二维随机变量 (X,Y) 的函数,则

$$E(Z)=\sum_i\sum_j h(x_i,y_j)p_{ij}.$$

定理 4.1.3 设 X 为一连续型随机变量,其密度函数为 $f(x)$,$Y=h(X)$ 是随机变量 X 的函数,则

$$E(Y)=\int_{-\infty}^{+\infty}h(x)f(x)\mathrm{d}x.$$

定理 4.1.4 设 (X,Y) 为二维连续型随机变量,其联合密度函数为 $f(x,y)$,$Z=h(X,Y)$ 是二维随机变量 (X,Y) 的函数,则

$$E(Z)=\int_{-\infty}^{+\infty}\int_{-\infty}^{+\infty}h(x,y)f(x,y)\mathrm{d}x\mathrm{d}y.$$

例如,

$$E(X^2Y^3)=\int_{-\infty}^{+\infty}\int_{-\infty}^{+\infty}x^2y^3f(x,y)\mathrm{d}x\mathrm{d}y,$$

$$E(X^3+Y^4)=\int_{-\infty}^{+\infty}\int_{-\infty}^{+\infty}(x^3+y^4)f(x,y)\mathrm{d}x\mathrm{d}y.$$

在上述定理中,定理 4.1.1 和定理 4.1.3 尤为常用.

例 4.1.4 设离散型随机变量 X 的分布律如表 4.3 表示.

表 4.3

X	-1	0	1	2
P	0.2	0.3	0.1	0.4

求 $Y=X^2$ 的期望 $E(Y)$.

解 易知 $Y=X^2$ 的分布律如表 4.4 所示.

表 4.4

Y	0	1	4
P	0.3	0.2+0.1	0.4

故

$$E(Y)=0\times0.3+1\times0.3+4\times0.4=1.9.$$

而由定理 4.1.1 直接计算得

$$E(Y)=\sum_{k=1}^{4}h(x_k)p_k=(-1)^2\times0.2+0^2\times0.3+1^2\times0.1+2^2\times0.4=1.9.$$

例 4.1.5 设 $X\sim N(0,1)$,求 $E(X^2)$.

解 $E(X^2)=\int_{-\infty}^{+\infty}x^2\cdot\frac{1}{\sqrt{2\pi}}\mathrm{e}^{-\frac{x^2}{2}}\mathrm{d}x$

$$= -\int_{-\infty}^{+\infty} x \, \mathrm{d}\left(\frac{1}{\sqrt{2\pi}} \mathrm{e}^{-\frac{x^2}{2}}\right)$$

$$= -\left[x \cdot \frac{1}{\sqrt{2\pi}} \mathrm{e}^{-\frac{x^2}{2}}\right]\Big|_{-\infty}^{+\infty} + \int_{-\infty}^{+\infty} \frac{1}{\sqrt{2\pi}} \mathrm{e}^{-\frac{x^2}{2}} \mathrm{d}x = 1.$$

例 4.1.6 设二维随机变量 (X, Y) 的概率密度为

$$f(x, y) = \begin{cases} x + y, & 0 \leqslant x \leqslant 1, 0 \leqslant y \leqslant 1, \\ 0, & \text{其他}. \end{cases}$$

求 $E(XY)$.

解 $E(XY) = \int_{-\infty}^{+\infty} \int_{-\infty}^{+\infty} xy f(x, y) \mathrm{d}x \, \mathrm{d}y$

$$= \int_0^1 \int_0^1 xy(x + y) \mathrm{d}x \, \mathrm{d}y = \frac{1}{3}.$$

下面来看一个实际问题.

例 4.1.7 某地中秋节的月饼全部来自于某食品加工厂,该地中秋节月饼需求量 X 在 4～6 t 之间服从均匀分布,食品厂每销出 1 t 月饼获利 1 万元,若积压 1 吨月饼,则损失 4 千元 (淡季降价处理).为使工厂所获利润的数学期望最大,该厂应生产多少吨月饼为宜?

解 设该厂生产月饼 a t,显然 $4 \leqslant a \leqslant 6$.又设此时该厂获利 Y 千元,易见 Y 是需求量 X (X 是一随机变量) 的函数.

$$Y = h(X) = \begin{cases} 10a, & X \geqslant a, \\ 10X - 4(a - X), & X < a. \end{cases}$$

又知 X 的密度函数为

$$f(x) = \begin{cases} \dfrac{1}{2}, & 4 \leqslant x \leqslant 6, \\ 0, & \text{其他}. \end{cases}$$

Y 的数学期望 $E(Y)$ 表示在生产 a t 月饼时的利润期望 (或平均获润),则

$$E(Y) = E[h(X)] = \int_{-\infty}^{+\infty} h(x) f(x) \mathrm{d}x = \int_4^6 h(x) \cdot \frac{1}{2} \mathrm{d}x$$

$$= \int_4^a [10x - 4(a - x)] \cdot \frac{1}{2} \mathrm{d}x + \int_a^6 10a \cdot \frac{1}{2} \mathrm{d}x$$

$$= -\frac{7}{2}a^2 + 38a - 56.$$

由二次函数极值求法可知,当 $a = \dfrac{38}{7} = 5\dfrac{3}{7}$ 时,$E(Y)$ 最大,因此该厂生产 $5\dfrac{3}{7}$ 吨月饼最为适宜.

三、数学期望的性质

性质 4.1.1 设 X 为随机变量,a 和 b 是两个常数,则 $E(aX + b) = aE(X) + b$.

特别地,当 $b = 0$ 时,$E(aX) = aE(X)$ (常数可以提出来);当 $a = 0$ 时,$E(b) = b$ (常数的

期望仍是这个常数).

证 设 X 为连续型随机变量,密度函数为 $f(x)$(离散型的情形请读者自己证明).由定理 4.1.3 得

$$E(aX+b)=\int_{-\infty}^{+\infty}(ax+b)f(x)\mathrm{d}x$$
$$=a\int_{-\infty}^{+\infty}xf(x)\mathrm{d}x+b\int_{-\infty}^{+\infty}f(x)\mathrm{d}x$$
$$=aE(X)+b.$$

性质 4.1.2 设 X,Y 为两个随机变量,则

$$E(X+Y)=E(X)+E(Y).$$

证 设 (X,Y) 的联合密度为 $f(x,y)$,由定理 4.1.4 得

$$E(X+Y)=\int_{-\infty}^{+\infty}\int_{-\infty}^{+\infty}(x+y)f(x,y)\mathrm{d}x\mathrm{d}y$$
$$=\int_{-\infty}^{+\infty}x\mathrm{d}x\int_{-\infty}^{+\infty}f(x,y)\mathrm{d}y+\int_{-\infty}^{+\infty}y\mathrm{d}y\int_{-\infty}^{+\infty}f(x,y)\mathrm{d}x$$
$$=\int_{-\infty}^{+\infty}xf_X(x)\mathrm{d}x+\int_{-\infty}^{+\infty}yf_Y(y)\mathrm{d}y$$
$$=E(X)+E(Y).$$

当 X,Y 为离散型随机变量时,读者可用定理 4.1.2 证明.

性质 4.1.3 设 X,Y 为相互独立的两个随机变量,则 $E(XY)=E(X)\cdot E(Y)$.

证 (仅就离散型情形加以证明)设 $P\{X=x_i,Y=y_j\}=p_{ij}$,由定理 4.1.2 得

$$E(XY)=\sum_i\sum_j x_i y_j p_{ij}=\sum_i\sum_j x_i y_j p_{i\cdot}\,p_{\cdot j}$$
$$=\sum_i x_i p_{i\cdot}\sum_j y_j p_{\cdot j}=E(X)\cdot E(Y).$$

例 4.1.8 设一次试验中,事件 A 发生的概率为 p,则在 n 次这样的独立重复试验中,事件 A 发生的次数 $X\sim B(n,p)$,求 $E(X)$.

解 X 的概率分布为

$$P\{X=k\}=\mathrm{C}_n^k p^k(1-p)^{n-k},k=0,1,\cdots,n.$$

记

$$X_i=\begin{cases}1,第\ i\ 次试验中事件\ A\ 发生,\\0,第\ i\ 次试验中事件\ A\ 不发生,\end{cases}$$

则 $X_i(1\leqslant i\leqslant n)$ 是服从 $0\sim 1$ 分布的随机变量,且有

$$X=X_1+X_2+\cdots+X_n=\sum_{i=1}^n X_i,$$
$$E(X_i)=p,1\leqslant i\leqslant n,$$

从而

$$E(X)=E(\sum_{i=1}^n X_i)=\sum_{i=1}^n E(X_i)=np.$$

例 4.1.9 设 X,Y 是相互独立的两个随机变量,$X \sim N(\mu,1)$,$E(X) = \mu$,$Y \sim \chi^2(2n)$ (χ^2 分布定义见第六章).求 $E\left(\dfrac{X}{Y}\right)$.

解 本题的一个直接解法是先求 $\dfrac{X}{Y}$ 的密度函数,再求 $E\left(\dfrac{X}{Y}\right)$,但这样很麻烦.

由 X 与 Y 的独立性,知 X 与 $\dfrac{1}{Y}$ 相互独立.由性质 4.1.3 得

$$E\left(\frac{X}{Y}\right) = E\left(X \cdot \frac{1}{Y}\right) = E(X) \cdot E\left(\frac{1}{Y}\right) = \mu E\left(\frac{1}{Y}\right).$$

又 Y 的密度函数为

$$f(y) = \begin{cases} \dfrac{1}{2^n \Gamma(n)} y^{n-1} \mathrm{e}^{-\frac{y}{2}}, & y > 0, \\ 0, & y \leqslant 0, \end{cases}$$

由定理 4.1.3,有

$$
\begin{aligned}
E\left(\frac{1}{Y}\right) &= \int_0^{+\infty} \frac{1}{y} \cdot \frac{1}{2^n \Gamma(n)} y^{n-1} \mathrm{e}^{-\frac{y}{2}} \, \mathrm{d}y \\
&= \int_0^{+\infty} \frac{2^{n-1} \Gamma(n-1)}{2^n \Gamma(n)} \cdot \frac{1}{2^{n-1} \Gamma(n-1)} y^{(n-1)-1} \mathrm{e}^{-\frac{y}{2}} \, \mathrm{d}y \\
&= \frac{2^{n-1} \Gamma(n-1)}{2^n (n-1) \Gamma(n-1)} \cdot 1 = \frac{1}{2(n-1)}.
\end{aligned}
$$

上述积分计算利用了服从自由度为 $2(n-1)$ 的 χ^2 分布的随机变量的密度函数在 $(-\infty, +\infty)$ 上的积分为 1 以及 $\Gamma(r+1) = r\Gamma(r)(r \in \mathbf{R})$.

因此有

$$E\left(\frac{X}{Y}\right) = \mu E\left(\frac{1}{Y}\right) = \frac{\mu}{2(n-1)}.$$

第二节 方差

我们已经看到,随机变量的均值,即数学期望是刻画随机变量统计规律的一个重要数字特征.但在实际问题中,仅用这种数字特征还不能说明随机变量取值的稳定性.更确切地说,随机变量取值是比较集中还是比较分散,如何衡量随机变量取值的离散程度,这些都是应进一步研究的.如有两个企业送检同一零件,将零件相应地分成两组,各自的长度分别如下(单位:mm).

第一组:14.8,14.9,15,15,15.1,15.2.

第二组:14.7,14.8,14.9,15.1,15.1,15.4.

容易求得这两组零件的平均长度均为 15 mm(零件的设计长度为 15 mm),这是否说明这两个企业生产的这种零件质量一样呢? 直觉告诉我们,第一组零件的质量(从长度方面考虑)优于第二组,原因在于第一组零件的长度相比于第二组更为集中在平均长度的附近.工业上产品的质量检查常常要考虑某类数据对其平均值的偏离程度,若偏离程度较小,表示质量比较稳定.

对一组数据 $x_1, x_2, \cdots, x_n$, 通常用

$$\frac{1}{n}\big[(x_1 - \overline{x})^2 + (x_2 - \overline{x})^2 + \cdots + (x_n - \overline{x})^2\big]$$

来刻画这组数据的偏离程度, 其中 $\overline{x} = \frac{1}{n}\sum_{i=1}^{n} x_i$. 若用 $\frac{1}{n}\sum_{i=1}^{n}(x_i - \overline{x})$ 来刻画离散度, 则不同数据对均值的偏差将会互相抵消. 但用 $\frac{1}{n}\sum_{i=1}^{n}(x_i - \overline{x})^2$ 来刻画, 在数学处理上比较方便.

因此, 在上面的例子中, 第一组零件长度的偏离程度可用数字

$$\frac{1}{6}\big[(14.8 - 15)^2 + (14.9 - 15)^2 + (15 - 15)^2 +$$

$$(15 - 15)^2 + (15.1 - 15)^2 + (15.2 - 15)^2\big] = \frac{10}{600}$$

来描述, 而第二组零件长度的离散度则相类似地用

$$\frac{1}{6}\big[(14.7 - 15)^2 + (14.8 - 15)^2 + (14.9 - 15)^2 +$$

$$(15.1 - 15)^2 + (15.1 - 15)^2 + (15.4 - 15)^2\big] = \frac{32}{600}$$

来描述. 结果表明, 第一组零件对其均值的偏差小于第二组.

一般地, 对离散型随机变量有如下定义.

定义 4.2.1 设 X 是一个随机变量, 若 $E\{[X - E(X)]^2\}$ 存在, 则称 $E\{[X - E(X)]^2\}$ 为 X 的方差, 记为 $D(X)$ 或 $\mathrm{var}(X)$, 即

$$D(X) = \mathrm{var}(X) = E\{[X - E(X)]^2\}.$$

显然, 对任一随机变量 X, 若 $D(X)$ 存在, 则 $D(X) \geqslant 0$. 在应用中, 常把与随机变量 X 具有相同量纲的量 $\sqrt{D(X)}$ 记为 $\sigma(X)$, 称之为 "标准差" 或 "均方差".

由定义可知, 方差实际上就是, 随机变量 X 的函数 $g(X) = [X - E(X)]^2$ 的数学期望. 于是, 对于离散型随机变量, 设其分布律为 $p_k = P\{X = x_k\}, k = 1, 2, \cdots$, 则其方差为

$$D(X) = \sum_{k=1}^{\infty} [x_k - E(X)]^2 p_k.$$

对于连续型随机变量, 设其密度函数为 $f(x)$, 则其方差为

$$D(X) = \int_{-\infty}^{+\infty} [x - E(X)]^2 f(x)\mathrm{d}x.$$

方差具有如下基本性质.

性质 4.2.1 若常数 C 为一随机变量, 则

$$D(C) = 0.$$

证 $D(C) = E\{[C - E(C)]^2\} = E\{(C - C)^2\} = E(0) = 0.$

性质 4.2.2 设 X 为一随机变量, C 为常数, 则

$$D(CX) = C^2 D(X), \quad D(X + C) = D(X).$$

证 事实上

$$D(CX) = E\{[CX - E(CX)]^2\}$$
$$= C^2 E\{[X - E(X)]^2\} = C^2 D(X),$$
$$D(X + C) = E\{[(X + C) - E(X + C)]^2\}$$
$$= E\{[X - E(X)]^2\} = D(X).$$

例如，$D(3X) = 9D(X)$，$D(-2X) = 4D(X)$，$D(X + 3) = D(X)$.

性质 4.2.3 设 X 为一随机变量，则

$$D(X) = E(X^2) - [E(X)]^2.$$

证 $D(X) = E\{[X - E(X)]^2\}$
$$= E\{X^2 - 2X \cdot E(X) + [E(X)]^2\}$$
$$= E(X^2) - 2E(X) \cdot E(X) + [E(X)]^2$$
$$= E(X^2) - [E(X)]^2.$$

性质 4.2.3 是计算随机变量方差的一个常用公式.

性质 4.2.4 设 X, Y 是相互独立的两个随机变量，则

$$D(X \pm Y) = D(X) + D(Y).$$

证 因为 X, Y 相互独立，所以 $E(XY) = E(X) \cdot E(Y)$. 所以

$$D(X + Y) = E\{[(X + Y) - E(X + Y)]^2\}$$
$$= E\{[(X - E(X)) + (Y - E(Y))]^2\}$$
$$= E[(X - E(X))^2] + E[(Y - E(Y)^2)] + 2E\{[X - E(X)][Y - E(Y)]\}$$
$$= D(X) + D(Y) + 2E(XY - Y \cdot E(X) - X \cdot E(Y) + E(X) \cdot E(Y))$$
$$= D(X) + D(Y) + 2[E(XY) - E(X) \cdot E(Y)]$$
$$= D(X) + D(Y).$$

$$D(X - Y) = D(X) + D(-Y) = D(X) + (-1)^2 D(Y) = D(X) + D(Y).$$

性质 4.2.5 $D(X) = 0$ 的充要条件是 X 以概率 1 取值为常数 C，即 $P\{X = C\} = 1$. 显然，这里 $C = E(X)$（证略）.

例 4.2.1 设 $X \sim B(n, p)$，求 $D(X)$.

解 记

$$X_i = \begin{cases} 1, & \text{第 } i \text{ 次试验中事件 } A \text{ 发生,} \\ 0, & \text{第 } i \text{ 次试验中事件 } A \text{ 不发生,} \end{cases} 1 \leqslant i \leqslant n,$$

其中 $P(A) = p$，$X_1, X_2, \cdots, X_n$ 是 n 个相互独立且服从相同的两点分布：$P\{X_i = 1\} = p$，$P\{X_i = 0\} = 1 - p$ 的随机变量. 于是

$$E(X_i^2) = p,$$
$$D(X_i) = E(X_i^2) - [E(X_i)]^2 = p - p^2, 1 \leqslant i \leqslant n.$$

由性质 4.2.4 得

$$D(X) = D\left(\sum_{i=1}^{n} X_i\right) = \sum_{i=1}^{n} D(X_i) = np(1 - p).$$

读者可以尝试一下，如果不用性质 4.2.4 而直接根据定义去求，过程将相当烦琐.

下面介绍概率论中的一个重要的不等式——切比雪夫(Chebyshev)不等式.

定理 4.2.1 设随机变量 X 的数学期望和方差均存在,则对任意常数 $\varepsilon>0$,有

$$P\{|X-E(X)|\geqslant\varepsilon\}\leqslant\frac{D(X)}{\varepsilon^2} \text{ 或 } P\{|X-E(X)|<\varepsilon\}\geqslant1-\frac{D(X)}{\varepsilon^2}.$$

证 仅就连续型随机变量情形加以证明.

设连续型随机变量 X 的密度函数为 $f(x)$,则有

$$\begin{aligned}
P\{|X-E(X)|\geqslant\varepsilon\} &= \int_{|X-E(X)|\geqslant\varepsilon}f(x)\mathrm{d}x\\
&\leqslant \int_{|X-E(X)|\geqslant\varepsilon}\frac{[x-E(X)]^2}{\varepsilon^2}f(x)\mathrm{d}x\\
&\leqslant \int_{-\infty}^{+\infty}\frac{[x-E(X)]^2}{\varepsilon^2}f(x)\mathrm{d}x\\
&= \frac{D(X)}{\varepsilon^2}.
\end{aligned}$$

切比雪夫不等式的重要作用之一在于,只要知道随机变量的期望和方差,而不必知道其具体分布,就可以对随机变量的取值情况做出估计,但这种估计是较粗糙的.

例 4.2.2 把一枚质地均匀的硬币抛掷 1 000 次,试利用切比雪夫不等式估计,在 1 000 次抛掷中正面出现的次数在 400～600 之间的概率.

解 记

$$X_i=\begin{cases}1,\text{第 }i\text{ 次出现正面},\\0,\text{第 }i\text{ 次出现反面},\end{cases}1\leqslant i\leqslant1\,000,$$

易知

$$P\{X_i=1\}=P\{X_i=0\}=\frac{1}{2},$$

$$E(X_i)=1\times\frac{1}{2}+0\times\frac{1}{2}=\frac{1}{2},$$

$$D(X_i)=\left(1-\frac{1}{2}\right)^2\times\frac{1}{2}+\left(0-\frac{1}{2}\right)^2\times\frac{1}{2}=\frac{1}{4}(1\leqslant i\leqslant1\,000),$$

且在 1 000 次抛掷中正面出现的次数 $X=\sum_{i=1}^{1\,000}X_i$,有

$$E(X)=\sum_{i=1}^{1\,000}E(X_i)=1\,000\times\frac{1}{2}=500.$$

注意到 X_i 与 $X_j(i\neq j,1\leqslant i,j\leqslant1\,000)$ 的相互独立性,有

$$D(X)=\sum_{i=1}^{1\,000}D(X_i)=1\,000\times\frac{1}{4}=250.$$

由切比雪夫不等式得

$$P\{400<X<600\}=P\{-100<X-500<100\}$$

$$=P\{\mid X-500\mid<100\}\geqslant 1-\frac{250}{100^2}=0.975.$$

第三节 几种常用分布的数学期望和方差

为了便于应用,本节介绍一些常用分布的数学期望与方差.

(1) 设 X 服从两点分布,

$$P\{X=1\}=p,P\{X=0\}=1-p=q,$$

则

$$E(X)=1 \cdot p+0 \cdot (1-p)=p,$$
$$E(X^2)=1^2 \cdot p+0^2 \cdot (1-p)=p,$$
$$D(X)=E(X^2)-[E(X)]^2=p-p^2=p(1-p)=pq.$$

(2) 设 $X\sim B(n,p)$,即

$$P\{X=k\}=C_n^k p^k (1-p)^{n-k}(k=0,1,\cdots,n),$$

则

$$E(X)=\sum_{k=0}^{n}kP\{X=k\}=\sum_{k=1}^{n}kC_n^k p^k (1-p)^{n-k}$$

$$=\sum_{k=1}^{n}\frac{kn!}{k!\ (n-k)!}p^k (1-p)^{n-k}$$

$$=\sum_{k=1}^{n}\frac{np(n-1)!}{(k-1)!\ [(n-1)-(k-1)]!}p^{k-1}(1-p)^{(n-1)-(k-1)}$$

$$\xrightarrow{\ \diamondsuit\lambda=k-1\ }np\sum_{\lambda=0}^{n-1}\frac{(n-1)!}{\lambda!\ [(n-1)-\lambda]!}p^\lambda (1-p)^{(n-1)-\lambda}$$

$$=np[p+(1-p)]^{n-1}$$

$$=np(与例4.1.8的结果一致).$$

由例 4.2.1 知

$$D(X)=np(1-p)=npq.$$

(3) 设 X 服从泊松分布,

$$P\{X=k\}=\frac{\lambda^k}{k!}e^{-\lambda},\lambda>0,k=0,1,\cdots,$$

则

$$E(X)=\sum_{k=0}^{\infty}k \cdot \frac{\lambda^k}{k!}e^{-\lambda}=e^{-\lambda}\sum_{k=1}^{\infty}\frac{\lambda \cdot \lambda^{k-1}}{(k-1)!}=e^{-\lambda}(\lambda e^\lambda)=\lambda.$$

类似以上计算,可得

$$E(X^2)=\lambda^2+\lambda,$$

故

$$D(X)=E(X^2)-[E(X)]^2=\lambda.$$

(4) 设 X 是一连续型随机变量且服从 $[a,b]$ 上的均匀分布,即 X 的密度函数为

$$f(x) = \begin{cases} \dfrac{1}{b-a}, & a \leqslant x \leqslant b, \\ 0, & \text{其他}. \end{cases}$$

则

$$E(X) = \int_{-\infty}^{+\infty} xf(x)\mathrm{d}x = \int_a^b x \cdot \frac{1}{b-a}\mathrm{d}x = \frac{a+b}{2},$$

因此有

$$E(X^2) = \int_{-\infty}^{+\infty} x^2 f(x)\mathrm{d}x = \frac{1}{3}(b^2 + ab + a^2),$$

故

$$D(X) = E(X^2) - [E(X)]^2 = \frac{(b-a)^2}{12}.$$

(5) 设 X 服从参数为 $\lambda(\lambda > 0)$ 的指数分布,即 X 的密度函数为

$$f(x) = \begin{cases} \lambda \mathrm{e}^{-\lambda x}, & x \geqslant 0, \\ 0, & \text{其他}, \end{cases}$$

容易求得

$$E(X) = \frac{1}{\lambda}, \quad D(X) = \frac{1}{\lambda^2}.$$

(6) 设 $X \sim N(\mu, \sigma^2)$,即 X 的密度函数为

$$f(x) = \frac{1}{\sqrt{2\pi}\sigma} \mathrm{e}^{-\frac{(x-\mu)^2}{2\sigma^2}} \quad (-\infty < x < +\infty),$$

则

$$E(X) = \int_{-\infty}^{+\infty} xf(x)\mathrm{d}x = \frac{1}{\sigma\sqrt{2\pi}} \int_{-\infty}^{+\infty} x\mathrm{e}^{-\frac{(x-\mu)^2}{2\sigma^2}}\mathrm{d}x.$$

作代换 $t = \dfrac{x-\mu}{\sigma}$,有 $\mathrm{d}x = \sigma \mathrm{d}t$. 于是

$$E(X) = \frac{1}{\sqrt{2\pi}} \int_{-\infty}^{+\infty} \sigma t \mathrm{e}^{-\frac{t^2}{2}} \mathrm{d}t + \frac{1}{\sqrt{2\pi}} \int_{-\infty}^{+\infty} \mu \mathrm{e}^{-\frac{t^2}{2}} \mathrm{d}t$$

$$= \frac{\sigma}{\sqrt{2\pi}} \int_{-\infty}^{+\infty} t \mathrm{e}^{-\frac{t^2}{2}} \mathrm{d}t + \mu \int_{-\infty}^{+\infty} \frac{1}{\sqrt{2\pi}} \mathrm{e}^{-\frac{t^2}{2}} \mathrm{d}t.$$

前一积分的被积函数为奇函数,其积分值为 0;后一积分是标准正态变量的密度函数在 $(-\infty, +\infty)$ 上的积分,其积分值为 1. 所以

$$E(X) = \mu,$$

$$D(X) = E[X - E(X)]^2 = E(X - \mu)^2$$

$$= \int_{-\infty}^{+\infty} (x-\mu)^2 \frac{1}{\sigma\sqrt{2\pi}} \mathrm{e}^{-\frac{(x-\mu)^2}{2\sigma^2}} \mathrm{d}x$$

$$\xlongequal{\diamondsuit y = \frac{x-\mu}{\sigma}} \frac{\sigma^2}{\sqrt{2\pi}} \int_{-\infty}^{+\infty} y^2 \mathrm{e}^{-\frac{y^2}{2}} \mathrm{d}y$$

$$= \frac{\sigma^2}{\sqrt{2\pi}} \int_{-\infty}^{+\infty} y \mathrm{d}(-\mathrm{e}^{-\frac{y^2}{2}})$$

$$= \frac{\sigma^2}{\sqrt{2\pi}} \left(-y\mathrm{e}^{-\frac{y^2}{2}} \Big|_{-\infty}^{+\infty} + \int_{-\infty}^{+\infty} \mathrm{e}^{-\frac{y^2}{2}} \mathrm{d}y \right)$$

$$= \sigma^2 \int_{-\infty}^{+\infty} \frac{1}{\sqrt{2\pi}} \mathrm{e}^{-\frac{y^2}{2}} \mathrm{d}y = \sigma^2.$$

正态分布是应用最广泛也最为重要的一类分布. 正态分布 $N(\mu,\sigma^2)$ 的第一参数 μ 是它的期望,第二参数 σ^2 是它的方差.

(7)设 $X \sim \Gamma(\alpha,\beta)$,即 X 的密度函数为

$$f(x) = \begin{cases} \dfrac{\beta^\alpha}{\Gamma(\alpha)} x^{\alpha-1} \mathrm{e}^{-\beta x}, x > 0, \\ 0, \qquad\qquad x \leqslant 0, \end{cases} \qquad 注: \Gamma(\alpha) = \int_0^{+\infty} \mathrm{e}^{-x} x^{\alpha-1} \mathrm{d}x \quad \alpha \geqslant 1$$

其中参数 $\alpha > 0, \beta > 0$,

$$E(X) = \int_0^{+\infty} x \cdot \frac{\beta^\alpha}{\Gamma(\alpha)} x^{\alpha-1} \mathrm{e}^{-\beta x} \mathrm{d}x = \int_0^{+\infty} \frac{\Gamma(\alpha+1)}{\beta\Gamma(\alpha)} \cdot \frac{\beta^{\alpha+1}}{\Gamma(\alpha+1)} x^{(\alpha+1)-1} \mathrm{e}^{-\beta x} \mathrm{d}x$$

$$= \frac{\Gamma(\alpha+1)}{\beta\Gamma(\alpha)} = \frac{\alpha}{\beta}.$$

上面的积分利用了服从 $\Gamma(\alpha+1,\beta)$ 分布的密度函数在 $(0,+\infty)$ 上的积分值为 1.

同理可得

$$E(X^2) = \frac{\alpha(\alpha+1)}{\beta^2},$$

故

$$D(X) = E(X^2) - [E(X)]^2 = \frac{\alpha}{\beta^2}.$$

第四节　协方差和相关系数

本节来探讨多维随机变量的数字特征. 对于多维随机变量,我们最感兴趣的数字特征是能反映各变量之间相互联系的那些量,其中较重要的是协方差和相关系数.

一、协方差

定义 4.4.1 设 (X,Y) 是一个二维随机变量,称 $E\{[X-E(X)][Y-E(Y)]\}$ 为 X 与 Y 的协方差,记为 $\mathrm{cov}(X,Y)$.

若 (X,Y) 是连续型二维随机变量,其联合密度函数为 $f(x,y)$,则

$$\mathrm{cov}(X,Y) = \int_{-\infty}^{+\infty} \int_{-\infty}^{+\infty} [x-E(X)][y-E(Y)]f(x,y)\mathrm{d}x\mathrm{d}y.$$

若(X,Y)是离散型二维随机变量,其联合分布为
$$P\{X=x_i,Y=y_j\}=p_{ij}(i,j=1,2,\cdots),$$
则
$$\mathrm{cov}(X,Y)=\sum_{ij}[x_i-E(X)][y_j-E(Y)]p_{ij}.$$
由定义可知,对任意两个随机变量X和Y,下列等式成立:
$$D(X+Y)=D(X)+D(Y)+2\mathrm{cov}(X,Y).$$
事实上,
$$\begin{aligned}
D(X+Y)&=E\{[(X+Y)-E(X+Y)]^2\}\\
&=E\{[X-E(X)]^2\}+E\{[Y-E(Y)]^2\}\\
&\quad+2E\{[X-E(X)][Y-E(Y)]\}\\
&=D(X)+D(Y)+2\mathrm{cov}(X,Y).
\end{aligned}$$

协方差有如下简单性质:

(1) $\mathrm{cov}(X,Y)=\mathrm{cov}(Y,X)=E(XY)-E(X)\cdot E(Y)$;

(2) 若C为常数,则$\mathrm{cov}(CX,Y)=C\mathrm{cov}(X,Y)$;

(3) $\mathrm{cov}(X_1+X_2,Y)=\mathrm{cov}(X_1,Y)+\mathrm{cov}(X_2,Y)$;

(4) 若随机变量X,Y相互独立,则$\mathrm{cov}(X,Y)=0$.

证 (1)由协方差的定义即得.

$$\begin{aligned}
(2)\ \mathrm{cov}(CX,Y)&=E(CX\cdot Y)-E(CX)\cdot E(Y)\\
&=CE(XY)-CE(X)\cdot E(Y)\\
&=C\mathrm{cov}(X,Y).
\end{aligned}$$

$$\begin{aligned}
(3)\ \mathrm{cov}(X_1+X_2,Y)&=E[(X_1+X_2)Y]-E(X_1+X_2)\cdot E(Y)\\
&=E(X_1Y)+E(X_2Y)-E(X_1)\cdot E(Y)-E(X_2)\cdot E(Y)\\
&=[E(X_1Y)-E(X_1)\cdot E(Y)]+[E(X_2Y)-E(X_2)\cdot E(Y)]\\
&=\mathrm{cov}(X_1,Y)+\mathrm{cov}(X_2,Y).
\end{aligned}$$

(4) $\mathrm{cov}(X,Y)=E(XY)-E(X)\cdot E(Y)=0$.

性质(4)的等价说法是:若$\mathrm{cov}(X,Y)\neq0$,则X,Y不独立.直观上,即X,Y之间存在某种联系,所以协方差是反映X,Y之间相互联系的数字特征.

例 4.4.1 一坛中装有r个红球,s个黑球,随机地取出一个球观察后放回,同时再放入c个与所取球同色的球,设
$$X_i=\begin{cases}1,\text{第}i\text{次取得红球,}\\0,\text{第}i\text{次取得黑球,}\end{cases}i=1,2.$$
试求$\mathrm{cov}(X_1,X_2)$.

解 先求(X_1,X_2)的联合分布,易知
$$\begin{aligned}
P\{X_1=0,X_2=0\}&=P\{X_1=0\}P\{X_2=0\mid X_1=0\}\\
&=\frac{s(s+c)}{(r+s)(r+s+c)},
\end{aligned}$$

$$P\{X_1=0, X_2=1\} = \frac{sr}{(s+r)(s+r+c)},$$

$$P\{X_1=1, X_2=0\} = \frac{rs}{(r+s)(r+s+c)},$$

$$P\{X_1=1, X_2=1\} = \frac{r(r+c)}{(r+s)(r+s+c)}.$$

又 (X_1, X_2) 的边缘分布如表 4.5、表 4.6 所示，

<table>
<tr><td colspan="3" align="center">表 4.5</td></tr>
<tr><td>X_1</td><td>0</td><td>1</td></tr>
<tr><td>P</td><td>$\frac{s}{r+s}$</td><td>$\frac{r}{r+s}$</td></tr>
</table>

<table>
<tr><td colspan="3" align="center">表 4.6</td></tr>
<tr><td>X_2</td><td>0</td><td>1</td></tr>
<tr><td>P</td><td>$\frac{s}{r+s}$</td><td>$\frac{r}{r+s}$</td></tr>
</table>

因此

$$E(X_1) = E(X_2) = \frac{r}{r+s}.$$

注意到当且仅当 $X_1 = X_2 = 1$ 时，$X_1 X_2$ 非零且为 1，故

$$E(X_1 X_2) = 1 \cdot P\{X_1=1, X_2=1\} = \frac{r(r+c)}{(r+s)(r+s+c)},$$

所以

$$\mathrm{cov}(X_1, X_2) = E(X_1 X_2) - E(X_1) \cdot E(X_2) = \frac{rsc}{(r+s)^2(r+s+c)}.$$

二、相关系数

对一随机变量 X，若 $E(X)=0$，$D(X)=1$，则称 X 是一个标准化的随机变量. 如 $X \sim N(0,1)$，则 X 就是标准化的正态变量. 一般地，对一随机变量 X，若 $D(X) \neq 0$，则可通过变换

$$X^* = \frac{X - E(X)}{\sqrt{D(X)}}$$

把 X 化为标准化随机变量.

定义 4.4.2　设 (X, Y) 是一个二维随机变量，称

$$\rho(X, Y) = E\left[\left(\frac{X - E(X)}{\sqrt{D(X)}}\right)\left(\frac{Y - E(Y)}{\sqrt{D(Y)}}\right)\right] = \frac{\mathrm{cov}(X, Y)}{\sqrt{D(X)}\sqrt{D(Y)}}$$

为 X 与 Y 的相关系数. $\rho(X, Y)$ 是一个无量纲的量，简记作 ρ_{XY}.

显然，若 X, Y 相互独立，则 $\rho(X, Y) = 0$.

形式上，可把相关系数视为标准尺度下的协方差，即 $\rho(X, Y) = \mathrm{cov}(X^*, Y^*)$. 下面推导随机变量 X 与 Y 的相关系数 $\rho(X, Y)$ 的性质.

考虑以 X 的线性函数 $a + bX$ 来近似表示 Y，以均方误差

$$e = E\{[Y - (a + bX)]^2\} = E(Y^2) + b^2 E(X^2) + a^2 - 2bE(XY) + 2abE(X) - 2aE(Y) \quad (4.1)$$

来衡量以 $a + bX$ 近似表示 Y 的好坏程度. e 越小，表示近似程度越好. 将 e 分别关于 a, b 求

偏导数,并令它们等于 0,得

$$\begin{cases} \dfrac{\partial e}{\partial a} = 2a + 2bE(X) - 2E(Y) = 0, \\ \dfrac{\partial e}{\partial b} = 2bE(X^2) - 2E(XY) + 2aE(X) = 0, \end{cases}$$

解得

$$b_0 = \frac{\mathrm{cov}(X,Y)}{D(X)}, a_0 = E(Y) - E(X)\frac{\mathrm{cov}(X,Y)}{D(X)};$$

于是

$$\min_{a,b} E\{[Y - (a + bX)]^2\} = E\{[Y - (a_0 + b_0 X)]^2\} = [1 - \rho^2(X,Y)]D(Y). \quad (4.2)$$

有如下定理.

定理 4.4.1 (1) $|\rho(X,Y)| \leqslant 1$.

(2) $|\rho(X,Y)| = 1$ 的充要条件是存在常数 a,b,使 $P\{Y = a + bX\} = 1$.

证 (1) 由式(4.2)和 $E\{[Y - (a + bX)]^2\}$ 及 $D(Y)$ 的非负性,可知 $1 - \rho^2(X,Y) \geqslant 0$,故

$$|\rho(X,Y)| \leqslant 1.$$

(2) 若 $|\rho(X,Y)| = 1$,由式(4.2)得

$$E\{[Y - (a_0 + b_0 X)]^2\} = 0,$$

从而

$$0 = E\{[Y - (a_0 + b_0 X)]^2\} = D[Y - (a_0 + b_0 X)] + \{E[Y - (a_0 + b_0 X)]\}^2,$$

故

$$D[Y - (a_0 + b_0 X)] = 0.$$
$$E[Y - (a_0 + b_0 X)] = 0.$$

所以

$$P\{Y = a_0 + b_0 X\} = 1.$$

反之,若存在常数 a,b,使 $P\{Y = a + bX\} = 1$,即

$$P\{Y - (a + bX) = 0\} = 1,$$

于是

$$P\{[Y - (a + bX)]^2 = 0\} = 1,$$

所以

$$E\{[Y - (a + bX)]^2\} = 0.$$

由式(4.2)得

$$0 = E\{[Y - (a + bX)]^2\} \geqslant [1 - \rho^2(X,Y)]D(Y),$$

所以

$$|\rho(X,Y)| = 1.$$

当 $\rho(X,Y) = 0$ 时,称"X 与 Y 不相关". 显然,当 $E(X)$、$E(Y)$ 存在且 X 与 Y 相互独立时,X 与 Y 不相关;但反之不然.

例 4.4.2 设 (X,Y) 服从单位圆上的均匀分布,即其密度函数为

$$f(x,y)=\begin{cases}\dfrac{1}{\pi},x^2+y^2\leqslant 1,\\ 0,x^2+y^2>1,\end{cases}$$

容易求得 X 与 Y 有相同的边缘密度函数 $g(x)$,则

$$g(x)=\begin{cases}\dfrac{2}{\pi}\sqrt{1-x^2}\,,\ |\,x\,|\leqslant 1,\\ 0,\ |\,x\,|>1,\end{cases}$$

因此可求出

$$E(X)=E(Y)=0,$$

$$\mathrm{cov}(X,Y)=E(XY)-E(X)\cdot E(Y)=\frac{1}{\pi}\iint\limits_{x^2+y^2\leqslant 1}xy\mathrm{d}x\mathrm{d}y=0.$$

故 $\rho(X,Y)=0$,这说明 X 与 Y 不相关.但由于 $f(x,y)\neq g(x)g(y)$,因而 X 与 Y 不独立.这说明"不相关"与"独立"并不是一回事.

例 4.4.3 设二维随机变量 (X,Y) 服从二维正态分布 $N(\mu_1,\mu_2,\sigma_1^2,\sigma_2^2,\rho)$,即其联合密度为

$$f(x,y)=\frac{1}{2\pi\sigma_1\sigma_2\sqrt{1-\rho^2}}\cdot$$

$$\exp\left\{\frac{-1}{2(1-\rho^2)}\left[\frac{(x-\mu_1)^2}{\sigma_1^2}-2\rho\frac{(x-\mu_1)(y-\mu_2)}{\sigma_1\sigma_2}+\frac{(y-\mu_2)^2}{\sigma_2^2}\right]\right\},$$

可以求得

$$\mathrm{cov}(X,Y)=\rho\sigma_1\sigma_2,$$

所以 $\rho(X,Y)=\rho$.

对于二维正态变量,当 $\rho=0$ 时,

$$f(x,y)=\frac{1}{2\pi\sigma_1\sigma_2}\exp\left\{-\frac{1}{2}\left[\frac{(x-\mu_1)^2}{\sigma_1^2}+\frac{(y-\mu_2)^2}{\sigma_2^2}\right]\right\}$$

$$=\frac{1}{\sqrt{2\pi}\sigma_1}\mathrm{e}^{-\frac{(x-\mu_1)^2}{2\sigma_1^2}}\cdot\frac{1}{\sqrt{2\pi}\sigma_2}\mathrm{e}^{-\frac{(y-\mu_2)^2}{2\sigma_2^2}}$$

$$=f_X(x)\cdot f_Y(y).$$

因而,X 与 Y 相互独立.这说明,对于二维正态分布,当且仅当 $\rho=0$ 时,X 与 Y 相互独立.

第五节 矩、协方差矩阵

前面几节中讨论了数学期望及以数学期望为基础定义的几个常用数字特征.本节中将提出以数学期望为基础定义的一类数字特征——矩,并介绍关于多维随机变量的一个数字特征——协方差矩阵.

设 X,Y 为随机变量,若 $E(X^k),k=1,2,\cdots$ 存在,则称它为 X 的 k 阶原点矩,简称 k 阶矩.

若 $E\{[X-E(X)]^k\},k=1,2,\cdots$ 存在,则称它为 X 的 k 阶中心矩.

若 $E(X^kY^l)$ 存在,则称它为 X 和 Y 的 $k+l$ 阶混合矩,$k,l=1,2,\cdots$.

若 $E\{[X-E(X)]^k[Y-E(Y)]^l\}$ 存在,则称它为 X 和 Y 的 $k+l$ 阶混合中心矩.

随机变量 X 的数学期望 $E(X)$ 是 X 的一阶原点矩,方差 $D(X)$ 是 X 的二阶中心矩,协方差 $\text{cov}(X,Y)$ 是 X 和 Y 的二阶混合中心矩.

例 4.5.1 设 X 服从 $N(a,\sigma^2)$,求 X 的三阶中心矩及 X 的四阶中心矩.

解 因为 $E(X)=a$,所以

$$E\{[X-E(X)]^3\}=E[(X-a)^3]=\int_{-\infty}^{+\infty}\frac{(x-a)^3}{\sqrt{2\pi}\sigma}e^{-\frac{(x-a)^2}{2\sigma^2}}\,\mathrm{d}x$$

$$=\frac{\sigma^3}{\sqrt{2\pi}}\int_{-\infty}^{+\infty}t^3e^{-\frac{t^2}{2}}\,\mathrm{d}t\left(t=\frac{x-a}{\sigma}\right)$$

$$=0(\text{因为 }t^3e^{-\frac{t^2}{2}}\text{ 为奇数}).$$

$$E\{[X-E(X)]^4\}=E[(X-a)^4]$$

$$=\int_{-\infty}^{+\infty}\frac{(x-a)^4}{\sqrt{2\pi}\sigma}e^{-\frac{(x-a)^2}{2\sigma^2}}\,\mathrm{d}x$$

$$=\frac{\sigma^4}{\sqrt{2\pi}}\int_{-\infty}^{+\infty}t^4e^{-\frac{t^2}{2}}\,\mathrm{d}t\left(t=\frac{x-a}{\sigma}\right)$$

$$=\frac{3\sigma^4}{\sqrt{2\pi}}\{[-te^{-\frac{t^2}{2}}]_{-\infty}^{+\infty}+\int_{-\infty}^{+\infty}e^{-\frac{t^2}{2}}\,\mathrm{d}t\}=3\sigma^4.$$

下面介绍 n 维随机变量的协方差矩阵,首先从二维随机变量讲起.

设二维随机变量 (X_1,X_2) 的四个二阶中心矩都存在,分别记为

$$C_{11}=E\{[X_1-E(X_1)]^2\},$$
$$C_{12}=E\{[X_1-E(X_1)][X_2-E(X_2)]\},$$
$$C_{21}=E\{[X_2-E(X_2)][X_1-E(X_1)]\},$$
$$C_{22}=E\{[X_2-E(X_2)]^2\}.$$

将它们排成矩阵的形式:

$$\begin{bmatrix}C_{11}&C_{12}\\C_{21}&C_{22}\end{bmatrix}.$$

这个矩阵称为随机变量 (X_1,X_2) 的协方差矩阵.

设 n 维随机变量 $(X_1,X_2,\cdots,X_n)$ 的二阶混合中心矩

$$C_{ij}=\text{cov}(X_i,X_j)=E\{[(X_i-E(X_i)][X_j-E(X_j)]\},i,j=1,2,\cdots,n$$

都存在,则称矩阵

$$C=\begin{bmatrix}C_{11}&C_{12}&\cdots&C_{1n}\\C_{21}&C_{22}&\cdots&C_{2n}\\\vdots&\vdots&&\vdots\\C_{n1}&C_{n2}&\cdots&C_{nn}\end{bmatrix}$$

为 n 维随机变量 $(X_1, X_2, \cdots, X_n)$ 的协方差矩阵. 由于 $C_{ij} = C_{ji}(i, j = 1, 2, \cdots, n)$, 所以协方差矩阵是一个对称矩阵.

一般来说, n 维随机变量的分布是不知道的, 或者是太复杂, 以至于在数学上不易处理, 因此在实际应用中协方差矩阵就显得尤为重要了.

例 4.5.2 证明: 服从二维正态分布 $N(\mu_1, \mu_2, \sigma_1^2, \sigma_2^2, \rho)$ 的二维随机变量 (X, Y) 的协方差矩阵为

$$\boldsymbol{C} = \begin{bmatrix} \sigma_1^2 & \rho\sigma_1\sigma_2 \\ \rho\sigma_1\sigma_2 & \sigma_2^2 \end{bmatrix}.$$

从而, 这个分布的密度函数就可以表示成

$$f(x, y) = \frac{1}{(2\pi)^{\frac{2}{2}} |\boldsymbol{C}|^{\frac{1}{2}}} \exp\left\{ -\frac{1}{2} (\boldsymbol{X} - \boldsymbol{\mu})' \boldsymbol{C}^{-1} (\boldsymbol{X} - \boldsymbol{\mu}) \right\},$$

其中, $|\boldsymbol{C}|$、$\boldsymbol{C}^{-1}$ 依次为协方差矩阵 $\boldsymbol{C}$ 的行列式及逆矩阵. $\boldsymbol{X} = \begin{bmatrix} x \\ y \end{bmatrix}$, $\boldsymbol{\mu} = \begin{bmatrix} \mu_1 \\ \mu_2 \end{bmatrix}$. $(\boldsymbol{X} - \boldsymbol{\mu})'$ 是 $(\boldsymbol{X} - \boldsymbol{\mu})$ 的转置.

证 前面计算过: $E(X) = \mu_1, E(Y) = \mu_2, D(X) = \sigma_1^2, D(Y) = \sigma_2^2, \text{cov}(X, Y) = \rho\sigma_1\sigma_2$. 于是, 便可得到

$$\boldsymbol{C} = \begin{bmatrix} \sigma_1^2 & \rho\sigma_1\sigma_2 \\ \rho\sigma_1\sigma_2 & \sigma_2^2 \end{bmatrix}.$$

现在

$$|\boldsymbol{C}| = \begin{vmatrix} \sigma_1^2 & \rho\sigma_1\sigma_2 \\ \rho\sigma_1\sigma_2 & \sigma_2^2 \end{vmatrix} = \sigma_1^2\sigma_2^2(1 - \rho^2).$$

所以, $\boldsymbol{C}$ 的逆矩阵为

$$\boldsymbol{C}^{-1} = \frac{1}{|\boldsymbol{C}|} \begin{bmatrix} \sigma_2^2 & -\rho\sigma_1\sigma_2 \\ -\rho\sigma_1\sigma_2 & \sigma_1^2 \end{bmatrix}$$

$$= \begin{bmatrix} \dfrac{1}{\sigma_1^2(1 - \rho^2)} & \dfrac{-\rho}{\sigma_1\sigma_2(1 - \rho^2)} \\ \dfrac{-\rho}{\sigma_1\sigma_2(1 - \rho^2)} & \dfrac{1}{\sigma_2^2(1 - \rho^2)} \end{bmatrix}.$$

因此

$$(\boldsymbol{X} - \boldsymbol{\mu})' \boldsymbol{C}^{-1} (\boldsymbol{X} - \boldsymbol{\mu})$$

$$= (x - \mu_1, y - \mu_2) \begin{bmatrix} \dfrac{1}{\sigma_1^2(1 - \rho^2)} & \dfrac{-\rho}{\sigma_1\sigma_2(1 - \rho^2)} \\ \dfrac{-\rho}{\sigma_1\sigma_2(1 - \rho^2)} & \dfrac{1}{\sigma_2^2(1 - \rho^2)} \end{bmatrix} \begin{bmatrix} x - \mu_1 \\ y - \mu_2 \end{bmatrix}$$

$$= \frac{1}{1 - \rho^2} \left[\frac{(x - \mu_1)^2}{\sigma_1^2} - \frac{2\rho(x - \mu_1)(y - \mu_2)}{\sigma_1\sigma_2} + \frac{(y - \mu_2)^2}{\sigma_2^2} \right].$$

这就证明了这个分布密度函数可以表示成上面的形式.

本节的最后来介绍 n 维正态随机变量的概率密度.根据例 4.5.2,二维正态随机变量的概率密度可表示成上面的形式,这个式子容易推广到 n 维正态随机变量$(X_1,X_2,\cdots,X_n)$的情况.

引入列矩阵

$$X = \begin{bmatrix} x_1 \\ x_2 \\ \vdots \\ x_n \end{bmatrix} \text{和} \boldsymbol{\mu} = \begin{bmatrix} \mu_1 \\ \mu_2 \\ \vdots \\ \mu_n \end{bmatrix} = \begin{bmatrix} E(X_1) \\ E(X_2) \\ \vdots \\ E(X_n) \end{bmatrix}.$$

n 维正态随机变量$(X_1,X_2,\cdots,X_n)$的概率密度定义为

$$f(x_1,x_2,\cdots,x_n) = \frac{1}{(2\pi)^{\frac{n}{2}}|\boldsymbol{C}|^{\frac{1}{2}}} \exp\left\{-\frac{1}{2}(\boldsymbol{X}-\boldsymbol{\mu})'\boldsymbol{C}^{-1}(\boldsymbol{X}-\boldsymbol{\mu})\right\},$$

其中,$\boldsymbol{C}$ 是$(X_1,X_2,\cdots,X_n)$的协方差矩阵.

n 维正态随机变量具有以下三条重要性质:

(1) n 维正态随机变量$(X_1,X_2,\cdots,X_n)$服从 n 维正态分布的充要条件是 $X_1,X_2,\cdots,$ X_n 的任意的线性组合 $l_1X_1+l_2X_2+\cdots+l_nX_n$ 服从一维正态分布.

(2) 若$(X_1,X_2,\cdots,X_n)$服从 n 维正态分布,设 $y_1,y_2,\cdots,y_k$ 是 $X_i(i=1,2,\cdots,n)$的线性函数,则$(y_1,y_2,\cdots,y_k)$服从 k 维正态分布.

这一性质称为正态变量的线性变换不变性.

(3) 设$(X_1,X_2,\cdots,X_n)$服从 n 维正态分布,则"$X_1,X_2,\cdots,X_n$ 相互独立"与"$X_1,X_2,\cdots,$ X_n 两两不相关"是等价的.

证明略.

n 维正态分布在随机过程和数理统计中经常遇到.

习 题 四

1. 有甲、乙两射手进行射击训练,其命中环数 $X_甲$ 与 $X_乙$ 的分布律分别如表 4.7、表 4.8 所示.

表 4.7

$X_甲$	8	9	10
P	0.3	0.1	0.6

表 4.8

$X_乙$	8	9	10
P	0.2	0.5	0.3

试求出两射手的水平,并判断哪个的水平较高.

2.设随机变量 X 的分布律如表 4.9 所示.

表 4.9

X	-1	0	$\frac{1}{2}$	1	2
P	$\frac{1}{3}$	$\frac{1}{6}$	$\frac{1}{6}$	$\frac{1}{12}$	$\frac{1}{4}$

试求 $E(-X+1)$、$E(X^2)$,并求 $D(X)$.

3. 已知 100 件产品中有 10 件次品,从中任意抽取 5 件,求其中次品数 X 的期望值.

4. 在长度为 l 的线段上任取两点,求这两点间距离的期望.

5. 对一目标进行射击直至命中为止,设每次射击命中的概率为 0.1,求射击次数的数学期望.

6. 设 X 服从参数为 λ 的指数分布,试求 $E(X)$ 和 $D(X)$.

7. 设 $X_1,X_2,\cdots,X_n$ 为独立同分布的随机变量,且
$$E(X_i)=\mu,D(X_i)=\sigma^2 \quad (i=1,2,\cdots,n),$$
记
$$\overline{X}=\frac{1}{n}\sum_{i=1}^{n}X_i.$$
试求 $E(\overline{X})$ 和 $D(\overline{X})$.

8. 某车间生产的圆盘直径在区间 (a,b) 内服从均匀分布,试求圆盘面积的数学期望.

9. 设随机变量 X_1,X_2 的概率密度分别为
$$f_1(x)=\begin{cases}2e^{-2x}, & x>0,\\ 0, & x\leqslant 0,\end{cases}$$
$$f_2(x)=\begin{cases}4e^{-4x}, & x>0,\\ 0, & x\leqslant 0.\end{cases}$$

(1) 求 $E(X_1+X_2)$,$E(2X_1-3X_2^2)$.

(2) 又设 X_1,X_2 相互独立,求 $E(X_1X_2)$.

10. 设随机变量 X 服从瑞利分布,其概率密度为
$$f(x)=\begin{cases}\dfrac{x}{\sigma^2}e^{-\frac{x^2}{2\sigma^2}}, & x>0,\\ 0, & x\leqslant 0.\end{cases}$$
其中,$\sigma>0$ 是常数.求 $E(X),D(X)$.

11. 设随机变量 X 服从 Γ 分布,其概率密度为
$$f(x)=\begin{cases}\dfrac{\beta}{\Gamma(\alpha)}(\beta x)^{\alpha-1}e^{-\beta x}, & x>0,\\ 0, & x\leqslant 0.\end{cases}$$
其中,$\alpha>0,\beta>0$ 是常数.求 $E(X),D(X)$.

12. 设随机变量 X 服从几何分布,其分布律为
$$P\{X=k\}=p(1-p)^{k-1},k=1,2,\cdots,$$
其中,$0<p<1$ 是常数,求 $E(X),D(X)$.

13. 任意掷两个骰子,求这两个骰子出现的点数之和的数学期望.

14. 把标有数字 $1,2,\cdots,n$ 的 n 张纸牌任意地搅乱后再排成一列,如果标有数字 k 的纸牌恰好出现在第 k 位上,则称有一个"匹配".设匹配数为 X,求 $E(X)$.

15. 设随机变量 X 服从 $\left[-\dfrac{1}{2},\dfrac{1}{2}\right]$ 上的均匀分布,$Y=\sin X$,求 $E(Y)$.

16.设(X,Y)的联合分布密度为
$$f(x,y)=\begin{cases} 6xy^2, & 0<x<1,0<y<1, \\ 0, & \text{其他.} \end{cases}$$
试求(X,Y)的协方差矩阵.

17. 设$X_1,X_2,\cdots,X_n$是相互独立的随机变量,且有$E(X_i)=\mu,D(X_i)=\sigma^2,i=1,2,\cdots,n.$
记$X=\dfrac{1}{n}\sum_{i=1}^{n}X_i,S^2=\dfrac{1}{n-1}\sum_{i=1}^{n}(X_i-X)^2.$

(1) 验证$E(X)=\mu,D(X)=\sigma^2/n$;

(2) 验证$S^2=\dfrac{1}{n-1}(\sum_{i=1}^{n}X_i^2-nX^2)$;

(3) 验证$E(S^2)=\sigma^2$.

18. 设二维随机变量(X,Y)的概率密度为
$$f(x,y)=\begin{cases} \dfrac{1}{\pi r^2}, & x^2+y^2\leqslant r^2, \\ 0, & \text{其他.} \end{cases}$$
试验证X和Y是不相关的,但X和Y并不是相互独立的.

19.设随机变量(X,Y)的分布律如表 4.10 所示.

表 4.10

Y \ X	−1	0	1
−1	$\dfrac{1}{8}$	$\dfrac{1}{8}$	$\dfrac{1}{8}$
0	$\dfrac{1}{8}$	0	$\dfrac{1}{8}$
1	$\dfrac{1}{8}$	$\dfrac{1}{8}$	$\dfrac{1}{8}$

验证X和Y是不相关的,但X和Y并不是相互独立的.

20. 设随机变量X的密度函数为$f(x)=\dfrac{1}{m!}x^m\mathrm{e}^{-x},x>0$,求证:
$$P\{0<X<2(m+1)\}\geqslant\dfrac{m}{m+1}.$$

21. 设随机变量(X,Y)且有概率密度
$$f(x,y)=\begin{cases} \dfrac{1}{8}(x+y), & 0\leqslant x\leqslant 2,0\leqslant y\leqslant 2, \\ 0, & \text{其他.} \end{cases}$$
求$E(X),E(Y),\mathrm{cov}(X,Y),\rho_{XY}$及$D(X+Y)$.

22. 已知三个随机变量X,Y,Z中,$E(X)=E(Y)=1,E(Z)=-1,D(X)=D(Y)=D(Z)=1,\rho_{XY}=0,\rho_{XZ}=\dfrac{1}{2},\rho_{YZ}=-\dfrac{1}{2}$,求$E(X+Y+Z),D(X+Y+Z)$.

23. 设 $X \sim N(\mu, \sigma^2)$，$Y \sim N(\mu, \sigma^2)$，且设 X，Y 相互独立，试求 $Z_1 = \alpha X + \beta y$ 和 $Z_2 = \alpha X - \beta Y$ 的相关系数（其中，α，β 是不为零的常数）.

24. 卡车装运水泥，设每袋水泥的质量 X（以 kg 计）服从 $N(50, 2.5^2)$，求最多装多少袋水泥使总质量超过 2 000kg 的概率不大于 0.05.

25. 已知正常成年男性的血液每一毫升中白细胞数平均是 7 300，均方差是 700.利用切比雪夫不等式估计每毫升血液中含白细胞数在 5 200～9 400 之间的概率.

第五章

大数定律及中心极限定理

极限定理是概率论的基本理论之一,它在概率论与数理统计的理论研究和应用中都十分重要.

如前所述,概率论与数理统计是研究随机现象的统计规律性的科学,但随机现象的统计规律性只有在相同条件下进行大量重复试验或重复观察才能呈现出来.所谓一个事件发生的频率具有稳定性,是指当试验的次数无限增大时,在某种收敛意义下逼近某一常数.这就是所谓的"大数定律".正是由于有这个定律,所以"概率"这个概率论中最基本的概念在许多问题中就具有一定的客观意义.同样,所谓某一试验可能发生的各种结果的频率分布情况近似某一分布(如测量误差的分布近似于正态分布),也是从某种极限意义上说的."中心极限定理"就是用来解释这种现象的.

第一节 大 数 定 律

定义 5.1.1 设 $X_1, X_2, \cdots, X_n, \cdots$ 为随机变量序列,若存在随机变量 X(可以是一常数),使对任意正数 ε,有

$$\lim_{n \to \infty} P\{|X_n - X| < \varepsilon\} = 1,$$

或等价地,$\lim\limits_{n \to \infty} P\{|X_n - X| \geqslant \varepsilon\} = 0$,则称随机变量序列 $X_1, X_2, \cdots, X_n, \cdots$ 依概率收敛于随机变量 X,记为

$$\lim_{n \to \infty} X_n = X, (P) \quad \text{或} \quad X_n \xrightarrow{P} X.$$

随机变量序列 $X_1, X_2, \cdots, X_n, \cdots$ 依概率收敛于 X,是指对任意的 $\varepsilon > 0$,事件 $\{|X_n - X| \geqslant \varepsilon\}$ 发生的概率,当 n 无限增大时,无限接近于 0.

定义 5.1.2 设 $X_1, X_2, \cdots, X_n, \cdots$ 为随机变量序列,若存在随机变量 X(可以是一常数),使 $P\{\lim\limits_{n \to \infty} X_n = X\} = 1$,则称随机变量序列 $X_1, X_2, \cdots, X_n, \cdots$ 以概率 1 收敛于 X,或说几乎处处收敛于 X,并记为

$$\lim_{n \to \infty} X_n = X, \text{a.s.} \quad \text{或} \quad X_n \xrightarrow{\text{a.s.}} X.$$

定义 5.1.3 设 $X_1, X_2, \cdots, X_n, \cdots$ 为一随机变量序列,数学期望 $E(X_n)$ 存在,令

$$\overline{X}_n = \frac{1}{n} \sum_{i=1}^{n} X_i,$$

若

$$\lim_{n \to \infty} [\overline{X}_n - E(\overline{X}_n)] = 0, (P),$$

则称随机变量序列 $\{X_n\}$ 服从大数定律.

下面介绍几个大数定律.

定理 5.1.1(伯努利大数定律). 设 $X_1, X_2, \cdots, X_n, \cdots$ 为独立同分布的随机变量序列,且

$$P\{X_n = 1\} = p, \quad P\{X_n = 0\} = q,$$

其中,$q = 1-p, 0 < p < 1$,则 $\{X_n\}$ 服从大数定律,即若令 $\overline{X}_n = \frac{1}{n} \sum_{i=1}^{n} X_i$,则有

$$\lim_{n \to \infty} \overline{X}_n = p, (P).$$

证 因为

$$E(\overline{X}_n) = p,$$

$$D(\overline{X}_n) = \frac{1}{n^2} \sum_{i=1}^{n} D(X_i) = \frac{1}{n^2} npq = \frac{1}{n} pq,$$

由切比雪夫不等式,对任意 $\varepsilon \geqslant 0$,有

$$0 \leqslant P\{|\overline{X}_n - p| \geqslant \varepsilon\} \leqslant \frac{pq}{n\varepsilon^2},$$

于是 $\lim_{n \to \infty} P\{|\overline{X}_n - p| \geqslant \varepsilon\} = 0.$

定理 5.1.2(泊松大数定律) 设 $X_n (n = 1, 2, \cdots)$ 为相互独立的随机变量序列,

$$P\{X_n = 1\} = p_n, P\{X_n = 0\} = q_n,$$

其中,$q_n = 1 - p_n$,则 $\{X_n\}$ 服从大数定律.

证 因为

$$E(\overline{X}_n) = \frac{1}{n} \sum_{i=1}^{n} p_i = \overline{p}_n,$$

$$D(\overline{X}_n) = \frac{1}{n^2} \sum_{i=1}^{n} D(X_i) = \frac{1}{n^2} \sum_{i=1}^{n} p_i q_i \leqslant \frac{1}{4n},$$

由切比雪夫不等式,对任意 $\varepsilon > 0$,有

$$0 \leqslant P\{|\overline{X}_n - \overline{p}_n| \geqslant \varepsilon\} \leqslant \frac{D(\overline{X}_n)}{\varepsilon^2} \leqslant \frac{1}{4n\varepsilon^2}.$$

故 $\lim_{n \to \infty} P\{|\overline{X}_n - \overline{p}_n| \geqslant \varepsilon\} = 0.$

由定理 5.1.1 及定理 5.1.2 的条件和结论可知,只要当 n 充分大时,$\overline{X}_n$ 的方差能任意小,则大数定律就可以成立.下面的定理说明了这一点.

定理 5.1.3(切比雪夫大数定理) 设 $X_n (n = 1, 2, \cdots)$ 为相互独立的随机变量序列,若 $D(X_n) (n = 1, 2, \cdots)$ 存在,且一致有界(存在常数 c,使对一切 $n = 1, 2, \cdots$,有 $D(X_n) \leqslant c$ 成立),则 $\{X_n\}$ 服从大数定律.

证
$$D(\overline{X}_n) = \frac{1}{n^2} \sum_{i=1}^{n} D(X_i) \leqslant \frac{1}{n}c,$$

$$E(\overline{X}_n) = \frac{1}{n} \sum_{i=1}^{n} E(X_i).$$

由切比雪夫不等式,对任意 $\varepsilon > 0$,有

$$0 \leqslant P\{|\overline{X}_n - E(\overline{X}_n)| \geqslant \varepsilon\} \leqslant \frac{c}{n\varepsilon^2},$$

故 $\lim\limits_{n \to \infty} P\{|\overline{X}_n - E(\overline{X}_n)| \geqslant \varepsilon\} = 0.$

以上三个定理中要求随机变量 $X_1, X_2, \cdots$ 的方差存在,但在这些随机变量服从相同分布的时候,并不需要这些要求,因为有以下定理.

定理 5.1.4(辛钦大数定律) 设 $X_1, X_2, \cdots, X_n, \cdots$ 为相互独立且同分布的随机变量序列,若 $E(X_n) = \mu < +\infty (n = 1, 2, \cdots)$,则 $\{X_n\}$ 服从大数定律.

本定理的证明要用到特征函数和级数展开的有关知识.在此从略.

大数定律有深刻的意义,统计部分(第六至九章)说独立同分布随机变量就是抽样,大数定律说明当样本很大时,不确定性就消失了.比如保险公司做人寿保险时不必关注具体人的健康状态,因为当保险涉及的人数很大时,人的个性就消失了,变成了统计意义上的人;赌博对于个人而言输赢是随机的,但对于很大的赌场来说就是确定的.

第二节　中心极限定理

客观实际中有许多随机变量,它们是由大量的相互独立的随机因素的综合影响所形成的,而其中每个个别因素在总的影响中所起的作用都是微小的,这种随机变量往往近似地服从正态分布.这种现象就是中心极限定理的客观背景.

为研究相互独立随机变量和它的极限分布是正态分布的问题,我们先引入有关定义和定理.

定义 5.2.1 设 $F_n(x)(n = 1, 2, \cdots)$,$F(x)$ 分别为随机变量序列 $\{X_n\}(n = 1, 2, \cdots)$ 及随机变量 X 的分布函数,若对于 $F(x)$ 的任一连续点 x,有

$$\lim_{n \to \infty} F_n(x) = F(x),$$

则称随机变量序列 $\{X_n\}$ 依分布收敛于 X,并称 $F(x)$ 为 $\{F_n(x)\}$ 的极限分布函数.

如果对于分布函数列 $\{F_n(x)\}$,存在一单调非降函数 $F(x)$,使在 $F(x)$ 的每一个连续点上,$\lim\limits_{n \to \infty} F_n(x) = F(x)$,则称 $\{F_n(x)\}$ 弱收敛于 $F(x)$,并记为

$$\lim_{n \to \infty} F_n(x) = F(x), (\omega) \quad \text{或} \quad F_n(x) \overset{\omega}{\longrightarrow} F(x).$$

定义 5.2.1 中要求分布函数序列 $\{F_n(x)\}$ 弱收敛于分布函数 $F(x)$.然而,一般来说,分布函数序列有可能弱收敛于一个不是分布函数的极限函数.这一点由例 5.2.1 即可看出.

例 5.2.1　考虑具有退化分布的随机变量序列 $\{X_n\}$，$n=1,2,\cdots$，它的分布律为 $P\{X_n=n\}=1,n=1,2,\cdots$.

这时

$$F_n(x)=\begin{cases}0,x<n,\\1,x\geqslant n\end{cases}(n=1,2,\cdots).$$

令 $F(x)=0$.

显然，对任意 $x\in\mathbf{R}$，有 $\lim\limits_{n\to\infty}F_n(x)=0=F(x)$.

因而有 $F_n(x)\xrightarrow{\omega}F(x)$. 但 $F(x)$ 不是分布函数.

定义 5.2.2　设 $\{X_n\}(n=1,2,\cdots)$ 为相互独立的随机变量序列，具有有限的数学期望和方差：$E(X_n)=a_n,D(X_n)=\sigma_n^2,n=1,2,\cdots$，

令

$$B_n^2=\sum_{k=1}^n D(X_k),$$
$$Y_n=\sum_{k=1}^n\frac{X_k-a_k}{B_n}\quad(n=1,2,\cdots)$$

若对于 $y\in\mathbf{R}$，一致地有

$$\lim_{n\to\infty}P\{Y_n\leqslant y\}=\frac{1}{\sqrt{2\pi}}\int_{-\infty}^y e^{-\frac{1}{2}t^2}\,dt,$$

则称随机变量序列 $\{X_n\}$ 服从中心极限定理.

注意到

$$E(\sum_{k=1}^n X_k)=\sum_{k=1}^n E(X_k)=\sum_{k=1}^n a_k,$$
$$D(\sum_{k=1}^n X_k)=\sum_{k=1}^n D(X_k).$$

从而 $Y_n=\dfrac{\sum\limits_{k=1}^n(X_k-a_k)}{B_n}$ 就相当于把随机变量 $\sum\limits_{k=1}^n X_k$ 标准化.

定理 5.2.1（林德柏格—列维定理）　设 $\{X_n\}(n=1,2,\cdots)$ 为相互独立同分布的随机变量序列，且 $E(X_n)=\mu,D(X_n)=\sigma^2<\infty(\sigma^2>0)$ 存在，则 $\{X_n\}$ 服从中心极限定理，即对任意的实数 x，有

$$\lim_{n\to\infty}P\left\{\frac{\sum\limits_{k=1}^n X_k-n\mu}{\sqrt{n}\sigma}\leqslant x\right\}=\frac{1}{\sqrt{2\pi}}\int_{-\infty}^x e^{-\frac{1}{2}t^2}\,dt=\Phi(x).$$

该定理的证明要用到特征函数的若干知识，在此从略.

若 $X_1,X_2,\cdots,X_n$ 独立同分布，$E(X_k)=\mu,D(X_k)=\sigma^2>0,k=1,2,\cdots,n$. 当 n 相当大时，求 $P\{\sum\limits_{k=1}^n X_k\leqslant x\}$ 就可以用中心极限定理近似计算. 其具体过程如下：

先把 $\sum\limits_{k=1}^{n} X_k$ 标准化,记

$$Y_n = \frac{\sum\limits_{k=1}^{n} X_k - n\mu}{\sigma\sqrt{n}},$$

事件 $\left\{\sum\limits_{k=1}^{n} X_k \leqslant x\right\}$ 等价于事件 $\left\{Y_n \leqslant \dfrac{x - n\mu}{\sigma\sqrt{n}}\right\}$.

由中心极限定理,得

$$P\left\{\sum_{k=1}^{n} X_k \leqslant x\right\} = P\left\{Y_n \leqslant \frac{x - n\mu}{\sigma\sqrt{n}}\right\}$$

$$\approx \frac{1}{\sqrt{2\pi}} \int_{-\infty}^{\frac{x-n\mu}{\sigma\sqrt{n}}} e^{-\frac{t^2}{2}} \, dt$$

$$= \Phi\left(\frac{x - n\mu}{\sigma\sqrt{n}}\right).$$

例 5.2.2 设某单位有 500 部电话分机,假定每部分机有 4% 的时间要用外线通话,且各分机是否要用外线相互独立,问:该单位总机至少需要安装多少条外线,才能以 90% 以上的概率保证每部分机用外线时不必等候?

解 设同时要用外线通话的分机数为 X,记

$$X_k = \begin{cases} 1, \text{第 } k \text{ 部分机要用外线,} \\ 0, \text{第 } k \text{ 部分机不用外线,} \end{cases} \quad 1 \leqslant k \leqslant 500,$$

则 $X_1, X_2, \cdots, X_{500}$ 独立同分布,且 $X = \sum\limits_{k=1}^{500} X_k$.

由题设知 $P\{X_k = 1\} = 0.04, P\{X_k = 0\} = 0.96$. 故

$$E(X_k) = 0.04, \quad D(X_k) = 0.04 \times 0.96,$$

$$E(X) = 20, \quad D(X) = 19.2.$$

现在确定一个最小的自然数 N,使

$$P\{X \leqslant N\} \geqslant 0.90.$$

由中心极限定理,对任意实数 x,

$$P\{X \leqslant x\} = P\left\{\sum_{k=1}^{500} X_k \leqslant x\right\} = P\left\{\frac{\sum\limits_{k=1}^{500} X_k - 20}{\sqrt{19.2}} < \frac{x - 20}{\sqrt{19.2}}\right\}$$

$$= \Phi\left(\frac{x - 20}{\sqrt{19.2}}\right).$$

要使 $P\{X \leqslant N\} \geqslant 0.90$,查正态分布表有 $\Phi(1.30) = 0.903\,2$,

$$\frac{x - 20}{\sqrt{19.2}} \geqslant 1.3,$$

即 $x \geqslant 25.69$.

取 $N=26$，即该单位只需配备 26 条外线就有 90% 以上的把握保证分机使用外线时不必等候。

把林德柏格—列维定理应用到伯努利概型时，有如下推论.

推论(棣莫弗—拉普拉斯定理)　设 η_n 是 n 次伯努利试验中事件 A 出现的次数，$P(A)=p$，则对任意实数 x，$\lim\limits_{n\to\infty}P\left\{\dfrac{\eta_n-np}{\sqrt{np(1-p)}}\leqslant x\right\}=\dfrac{1}{\sqrt{2\pi}}\displaystyle\int_{-\infty}^{x}\mathrm{e}^{-\frac{t^2}{2}}\mathrm{d}t.$

例 5.2.3　一船舶在某海区航行，已知每遭受一次波浪的冲击，纵摇角大于 3° 的概率为 $p=\dfrac{1}{3}$.若船舶遭受了 90 000 次波浪冲击，其中有 29 500～30 500 次纵摇角大于 3° 的概率是多少？

解　我们将船舶每遭受一次波浪冲击看作一次试验，并假定各次试验是独立的，在 90 000 次波浪冲击中纵摇角大于 3° 的次数记为 X，则 $X\sim B\left(90\,000,\dfrac{1}{3}\right)$.

由棣莫弗-拉普拉斯定理计算 $P\{29\,500<X\leqslant 30\,500\}$，有

$$P\{29\,500<X\leqslant 30\,500\}=P\left\{\frac{29\,500-np}{\sqrt{np(1-p)}}<\frac{X-np}{\sqrt{np(1-p)}}\leqslant\frac{30\,500-np}{\sqrt{np(1-p)}}\right\}$$
$$=\Phi\left(\frac{30\,500-np}{\sqrt{np(1-p)}}\right)-\Phi\left(\frac{29\,500-np}{\sqrt{np(1-p)}}\right),$$

其中 $n=90\,000,p=\dfrac{1}{3}$，即有

$$P\{29\,500<X\leqslant 30\,500\}=\Phi\left(\frac{5\sqrt{2}}{2}\right)-\Phi\left(-\frac{5\sqrt{2}}{2}\right)=0.999\,5.$$

下面再给出另一个中心极限定理.

定理 5.2.2(李雅普诺夫定理)　设随机变量 $X_1,X_2,\cdots,X_n,\cdots$ 相互独立，它们具有数学期望和方差：

$$E(X_k)=\mu_k,\quad D(X_k)=\sigma_k^2\neq 0,k=1,2,\cdots,$$

记 $B_n^2=\sum\limits_{k=1}^{n}\sigma_k^2.$ 若存在正数 δ，使当 $n\to\infty$ 时，

$$\frac{1}{B_n^{2+\delta}}\sum_{k=1}^{n}E(|X_k-\mu_k|^{2+\delta})\to 0,$$

则随机变量

$$Z_n=\frac{\sum\limits_{k=1}^{n}X_k-E(\sum\limits_{k=1}^{n}X_k)}{\sqrt{D(\sum\limits_{k=1}^{n}X_k)}}=\frac{\sum\limits_{k=1}^{n}X_k-\sum\limits_{k=1}^{n}\mu_k}{B_n}$$

的分布函数 $F_n(x)$，对于任意 $x\in\mathbf{R}$，满足

$$\lim_{n\to\infty}F_n(x)=\lim_{n\to\infty}P\left\{\frac{\sum\limits_{k=1}^{n}X_k-\sum\limits_{k=1}^{n}\mu_k}{B_n}\leqslant x\right\}=\int_{-\infty}^{x}\frac{1}{\sqrt{2\pi}}\mathrm{e}^{-\frac{1}{2}t^2}\mathrm{d}t.$$

证明略.

该定理表明,无论随机变量 $X_k(k=1,2,\cdots)$ 服从什么分布,只要满足定理的条件,那么当 n 很大时,它们的和 $\sum\limits_{k=1}^{n}X_k$ 就近似地服从正态分布. 这就是正态随机变量在概率论中占有重要地位的一个基本原因.

习 题 五

1. 据以往经验,某种电子元件的寿命服从均值为 100h 的指数分布.现随机地取 16 只,设它们的寿命是相互独立的.求这 16 只元件的寿命的总和大于 1 920h 的概率.

2. 一部件包括 10 部分,每部分的长度是一个随机变量,它们相互独立,且服从同一分布,其数学期望为 2 mm,均方差为 0.05 mm.规定总长度为 (20 ± 0.1) mm 时产品合格,试求产品合格的概率.

3. 计算器在进行加法时,将每个加数舍入最靠近它的整数.设所有舍入误差是独立的,且在 $(-0.5,0.5)$ 上服从均匀分布.(1)若将 1 500 个数相加,误差总和的绝对值超过 15 的概率是多少? (2)最多可有几个数相加使得误差总和的绝对值小于 10 的概率不小于 0.9?

4. 设备零件的质量都是随机变量,它们相互独立,且服从相同的分布,其数学期望为 0.5 kg,均方差为 0.1 kg,问:5 000 只零件的总质量超过 2 510 kg 的概率是多少?

5. 有一批建筑房屋用的木柱,其中 80% 的长度不小于 3 m.现从这批木柱中随机地取出 100 根.其中至少有 30 根短于 3 m 的概率是多少?

6. 某单位设置一电话总机,共有 200 部电话分机.设每部电话分机是否使用外线通话,相互独立.设每时刻每部分机有 5% 的概率要使用外线通话.总机需要多少条外线才能以不低于 90% 的概率保证每部分机要使用外线时可供使用?

7. 设 $X_1,X_2,\cdots,X_n,\cdots$ 为一列独立同分布的随机变量,其共同分布是参数为 1 的指数分布.证明:

$$Y_n=\min(X_1,X_2,\cdots,X_n)\xrightarrow{P}0.$$

8. 某保险公司的业务统计资料表明,在向保险公司提出索赔的客户中,因被盗索赔的客户占 20%.现随机抽查 400 名索赔客户,X 表示其中因被盗而提出索赔的客户数.

(1) 求 X 的概率分布律;

(2) 利用中心极限定理估计被盗索赔户少于 30 户的概率.

9. 要量某一长度,设度量中的随机误差服从 $[-1,1]$ 上的均匀分布.问:n 次度量的平均值 $\overline{X}$ 与长度真值 m 之差的绝对值小于某正数 δ 的概率为多少? (用中心极限定理估计)

10. 证明棣莫弗—拉普拉斯定理.

第六章

数理统计的基本概念

第一节　概述

　　数理统计和概率论一样都是研究随机现象的规律性．概率论是从给定的分布出发来研究随机现象的规律，数理统计是从实际观测的数据资料出发研究随机现象的规律．它是一个应用广泛的数学分支．

　　例如，要研究某种机器的使用寿命，概率论的方法是将这种机器的寿命看作一个随机变量 X，其密度函数为 $f(x)$，由此计算 X 的数学期望和方差等各种问题．但实际中 X 的密度函数 $f(x)$ 往往不知道，当然 $E(X)$ 和 $D(X)$ 也就求不出来；数理统计的方法是先做调查，得出 n 台该机器的实际寿命 $x_1, x_2, \cdots, x_n$．由这些实际观测资料推断出该机器的平均寿命，并进行统计分析．这就是数理统计处理问题的基本思想：从被研究的对象的全体中抽取一部分，根据这部分的情况对整体做出判断．如上例中要研究的某种机器的寿命，我们只抽取 n 台，要根据这 n 台的观测数据对所有这种机器的寿命情况做出判断，当然 n 可以适当大一点.但有时 n 也不能太大，如要研究某种型号的导弹的杀伤半径，就不可能把生产的该型号的导弹全都拿来试验，只能从所有的该型导弹中随机地抽取很少的一部分来做试验．这就是数理统计要解决的两个问题：①抽取的对象要合理，即试验设计与抽样调查设计，目的是有效地收集数据；②数据处理要恰当，即对收集到的数据进行分析，并做出推断．本课程只讨论数据处理，也叫统计推断．它包括参数估计、假设检验、方差分析、回归分析等内容．

第二节　总体和样本

一、总体

　　在数理统计中，把"研究对象的全体"称为总体（又叫母体），而组成总体的每个对象称为个体.

例 6.2.1 某大学从 3 万名学生中抽取 300 名学生,测量他们的视力,由此来估计这 3 万名学生的视力情况. 此时 3 万名学生的视力就是总体,而每个学生的视力就是个体.

例 6.2.2 质检部门要研究某电池厂生产的电池的使用寿命,从中随机抽取 10 个电池进行试验. 此时该厂生产的电池的寿命就是总体,而每个电池的寿命就是个体.

总体可以看成一个集合,个体则是这个集合中的一个元素. 如果总体中只含有限多个元素,则称该总体为有限总体.否则称为无限总体.如例 6.2.1 中的总体为有限总体,例 6.2.2 中的总体为无限总体.

在实际问题中,往往不需要研究总体的一切属性,而只要研究总体的某项数量指标,因此,可以把研究对象的某项数量指标的全体看作总体,而把每个数值作为个体. 在上述例子中,学生的视力、灯泡的寿命这些数量指标在随机抽样中都是随机变量,因此,以后把总体与数量指标 X 等同起来.

定义 6.2.1 研究对象的全体称为总体,总体的某个数量指标若用一个随机变量 X 来描述,则称随机变量 X 为总体. 若 X 的分布函数为 $F(x)$,则也称 $F(x)$ 为总体.

二、样本

总体中的一部分个体称为样本(又叫子样),这一部分个体的个数称为样本容量.如例 6.2.1 中抽取的这 300 名学生测得的视力就是一个样本,样本容量是 300;例 6.2.2 中抽到的 10 个电池便是容量为 10 的一个样本. 一般样本的容量不能太小,否则就不能较客观地反映总体的情况;另一方面,由于时间和费用等方面的原因,样本容量也不能太大.因此必须对抽取样本提出一些要求,主要有两条:一是代表性,即要求抽取的样本确实能代表总体;二是独立性,即每次抽取的结果互不影响.

例 6.2.3 某商家购进一批产品,我们要研究产品的次品率 p,为此抽取 n 件产品进行检查. 令

$$X = \begin{cases} 1, & \text{当抽到的产品为次品时,} \\ 0, & \text{当抽到的产品为正品时.} \end{cases}$$

则随机变量 X 就是总体.它的概率分布如表 6.1 所示.

表 6.1

X	0	1
P	q	p

下面考虑样本,首先抽取第一件产品时我们事先并不知道该产品是正品还是次品,因此抽取的第一件产品是一个随机变量 X_1,X_1 与 X 同分布,同样抽取的第二件产品也是一个随机变量 X_2,$\cdots$,抽取的第 n 件产品是随机变量 X_n,可以认为 $X_1,X_2,\cdots,X_n$ 相互独立且均与 X 同分布.

定义 6.2.2　设总体 X 的分布函数为 $F(x)$，对总体做 n 次抽样，第 i 次抽样所得的随机变量为 $X_i, i=1,2,\cdots,n$，若 $X_1,X_2,\cdots,X_n$ 相互独立且与 X 同分布，则称 $(X_1,X_2,\cdots,X_n)$ 为简单随机样本，简称样本.

因此所谓样本就是一个 n 维随机向量 $(X_1,X_2,\cdots,X_n)$，样本观测值用 $(x_1,x_2,\cdots,x_n)$ 表示. 一般对于有限总体要采取放回抽样（从总体中抽取一个元素后放回去，再抽取第二个元素）才能得到简单样本；对于无限总体，放回和不放回抽样都可得到简单样本.本书只讨论简单样本.至于如何获得简单样本，那是属于试验与抽样设计的问题，我们暂不讨论.

三、样本的联合分布函数

设总体 X 的分布函数为 $F(x)$，则 X 的样本 $(X_1,X_2,\cdots,X_n)$ 的联合分布函数为

$$F^*(x_1,x_2,\cdots,x_n)=F(x_1)F(x_2)\cdots F(x_n).$$

当总体 X 为连续型随机变量，其密度函数为 $f(x)$ 时，样本 $(X_1,X_2,\cdots,X_n)$ 的联合密度为

$$f^*(x_1,x_2,\cdots,x_n)=f(x_1)f(x_2)\cdots f(x_n).$$

当总体 X 为离散型随机变量时，设其分布律为

$$P\{X=x_i\}=p_i,$$

则样本 $(X_1,X_2,\cdots,X_n)$ 的联合分布为

$$P\{X_1=x_{i_1},X_2=x_{i_2},\cdots,X_n=X_{i_n}\}=p_{i_1}p_{i_2}\cdots p_{i_n}.$$

例 6.2.4　设总体 $X\sim B(1,p)$，$(X_1,X_2,\cdots,X_n)$ 是来自 X 的样本，求样本的联合分布.

解　总体 X 的概率分布可表示为

$$P\{X=x\}=p^x q^{1-x}, x=0,1, p+q=1.$$

所以样本的联合分布为

$$P\{X_1=x_1,X_2=x_2,\cdots,X_n=x_n\}=\prod_{i=1}^{n}P\{X_i=x_i\}$$

$$=\prod_{i=1}^{n}p^{x_i}q^{1-x_i}=p^{\sum\limits_{i=1}^{n}x_i}q^{n-\sum\limits_{i=1}^{n}x_i}.$$

例 6.2.5　设总体 $X\sim N(\mu,\sigma^2)$，$(X_1,X_2,\cdots,X_n)$ 是来自 X 的样本，求样本的联合密度.

解　因为 $f(x)=\dfrac{1}{\sqrt{2\pi}\sigma}\mathrm{e}^{-\frac{(x-\mu)^2}{2\sigma^2}}$，所以

$$f^*(x_1,x_2,\cdots,x_n)=\prod_{i=1}^{n}f(x_i)=\prod_{i=1}^{n}\frac{1}{\sqrt{2\pi}\sigma}\mathrm{e}^{-\frac{(x_i-\mu)^2}{2\sigma^2}}$$

$$=\frac{1}{(2\pi)^{\frac{n}{2}}\sigma^n}\mathrm{e}^{-\frac{1}{2\sigma^2}\sum\limits_{i=1}^{n}(x_i-\mu)^2}.$$

第三节　统计量

一、统计量的概念

在数理统计中,由于样本来自总体,所以样本是对总体进行统计分析的依据,它能体现出总体的许多性质. 但是我们利用样本对总体的某种性质进行推断时,却很少直接利用样本所提供的原始数据,必须对样本进行"加工"和"提炼",即构造一个完全由样本确定的函数.通过这个函数,把我们所关心的信息集中起来,这就是本节所要介绍的统计量.

定义 6.3.1　设 $(X_1, X_2, \cdots, X_n)$ 是来自总体 X 的样本,$g(X_1, X_2, \cdots, X_n)$ 是一个 n 元函数,如果 $g(X_1, X_2, \cdots, X_n)$ 中不含任何未知参数,则称 $g(X_1, X_2, \cdots, X_n)$ 是一个统计量.

因为 $X_1, X_2, \cdots, X_n$ 都是随机变量,所以统计量 $g(X_1, X_2, \cdots, X_n)$ 也是一个随机变量. 如果样本 $(X_1, X_2, \cdots, X_n)$ 的观测值为 $(x_1, x_2, \cdots, x_n)$,则统计量的值为 $g(x_1, x_2, \cdots, x_n)$,它被样本观测值 $(x_1, x_2, \cdots, x_n)$ 唯一确定.

例如,设总体 $X \sim B(n, p)$,n 为已知,p 为未知. $(X_1, X_2, \cdots, X_n)$ 是 X 的一个样本,则 $\frac{1}{3}(X_1 + X_2 + X_3), nX_1 - (n-1)X_2$ 均为统计量. 而 $\frac{1}{3}(X_1 + X_2 + X_3) - 3p, pX_2$ 均不是统计量. 根据统计量的定义可知,统计量是一个随机变量.

二、常用的统计量

在数理统计中经常用到如下统计量. 设 $(X_1, X_2, \cdots, X_n)$ 是来自总体 X 的一个样本,定义:

样本平均值

$$\overline{X} = \frac{1}{n} \sum_{i=1}^{n} X_i.$$

样本方差

$$S^2 = \frac{1}{n-1} \sum_{i=1}^{n} (X_i - \overline{X})^2 = \frac{1}{n-1} \left(\sum_{i=1}^{n} X_i^2 - n\overline{X}^2 \right).$$

样本标准差

$$S = \sqrt{S^2} = \sqrt{\frac{1}{n-1} \sum_{i=1}^{n} (X_i - \overline{X})^2}.$$

样本 k 阶(原点)矩

$$A_k = \frac{1}{n} \sum_{i=1}^{n} X_i^k, k = 1, 2, \cdots.$$

样本 k 阶中心矩

$$B_k = \frac{1}{n}\sum_{i=1}^{n}(X_i - \overline{X})^k, k = 1, 2, \cdots.$$

样本协方差(样本相关矩)

$$S_{XY} = \frac{1}{n-1}\sum_{i=1}^{n}(X_i - \overline{X})(Y_i - \overline{Y}).$$

样本相关系数

$$R = \frac{S_{XY}}{S_X \cdot S_Y}.$$

其中,X,Y 为两个总体,$(X_1, X_2, \cdots, X_n)$ 是来自总体 X 的样本,$(Y_1, Y_2, \cdots, Y_n)$ 是来自总体 Y 的样本.

$$S_X = \sqrt{\frac{1}{n-1}\sum_{i=1}^{n}(X_i - \overline{X})^2}, S_Y = \sqrt{\frac{1}{n-1}\sum_{i=1}^{n}(Y_i - \overline{Y})^2}.$$

例 6.3.1　某班主任抽查了 5 名学生的高考成绩 X 和大学一年级 5 科的平均成绩 Y,结果如表 6.2 所示,求 X, Y 之间的样本相关系数.

表 6.2

高考成绩 X	521	515	506	525	518
大一成绩 Y	81	72	69	68	80

解　$\overline{x} = \frac{1}{5}(21 + 15 + 6 + 25 + 18) + 500 = 517,$

$\overline{y} = \frac{1}{5}(11 + 2 - 1 - 2 + 10) + 70 = 74,$

$s_x^2 = \frac{1}{n-1}\sum_{i=1}^{n}(x_i - \overline{x})^2 = \frac{1}{4}\sum_{i=1}^{5}(x_i - 517)^2 = 51.5,$

$s_y^2 = \frac{1}{n-1}\sum_{i=1}^{n}(y_i - \overline{y})^2 = \frac{1}{4}\sum_{i=1}^{5}(y_i - 74)^2 = 37.5,$

$s_{xy} = \frac{1}{4}\sum_{i=1}^{5}(x_i - 517)(y_i - 74) = 11.25.$

所以 $R = \frac{s_{xy}}{s_x s_y} = 0.256.$

三、顺序统计量(次序统计量)

设 $(X_1, X_2, \cdots, X_n)$ 为取自总体 X 的样本,样本值为 $(x_1, x_2, \cdots, x_n)$,将这些样本观测值从小到大排列,用 $x_{(1)}, x_{(2)}, \cdots, x_{(n)}$ 表示,即 $x_{(1)} \leqslant x_{(2)} \leqslant \cdots \leqslant x_{(n)}$.

定义 6.3.2　第 k 顺序统计量 $X_{(k)}$ 是上述子样 $(X_1, X_2, \cdots, X_n)$ 的一个函数,当样本 $(X_1, X_2, \cdots, X_n)$ 取值 $(x_1, x_2, \cdots, x_n)$ 时,$X_{(k)}$ 取值 $x_{(k)}$.

对于容量为 n 的样本,可以得到 n 个顺序统计量 $(X_{(1)}, X_{(2)}, \cdots, X_{(n)})$,$X_{(1)} \leqslant X_{(2)} \leqslant \cdots \leqslant X_{(n)}$,其中 $X_{(1)} = \min(X_1, X_2, \cdots, X_n)$ 为最小的顺序统计量,$X_{(n)} = \max(X_1, X_2, \cdots, X_n)$

为最大的顺序统计量.

定义 6.3.3 设 $(X_1, X_2, \cdots, X_n)$ 为取自总体 X 的样本,称 $R_n = \max(X_1, X_2, \cdots, X_n) - \min(X_1, X_2, \cdots, X_n)$ 为样本极差.它反映了样本值的波动幅度.

第四节 抽样分布

前面已经介绍了一些常用的统计量.由样本 $(X_1, X_2, \cdots, X_n)$ 所构造的统计量是这些随机变量的函数,记作 $Y = g(X_1, X_2, \cdots, X_n)$.因而统计量也是一个随机变量,它必定服从某一概率分布,称这些统计量的分布为抽样分布.确定统计量的分布一般是一个比较复杂的问题,本节只在总体 X 服从正态分布的前提下介绍三个统计中最常用的抽样分布,即 χ^2 分布、t 分布和 F 分布.为明确起见,本节略去了一些定理的证明,只介绍这些定理的内容及其应用.

一、χ^2 分布

1. χ^2 分布的定义

设 $X_1, X_2, \cdots, X_n$ 相互独立,且 $X_i \sim N(0,1), i=1,2,\cdots,n. \ Y = \sum\limits_{i=1}^{n} X_i^2$,称 Y 服从自由度为 n 的 χ^2 分布,记作 $Y \sim \chi^2(n)$.

定理 6.4.1 设随机变量 $X \sim \chi^2(n)$,则 X 的密度函数为

$$f(x) = \begin{cases} \dfrac{1}{2^{\frac{n}{2}} \Gamma\left(\dfrac{n}{2}\right)} x^{\frac{n}{2}-1} \mathrm{e}^{-\frac{x}{2}}, x > 0, \\ 0, \quad x \leqslant 0. \end{cases}$$

$f(x)$ 的图形如图 6.1 所示.

2. χ^2 分布的性质

(1) χ^2 分布的可加性:设 $X \sim \chi^2(n), Y \sim \chi^2(m)$,且 X 与 Y 独立,则 $Z = X + Y \sim \chi^2(n+m)$.

(2) χ^2 分布的数学期望与方差:设 $X \sim \chi^2(n)$,则 $E(X) = n, D(X) = 2n$.

3. χ^2 分布的分位点

设随机变量 $X \sim \chi^2(n)$,α 为一实数,$0 < \alpha < 1$,若

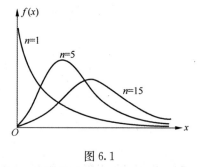

图 6.1

$P\{X < \chi_\alpha^2(n)\} = \alpha$,则称 $\chi_\alpha^2(n)$ 为 χ^2 分布的下分位点;若 $P\{X > \chi_\alpha^2(n)\} = \alpha$,则称 $\chi_\alpha^2(n)$ 为 χ^2 分布的上分位点,如图 6.2、图 6.3 所示.

根据给定的 α 及 n 查附表,可得 $\chi_\alpha^2(n)$ 的值.当 $\chi_\alpha^2(n)$ 表示上分位点时,

$$\chi_{0.05}^2(10) = 18.307, \chi_{0.10}^2(20) = 28.412;$$

当 $\chi_\alpha^2(n)$ 表示下分位点时,

$$\chi_{0.05}^2(10) = 3.940, \chi_{0.10}^2(20) = 12.443.$$

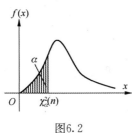 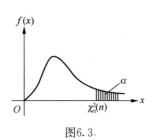

图6.2 图6.3

在数理统计中,$\chi^2_\alpha(n)$有时表示下分位点,有时又表示上分位点.

二、t 分布

1. t 分布的定义

设 $X \sim N(0,1)$,$Y \sim \chi^2(n)$,且 X 与 Y 独立,则称随机变量 $t = \dfrac{X}{\sqrt{\dfrac{Y}{n}}}$ 服从自由度为 n 的 t 分布,记作 $t \sim t(n)$.

定理 6.4.2 若随机变量 $t \sim t(n)$,则 t 的密度函数为

$$f(t) = \frac{\Gamma\left(\dfrac{n+1}{2}\right)}{\Gamma\left(\dfrac{n}{2}\right)\sqrt{n\pi}}\left(1 + \frac{t^2}{n}\right)^{-\frac{n+1}{2}}, \quad -\infty < t < +\infty.$$

$f(t)$的图形如图 6.4 所示.

2. t 分布的性质

(1) 从图形可以看出,t 分布和 $N(0,1)$分布相当接近. 实际上,由 Γ 函数的性质可得

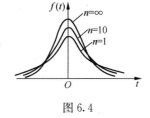

图 6.4

$$\lim_{n\to\infty} f(t) = \frac{1}{\sqrt{2\pi}}\mathrm{e}^{-\frac{t^2}{2}}.$$

(2)$f(t)$是偶函数,$f(-t)=f(t)$.

(3) 当 $n>30$ 时,t 分布近似于 $N(0,1)$分布.

(4) 当 $n>45$ 时,就用正态分布的分位点近似 $t_\alpha(n)$.对于常用的 α 值,这样的近似值相对误差不超过 1.3%.

3. t 分布的分位点

关于 t 分布同样也有分位点的概念,设 $t \sim t(n)$,若

$$P\{t < t_\alpha(n)\} = \alpha,$$

则称 $t_\alpha(n)$为下分位点;若

$$P\{t > t_\alpha(n)\} = \alpha,$$

则称 $t_\alpha(n)$为上分位点,如图 6.5(a)所示. 若 $P\{|t|>t_\alpha(n)\}=\alpha$,则称 $t_\alpha(n)$为双侧分位点,如图 6.5(b)所示.

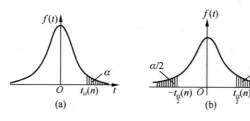

图 6.5

如当 $t_\alpha(n)$ 表示双侧分位点时，

$$t_{0.05}(16) = 2.119\ 9, \quad t_{0.10}(18) = 1.734\ 1.$$

例 6.4.1　总体 $X \sim N(0,1)$，(X_1, X_2, X_3) 是来自 X 的样本，求

$$Y = \frac{\sqrt{2}\, X_1}{\sqrt{X_2^2 + X_3^2}}$$

的概率分布.

解　因为 $X \sim N(0,1)$，$X_2^2 + X_3^2 \sim \chi^2(2)$，且 X_1 与 $X_2^2 + X_3^2$ 独立，所以

$$Y = \frac{\sqrt{2}\, X_1}{\sqrt{X_2^2 + X_3^2}} = \frac{X_1}{\sqrt{\dfrac{X_2^2 + X_3^2}{2}}} \sim t(2).$$

三、F 分布

1. F 分布的定义

设随机变量 X 和 Y 相互独立，$X \sim \chi^2(m)$，$Y \sim \chi^2(n)$，则称 $F = \dfrac{X/m}{Y/n}$ 服从第一自由度为 m、第二自由度为 n 的 F 分布，记为 $F \sim F(m,n)$.

定理 6.4.3　若随机变量 $F \sim F(m,n)$，则 F 的密度函数为

$$f(x) = \begin{cases} \dfrac{\Gamma\left(\dfrac{m+n}{2}\right)}{\Gamma\left(\dfrac{m}{2}\right)\Gamma\left(\dfrac{n}{2}\right)} \left(\dfrac{m}{n}\right)^{\frac{m}{2}} x^{\frac{m}{2}-1} \left(1 + \dfrac{m}{n}x\right)^{-\frac{m+n}{2}}, & x > 0, \\ 0, & x \leqslant 0. \end{cases}$$

$f(x)$ 的图形如图 6.6 所示.

2. F 分布的分位点

同 χ^2 分布一样，F 分布也有上分位点和下分位点，若 $P\{F > F_\alpha(n,m)\} = \alpha$，则称 $F_\alpha(n,m)$ 为上分位点（见图 6.7）；若 $P\{F < F_\alpha(n,m)\} = \alpha$，则称 $F_\alpha(n,m)$ 为下分位点.

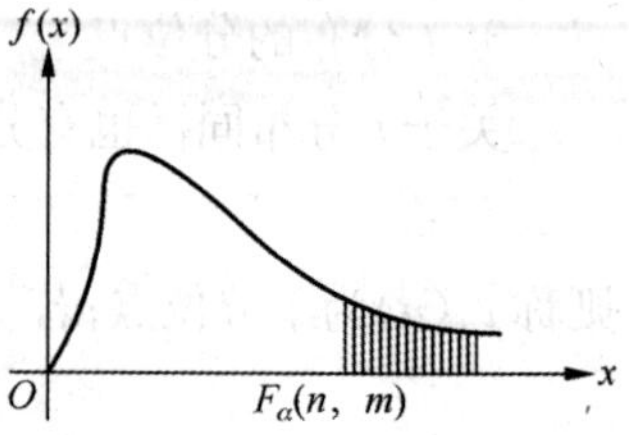

根据 α 为自由度 n, m，可查表得出上分位点的值. 如

$$F_{0.10}(5,9) = 2.61, \quad F_{0.05}(8,6) = 4.15.$$

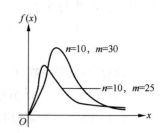

图 6.6

图 6.7

3. F 分布的性质

（1）若 $F \sim F(n,m)$，则 $\dfrac{1}{F} \sim F(m,n)$.

（2）$F_{1-\alpha}(n,m) = \dfrac{1}{F_\alpha(m,n)}$.

查表时，只给出了 $\alpha = \begin{cases} 0.1, 0.05, 0.025, \\ 0.01, 0.005 \end{cases}$ 的 $F_\alpha(n,m)$ 值. 当要求 $\alpha = \begin{cases} 0.9, 0.95, 0.975, \\ 0.99, 0.995 \end{cases}$ 时，

可利用性质（2）来求.

例如，$F_{0.9}(8,5) = \dfrac{1}{F_{0.1}(5,8)} = \dfrac{1}{2.73} = 0.37$.

四、正态总体的抽样分布

统计量的分布称为抽样分布. 下述定理给出了样本平均和样本方差的分布. 该定理在数理统计中起着十分重要的作用，有时称它为数理统计的基本定理.

定理 6.4.4　设总体 $X \sim N(\mu, \sigma^2)$，$(X_1, X_2, \cdots, X_n)$ 为 X 的样本，$\overline{X}$ 和 S^2 为样本平均值和样本方差，则

（1）$\overline{X} \sim N\left(\mu, \dfrac{\sigma^2}{n}\right)$；

（2）$\overline{X}$ 和 S^2 独立；

（3）$\dfrac{(n-1)S^2}{\sigma^2} \sim \chi^2(n-1)$.

证明详见浙江大学盛骤、谢式千、潘承毅编写的《概率论与数理统计》（第二版）（高等教育出版社）P153 附录（定理一的证明）.

推论 6.4.1　在定理 6.4.4 的条件下有

$$t = \frac{\overline{X} - \mu}{\dfrac{S}{\sqrt{n}}} \sim t(n-1).$$

证　因为 $\overline{X} \sim N\left(\mu, \dfrac{\sigma^2}{n}\right)$，所以

$$\frac{\overline{X} - \mu}{\dfrac{\sigma}{\sqrt{n}}} \sim N(0,1).$$

又 $\dfrac{(n-1)S^2}{\sigma^2} \sim \chi^2(n-1)$，且 $\dfrac{\overline{X} - \mu}{\dfrac{\sigma}{\sqrt{n}}}$ 与 $\dfrac{(n-1)S^2}{\sigma^2}$ 相互独立，由 t 分布的定义得

$$\frac{\dfrac{\overline{X} - \mu}{\dfrac{\sigma}{\sqrt{n}}}}{\sqrt{\dfrac{(n-1)S^2}{\sigma^2(n-1)}}} = \frac{\overline{X} - \mu}{\dfrac{S}{\sqrt{n}}} \sim t(n-1).$$

推论 6.4.2 设总体 $X \sim N(\mu_1, \sigma^2)$, 总体 $Y \sim N(\mu_2, \sigma^2)$, $(X_1, X_2, \cdots, X_{n_1})$ 是来自总体 X 的样本, $(Y_1, Y_2, \cdots, Y_{n_2})$ 是来自总体 Y 的样本, 且它们相互独立, 则

$$t = \frac{(\overline{X} - \overline{Y}) - (\mu_1 - \mu_2)}{S_w \sqrt{\dfrac{1}{n_1} + \dfrac{1}{n_2}}} \sim t(n_1 + n_2 - 2),$$

其中 $S_w^2 = \dfrac{(n_1 - 1)S_1^2 + (n_2 - 1)S_2^2}{n_1 + n_2 - 2}$, S_1^2 和 S_2^2 分别是总体 X 和 Y 的样本方差.

证 因为 $\overline{X} \sim N\left(\mu_1, \dfrac{\sigma^2}{n_1}\right)$, $\overline{Y} \sim N\left(\mu_2, \dfrac{\sigma^2}{n_2}\right)$, 所以

$$\overline{X} - \overline{Y} \sim N\left(\mu_1 - \mu_2, \frac{\sigma^2}{n_1} + \frac{\sigma^2}{n_2}\right),$$

$$\frac{(\overline{X} - \overline{Y}) - (\mu_1 - \mu_2)}{\sigma \sqrt{\dfrac{1}{n_1} + \dfrac{1}{n_2}}} \sim N(0, 1).$$

由定理 6.4.4 得

$$\frac{(n_1 - 1)S_1^2}{\sigma^2} \sim \chi^2(n_1 - 1),$$

$$\frac{(n_2 - 1)S_2^2}{\sigma^2} \sim \chi^2(n_2 - 1).$$

由 χ^2 分布的可加性知

$$\frac{(n_1 - 1)S_1^2}{\sigma^2} + \frac{(n_2 - 1)S_2^2}{\sigma^2} \sim \chi^2(n_1 + n_2 - 2),$$

可以证明 $(\overline{X} - \overline{Y}) - (\mu_1 - \mu_2)$ 与 $\dfrac{(n_1 - 1)S_1^2}{\sigma^2} + \dfrac{(n_2 - 1)S_2^2}{\sigma^2}$ 相互独立, 从而由 t 分布的定义得

$$t = \frac{(\overline{X} - \overline{Y}) - (\mu_1 - \mu_2)}{S_w \sqrt{\dfrac{1}{n_1} + \dfrac{1}{n_2}}}$$

$$= \frac{(\overline{X} - \overline{Y}) - (\mu_1 - \mu_2)}{\sigma \sqrt{\dfrac{1}{n_1} + \dfrac{1}{n_2}}} \Bigg/ \sqrt{\frac{\dfrac{(n_1 - 1)S_1^2}{\sigma^2} + \dfrac{(n_2 - 1)S_2^2}{\sigma^2}}{n_1 + n_2 - 2}} \sim t(n_1 + n_2 - 2).$$

推论 6.4.2 要求两个总体的方差相等; 当方差不相等时, 有推论 6.4.3.

推论 6.4.3 设总体 $X \sim N(\mu_1, \sigma_1^2)$, $Y \sim N(\mu_2, \sigma_2^2)$, $(X_1, X_2, \cdots, X_{n_1})$ 是来自总体 X 的样本, $(Y_1, Y_2, \cdots, Y_{n_2})$ 是来自总体 Y 的样本, 且它们相互独立, 则

$$F = \frac{\dfrac{S_1^2}{\sigma_1^2}}{\dfrac{S_2^2}{\sigma_2^2}} \sim F(n_1 - 1, n_2 - 1),$$

其中，S_1^2 和 S_2^2 分别是总体 X 和 Y 的样本方差.

证 由定理中的条件可知

$$\frac{(n_1-1)S_1^2}{\sigma_1^2} \sim \chi^2(n_1-1),$$

$$\frac{(n_2-1)S_2^2}{\sigma_2^2} \sim \chi^2(n_2-1),$$

且它们相互独立，由 F 分布的定义知

$$F = \frac{\dfrac{S_1^2}{\sigma_1^2}}{\dfrac{S_2^2}{\sigma_2^2}} = \frac{\dfrac{(n_1-1)S_1^2}{(n_1-1)\sigma_1^2}}{\dfrac{(n_2-1)S_2^2}{(n_2-1)\sigma_2^2}} \sim F(n_1-1, n_2-1).$$

以上三个推论是以后学习参数估计和假设检验的理论依据，必须牢牢记住.

第五节 经验分布函数和直方图

第二章中用随机变量 X 的分布函数 $F(x)$ 来描述 Y 的概率性质.对于连续型随机变量 X，总是用密度函数 $f(x)$ 来描述 X 的概率性质.而在实际问题中，$F(x)$ 和 $f(x)$ 往往是未知的.本节将由总体 X 的样本观察值 $(x_1, x_2, \cdots, x_n)$ 近似地求出 X 的分布函数和密度函数，即经验分布函数和直方图.

一、经验分布函数(总体分布函数的估计)

设总体 X 的分布函数为 $F(x)$，$F(x)$ 未知，$(X_1, X_2, \cdots, X_n)$ 是取自 X 的样本，样本值为 $(x_1, x_2, \cdots, x_n)$，将这些样本值从小到大排列，设为 $x_{(1)} \leqslant x_{(2)} \leqslant \cdots \leqslant x_{(n)}$，定义函数

$$F_n(x) = \begin{cases} 0, & x < x_{(1)}, \\ \dfrac{k}{n}, & x_{(k)} \leqslant x < x_{(k+1)}, k=1,2,\cdots,n-1, \\ 1, & x \geqslant x_{(n)}, \end{cases}$$

称 $F_n(x)$ 为总体 X 的经验分布函数.

例 6.5.1 某足球队每场比赛进球的个数为随机变量 X，X 的分布函数 $F(x)$ 未知，该球队某季度共比赛了 7 场，结果为 3,2,1,2,4,3,2，求 X 的经验分布函数 $F_7(x)$.

解 将 X 的观察值从小到大排列得

$$1,2,2,2,3,3,4,$$

所以

$$F_7(x) = \begin{cases} 0, & x < 1, \\ \dfrac{1}{7}, & 1 \leqslant x < 2, \\ \dfrac{4}{7}, & 2 \leqslant x < 3, \\ \dfrac{6}{7}, & 3 \leqslant x < 4, \\ 1, & x \geqslant 4. \end{cases}$$

$F_7(x)$的图形如图 6.8 所示.

由图 6.8 可知,$F_n(x)$具有下列性质:

(1) $F_n(x)$是单调不减函数;

(2) $F_n(x)$右连续;

(3) $0\leqslant F_n(x)\leqslant 1$ 且 $F_n(-\infty)=0$,
$F_n(+\infty)=1$.

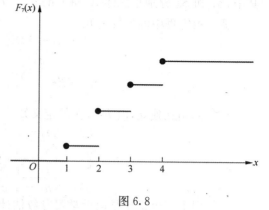

图 6.8

由于样本是 n 维随机变量,对于每一组样本值均可作出一个经验分布函数,所以经验分布函数 $F_n(x)$也是一个随机变量.

对于固定的 x,$F_n(x)$表示事件$\{X\leqslant x\}$的频率,而该事件发生的概率为 $F(x)=P\{X\leqslant x\}$.由伯努利大数定理得

$$F_n(x)\xrightarrow{P}F(x),$$

即对任意 $\varepsilon>0$,$\lim\limits_{n\to\infty}P\{|F_n(x)-F(x)|\geqslant\varepsilon\}=0$.

1953 年,格利汶科给出了一个全局性的定理.

定理 6.5.1 经验分布函数 $F_n(x)$以概率 1 关于 x 一致收敛于总体分布函数 $F(x)$,即
$$\lim\limits_{n\to\infty}P\{\sup\limits_{-\infty<x<+\infty}|F_n(x)-F(x)|<\varepsilon\}=1.$$

二、直方图(总体密度函数的估计)

经验分布函数可以作为总体分布函数的估计,下面介绍总体密度函数概率分布律的估计.

1. 总体概率分布律的估计

设总体 X 为离散型随机变量,其概率分布 $P\{X=a_k\}=p_k(k=1,2,\cdots)$未知,$(X_1,X_2,\cdots,X_n)$为总体 X 的一个样本,样本值为$(x_1,x_2,\cdots,x_n)$.设$(x_1,x_2,\cdots,x_n)$中等于 a_k 的个数为 m_k,因而在 n 次试验中事件$\{X=a_k\}$发生的频率为 $f_k=\dfrac{m_k}{n}$.当 n 充分大时,f_k 接近于 p_k,因此可以由样本值作出频率分布律,把它作为总体 X 的概率分布律的近似.

例 6.5.2 某学院学生的实习成绩分为四等:优秀、良好、及格、不及格.学院教科所抽查了 300 名学生,结果如表 6.3 所示.

表 6.3

实 习 成 绩	优秀	良好	及格	不及格
学生人数	83	125	85	7

试将抽查结果用频率分布律表示.

解 定义随机变量

$$X=\begin{cases}1, & \text{抽到的学生优秀,}\\2, & \text{抽到的学生良好,}\\3, & \text{抽到的学生及格,}\\4, & \text{抽到的学生不及格.}\end{cases}$$

则 X 的频率分布律如表 6.4 所示.

表 6.4

X	1	2	3	4
P	0.277	0.417	0.283	0.023

2. 直方图（总体密度函数的估计）

设总体 X 是一连续型随机变量,密度函数 $f(x)$ 未知,$(X_1,X_2,\cdots,X_n)$ 为总体 X 中抽取的样本,样本值为 $(x_1,x_2,\cdots,x_n)$. 下面介绍直方图的作法.

（1）找出 $x_{(1)}=\min(x_1,x_2,\cdots,x_n),x_{(n)}=\max(x_1,x_2,\cdots,x_n)$,取 a 略小于 $x_{(1)}$,b 略大于 $x_{(n)}$,得区间 $[a,b]$.

（2）将区间 $[a,b]$ 分成 k 个小区间 $I_1,I_2,\cdots,I_k$.其分点为 $a=t_0<t_1<t_2<\cdots<t_k=b$,$k$ 的大小没有硬性规定:当 n 较小时,k 应小些;当 n 较大时,k 也应大些.小区间的长度可以相等,也可以不相等,但要求每个小区间都要有若干样本观察值.

（3）用唱票的办法统计 n 个观察值中落在各小区间的个数.记 n_j＝落在区间 I_j 的观察值个数,计算其频率 $f_j=\dfrac{n_j}{n}$.

（4）设区间 I_j 的长度为 $\Delta t_j=t_j-t_{j-1}$,以区间 I_j 为底、$\dfrac{f_j}{\Delta t_j}$ 为高作矩形,就得直方图（见图 6.9）.

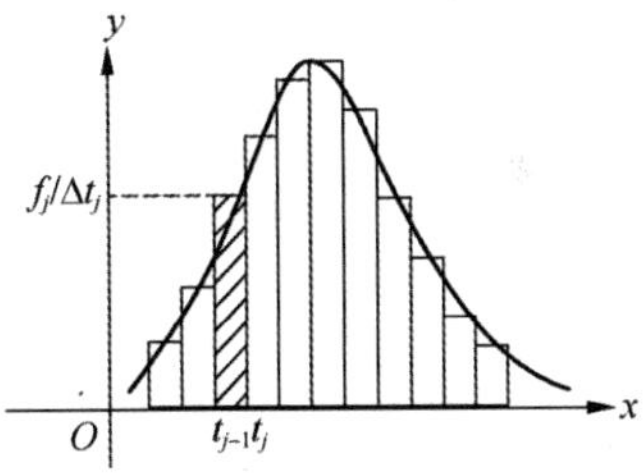

图 6.9

由伯努利大数定理,当 n 较大时,

$$f_j \approx P\{t_{j-1}<X\leqslant t_j\}=\int_{t_{j-1}}^{t_j}f(x)\mathrm{d}x \approx f(t_j)\Delta t_j,$$

所以 $f_{t_j}\approx\dfrac{f_j}{\Delta t_j}$.

所以 $f_{t_j}\approx$ 小矩形的高,因此根据频率直方图可大致描出总体 X 的密度函数 $f(x)$ 的图形（见图 6.9）.

例 6.5.3 某养殖场 40 头牲畜的质量（单位:kg）如下:

138	164	150	132	144	125	149	157
146	158	140	147	136	148	152	144
168	127	138	176	163	119	154	165
146	173	142	147	135	153	140	135
161	145	135	142	150	156	145	128

试求牲畜质量的直方图.

解 样本最小值为 119,最大值为 176,取 $a=117,b=180$,将区间 $[117,180]$ 等分成 7 个小区间,小区间长度为 9,如表 6.5 所示.

表 6.5

区间 I_j	频数 n_j	频率 f_j	高 $f_j/\Delta t_j$
$[117,126]$	2	0.050	0.005
$[126,135]$	6	0.150	0.015
$[135,144]$	9	0.225	0.025
$[144,153]$	12	0.300	0.033
$[153,162]$	5	0.125	0.014
$[162,171]$	4	0.100	0.011
$[171,180]$	2	0.050	0.006
$\sum$	40	1	

以区间 I_j 为底、$f_j/\Delta t_j$ 为高作矩形($j=1,2,\cdots,7$),便得牲畜质量的直方图(见图 6.10).

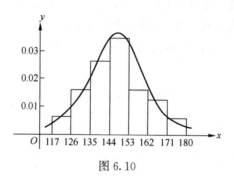

图 6.10

根据此直方图可大致画出牲畜质量 X 的密度函数图形,看来它有点像正态分布密度曲线.

习题六

1. 总体 X 服从指数分布,密度函数

$$f(x)=\begin{cases}\lambda e^{-\lambda x}, & x>0, \\ 0, & x\leqslant 0\end{cases}(\lambda>0),$$

(X_1,X_2,X_3,X_4) 为来自 X 的样本,求该样本的联合密度.

2. 求样本 $(X_1,X_2,\cdots,X_n)$ 的联合分布.

(1) 总体 X 服从参数为 λ 的泊松分布;

(2) $X\sim B(n,p)$.

3. 从总体 $N(12,4)$ 中抽取容量为 5 的样本 $(X_1,X_2,\cdots,X_5)$,求:

(1) 样本平均 $\overline{X}$ 大于 13 的概率;

(2) 样本最小值 $X_{(1)}$ 大于 10 的概率.

4. 设总体 $X\sim N(80,20^2)$,$(X_1,X_2,\cdots,X_{100})$ 为来自 X 的样本,求样本平均与总体期望之差的绝对值大于 3 的概率.

5. 总体 $X \sim N(0, 0.4^2)$，$(X_1, X_2, \cdots, X_{15})$ 为 X 的一个样本，求 $P\{\sum\limits_{i=1}^{15} X_i^2 > 3.999\}$.

6. 已知随机变量 $X \sim \chi^2(n)$，求 $E(X)$，$D(X)$.

7. (1) 已知 $\chi^2 \sim \chi^2(n)$，$n = 20$，$\alpha = 0.05$，求 χ_α^2 的上分位点和下分位点；

(2) 已知 $t \sim t(n)$，$n = 20$，$\alpha = 0.05$，求 t_α 的上分位点、下分位点和双侧分位点.

8. 设总体 X 服从 $[a, b]$ 上的均匀分布，$(X_1, X_2, \cdots, X_n)$ 为来自总体 X 的样本，求样本平均 $\overline{X}$ 的数学期望与方差.

9. 设 $(X_1, X_2, \cdots, X_{40})$ 是来自 X 的样本，$X \sim N(\mu, 2^2)$，$S^2 = \dfrac{1}{39} \sum\limits_{i=1}^{40} (X_i - \overline{X})^2$ 为样本方差，求 $P\{S^2 > 5.6\}$.

10. 已知随机变量 $X \sim t(n)$，$Y = X^2$，求 Y 的概率分布.

11. 设 $(X_1, X_2, \cdots, X_{n_1})$ 为来自总体 $N(\mu_1, \sigma_1^2)$ 的样本，$(Y_1, Y_2, \cdots, Y_{n_2})$ 为来自总体 $N(\mu_2, \sigma_2^2)$ 的样本，

$$U = \frac{\overline{X} - \overline{Y} - (\mu_1 - \mu_2)}{\sqrt{\dfrac{\sigma_1^2}{n_1} + \dfrac{\sigma_2^2}{n_2^2}}}.$$

试求 U 的概率分布，其中

$$\overline{X} = \frac{1}{n_1} \sum_{i=1}^{n_1} X_i, \quad \overline{Y} = \frac{1}{n_2} \sum_{j=1}^{n_2} Y_j.$$

12. 设总体 $X \sim N(\mu, \sigma^2)$，样本 $(X_1, X_2, \cdots, X_{n+1})$ 来自总体 X，$\overline{X} = \dfrac{1}{n} \sum\limits_{i=1}^{n} X_i$，$S^2 = \dfrac{1}{n-1} \sum\limits_{i=1}^{n} (X_i - \overline{X})^2$，统计量

$$T = \frac{X_{n+1} - \overline{X}}{S} \sqrt{\frac{n}{n+1}}.$$

求 T 的概率分布.

13. 总体 X 服从指数分布，密度函数为

$$f(x) = \begin{cases} \lambda \mathrm{e}^{-\lambda x}, & x > 0, \\ 0, & x \leqslant 0 \end{cases} \quad (\lambda > 0).$$

(1) $Y = 2\lambda X$，求 Y 的密度函数 $f_Y(y)$；

(2) 设 $(X_1, X_2, \cdots, X_n)$ 是来自总体 X 的样本，证明

$$2n\lambda \overline{X} \sim \chi^2(2n).$$

14. 从总体 X 中抽取一容量为 8 的样本，样本值为 3, 2, 2, 3, 1, 4, 3, 5，求 X 的经验分布函数，并画出图形.

15. 某食品厂为了加强质量管理，对某天生产的罐头抽查了 50 个，数据如下(单位:g)：

| 336 | 341 | 342 | 346 | 347 | 356 | 337 | 343 | 344 | 348 |
| 349 | 351 | 352 | 357 | 338 | 345 | 341 | 350 | 346 | 353 |

354	342	343	347	348	351	352	344	341	349
350	353	354	346	347	353	352	348	349	350
346	348	347	349	350	347	346	348	349	346

试将这些数据按区间 $[335,340]$, $[340,345]$, $\cdots$, $[355,360]$ 分为 5 组, 列出分组数据的统计表, 并画出直方图.

第七章

参数估计

假设总体 $X \sim N(\mu, \sigma^2)$，μ, σ^2 是未知参数，$(X_1, X_2, \cdots, X_n)$ 是取自 X 的样本，怎样用样本值 $(x_1, x_2, \cdots, x)_n$ 来估计 μ 与 σ^2，就是本章要讨论的参数估计问题. 它分为点估计和区间估计.

第一节　点估计

所谓点估计，是指把总体的未知参数估计作为某个确定的值或在某个确定的点上，故点估计又称为定值估计.

定义 7.1.1　设总体 X 的分布函数为 $F(x, \theta)$，θ 是未知参数，$(X_1, X_2, \cdots, X_n)$ 是 X 的一个样本，样本值为 $(x_1, x_2, \cdots, x_n)$. 构造一个统计量 $\hat{\theta}(X_1, X_2, \cdots, X_n)$，用它的观察值 $\hat{\theta}(x_1, x_2, \cdots, x_n)$ 作为 θ 的估计值，这种问题称为点估计问题. 习惯上称随机变量 $\hat{\theta}(X_1, X_2, \cdots, X_n)$ 为 θ 的估计量，称 $\hat{\theta}(x_1, x_2, \cdots, x_n)$ 为 $\hat{\theta}$ 的估计值. 构造估计量 $\hat{\theta}(X_1, X_2, \cdots, X_n)$ 的方法很多，下面仅介绍矩估计法和极大似然估计法.

一、矩估计法

矩估计法的主要思想：用样本矩作为总体矩的估计.

矩估计法的一般作法：设总体 $X \sim F(X; \theta_1, \theta_2, \cdots, \theta_l)$，其中 $\theta_1, \theta_2, \cdots, \theta_l$ 均未知.

(1) 如果总体 X 的 k 阶矩 $\mu_k = E(X^k)(1 \leqslant k \leqslant l)$ 均存在，则

$$\mu_k = \mu_k(\theta_1, \theta_2, \cdots, \theta_l), \quad 1 \leqslant k \leqslant l.$$

(2) 令

$$\begin{cases} \mu_1(\theta_1, \theta_2, \cdots, \theta_l) = A_1, \\ \mu_2(\theta_1, \theta_2, \cdots, \theta_l) = A_2, \\ \quad \cdots\cdots \\ \mu_l(\theta_1, \theta_2, \cdots, \theta_l) = A_l, \end{cases}$$

其中 $A_k\left(A_k=\dfrac{1}{n}\sum\limits_{i=1}^{n}X_i^k,k=1,2,\cdots,l\right)$ 为样本 k 阶矩.

求出方程组的解 $\hat{\theta}_1,\hat{\theta}_2,\cdots,\hat{\theta}_l$,称 $\hat{\theta}_k=\hat{\theta}_k(X_1,\cdots,X_n)$ 为参数 $\theta_k(1\leqslant k\leqslant l)$ 的矩估计量, $\hat{\theta}_k=\hat{\theta}_k(x_1,x_2,\cdots,x_n)$ 为参数 θ_k 的矩估计值.

例 7.1.1 设 $X\sim N(\mu,\sigma^2),\mu,\sigma^2$ 未知,试用矩估计法对 μ,σ^2 进行估计.

解

$$\begin{cases}\mu_1=E(X)=A_1=\dfrac{1}{n}\sum\limits_{i=1}^{n}X_i,\\[2mm]\mu_2=E(X^2)=A_2=\dfrac{1}{n}\sum\limits_{i=1}^{n}X_i^2.\end{cases}$$

又

$$E(X)=\mu,E(X^2)=D(X)+[E(X)]^2=\sigma^2+\mu^2,$$

那么 $\hat{\mu}=A_1,\hat{\sigma}^2=A_2-A_1^2$,有时也记为:

$$\hat{\mu}=\overline{X},\hat{\sigma}^2=A_2-\hat{\mu}^2=\dfrac{n-1}{n}S^2.\,(S^2\text{ 为样本方差})$$

例 7.1.2 设总体 X 分布的密度函数为

$$f(x)=\begin{cases}(\alpha+1)\cdot x^\alpha, & 0<x<1,\alpha<-1,\\ 0, & \text{其他,}\end{cases}$$

其中 α 未知,样本为 $(X_1,X_2,\cdots,X_n)$,求参数 α 的矩法估计.

解 $E(X)=\displaystyle\int_{-\infty}^{+\infty}x\cdot f(x)\mathrm{d}x=\int_0^1 x(\alpha+1)\cdot x^\alpha\mathrm{d}x=\dfrac{\alpha+1}{\alpha+2}.$

令 $\overline{X}=\dfrac{\alpha+1}{\alpha+2}$,得

$$\hat{\alpha}=\dfrac{1-2\overline{X}}{\overline{X}-1}.$$

例 7.1.3 设 X 为 $[\theta_1,\theta_2]$ 上的均匀分布,$X_1,X_2,\cdots,X_n$ 为样本,求 θ_1,θ_2 的矩估计.

解

$$\mu=\int_{\theta_1}^{\theta_2}\dfrac{x\mathrm{d}x}{\theta_2-\theta_1}=\dfrac{\theta_2^2-\theta_1^2}{2(\theta_2-\theta_1)}=\dfrac{1}{2}(\theta_1+\theta_2),$$

$$\sigma^2=\dfrac{1}{\theta_2-\theta_1}\int_{\theta_1}^{\theta_2}\left(x-\dfrac{\theta_1+\theta_2}{2}\right)^2\mathrm{d}x=\dfrac{1}{12}(\theta_2-\theta_1)^2,$$

$$\begin{cases}\overline{X}=\dfrac{1}{2}(\theta_1+\theta_2),\\[2mm]\dfrac{n-1}{n}S^2=\dfrac{1}{12}(\theta_2-\theta_1)^2.\end{cases}$$

解上述关于 θ_1,θ_2 的方程得

$$\begin{cases}\hat{\theta}_1=\overline{X}-\sqrt{3}\sqrt{\dfrac{n-1}{n}}S,\\[3mm]\hat{\theta}_2=\overline{X}+\sqrt{3}\sqrt{\dfrac{n-1}{n}}S.\end{cases}$$

例 7.1.4 伯努利试验中,事件 A 发生的频率是该事件发生概率的矩法估计.

解 我们视总体 X 为"唱票随机变量",即 X 服从两点分布

$$X = \begin{cases} 1, & \text{若 } A \text{ 发生}, P(A) = p, \\ 0, & \text{若 } A \text{ 不发生}. \end{cases}$$

求参数 p 的矩法估计.

设 $X_1, X_2, \cdots, X_n$ 为 X 的一个样本,若其中有 n_1 个 X_i 等于 1,则 $\overline{X} = \dfrac{1}{n} \sum\limits_{i=1}^{n} X_i = \dfrac{n_1}{n}$ 即为事件 A 发生的频率.另一方面,显然

$$E(X) = P(A) = p,$$

故有

$$\hat{p} = \overline{X}.$$

应用中许多问题可归结为例 7.1.4,如废品率的估计问题等. 特别对固定的 x,经验分布函数 $F_n(x)$ 也可在某种意义下看成 $F(x)$ 的矩估计. 因为在 6.5 节中讲过,$F_n(x)$ 是 n 次试验中事件 $\{X \leqslant x\}$ 发生的频率,而 $F(x)$ 已知是 $\{X \leqslant x\}$ 的概率,即 $F(x) = P\{X \leqslant x\}$.

二、极大似然估计

例 7.1.5 为求某批产品的废品率 p 的估计值,现做放回抽样 8 次,设

$$X_i = \begin{cases} 1, \text{第 } i \text{ 次取的是废品}, & P\{X_i = 1\} = p, \\ 0, \text{第 } i \text{ 次取的是合格品}, & P\{X_i = 0\} = 1 - p. \end{cases}$$

得样本观测值 $(x_1, x_2, \cdots, x_8) = (0, 0, 0, 1, 0, 0, 0, 0)$. 有 $P\{X_4 = 1, X_1 = X_2 = X_3 = X_5 = X_6 = X_7 = X_8 = 0\} = p(1-p)^7$. 记 $L(p) = p(1-p)^7$.

极大似然估计法的基本想法是在已得到试验结果的情况下,寻找使这个结果出现的可能性最大的 $\hat{p}$ 值作为 p 的估计值,令 $L'(p) = 0$,得 $p = 0.125$. 由此可知,当 $\hat{p} = 0.125$ 作为该批产品的废品率的估计值时,该样本出现的可能性最大,称 $L(p)$ 为似然函数.

在极大似然估计法中,最关键的问题是如何求得似然函数.下面分两种情形来介绍似然函数.

1. 离散型总体

设总体 X 为离散型,$P\{X = x\} = p(x, \theta)$,其中 θ 为待估计的未知参数,假定 $x_1, x_2, \cdots, x_n$ 为样本 $X_1, X_2, \cdots, X_n$ 的一组观测值.

$$P\{X_1 = x_1, X_2 = x_2, \cdots, X_n = x_n\}$$
$$= P\{X_1 = x_1\} \cdot P\{X_2 = x_2\} \cdot \cdots \cdot P\{X_n = x_n\}$$
$$= p(x_1, \theta) \cdot p(x_2, \theta) \cdot \cdots \cdot p(x_n, \theta)$$
$$= \prod_{i=1}^{n} p(x_i, \theta).$$

将 $\prod\limits_{i=1}^{n} p(x_i, \theta)$ 看成参数 θ 的函数,记为 $L(\theta)$,即

$$L(\theta) = \prod_{i=1}^{n} p(x_i, \theta). \tag{7.1}$$

2. 连续型总体

设总体 X 为连续型,已知其分布密度函数为 $f(x, \theta)$,θ 为待估计的未知参数,则样本 $(X_1, X_2, \cdots, X_n)$ 的联合密度为

$$f(x_1, \theta) \cdot f(x_2, \theta) \cdot \cdots \cdot f(x_n, \theta) = \prod_{i=1}^{n} f(x_i, \theta),$$

将它也看成关于参数 θ 的函数,记为 $L(\theta)$,即

$$L(\theta) = \prod_{i=1}^{n} f(x_i, \theta). \tag{7.2}$$

由此可见,不管是离散型总体,还是连续型总体,只要知道它的概率分布或密度函数,总可以得到一个关于参数 θ 的函数 $L(\theta)$,称 $L(\theta)$ 为似然函数.

极大似然估计法的主要思想:如果随机抽样得到的样本观测值为 $(x_1, x_2, \cdots, x_n)$,则应当这样来选取未知参数 θ 的值,使得出现该样本值的可能性最大,即使得到的似然函数 $L(\theta)$ 取最大值,从而求参数 θ 的极大似然估计 $\hat{\theta}$ 的问题,就转化为求似然函数 $L(\theta)$ 的极值点的问题,这个问题可以通过求解下面的方程

$$\frac{\mathrm{d}L(\theta)}{\mathrm{d}\theta} = 0 \tag{7.3}$$

来解决. 然而,$L(\theta)$ 是 n 个函数的连乘积,求导数比较复杂.由于 $\ln L(\theta)$ 是 $L(\theta)$ 的单调增函数,所以 $L(\theta)$ 与 $\ln L(\theta)$ 在 θ 的同一点处取得极大值. 于是求解方程(7.3)可转化为求解

$$\frac{\mathrm{d}\ln L(\theta)}{\mathrm{d}\theta} = 0, \tag{7.4}$$

称 $\ln L(\theta)$ 为对数似然函数,方程式(7.4)为对数似然方程,求解此方程就可得到参数 θ 的估计值.

如果总体 X 的分布中含有 k 个未知参数:$\theta_1, \theta_2, \cdots, \theta_k$,则极大似然法也适用. 此时,所得的似然函数是关于 $\theta_1, \theta_2, \cdots, \theta_k$ 的多元函数 $L(\theta_1, \theta_2, \cdots, \theta_k)$,解下列方程组,就可得到 $\theta_1, \theta_2, \cdots, \theta_k$ 的估计值

$$\begin{cases} \dfrac{\partial \ln L(\theta_1, \theta_2, \cdots, \theta_k)}{\partial \theta_1} = 0, \\[2mm] \dfrac{\partial \ln L(\theta_1, \theta_2, \cdots, \theta_k)}{\partial \theta_2} = 0, \\[2mm] \cdots \\[2mm] \dfrac{\partial \ln L(\theta_1, \theta_2, \cdots, \theta_k)}{\partial \theta_k} = 0. \end{cases} \tag{7.5}$$

这种估计的方法称为极大似然估计.

例 7.1.6 设总体 $X \sim B(m, p)$,$X_1, X_2, \cdots, X_n$ 是 X 的一个样本,求 p 的极大似然估计量.

解 由于 $X \sim B(m, p)$,有

$$P\{X=k\}=C_m^k p^k (1-p)^{m-k}, k=0,1,\cdots,m.$$

作似然函数

$$L(p)=\prod_{i=1}^n C_m^{x_i} p^{x_i} (1-p)^{m-x_i}=p^{\sum_{i=1}^n x_i}(1-p)^{nm-\sum_{i=1}^n x_i}\prod_{i=1}^n C_m^{x_i},$$

$$\ln L(p)=\left(\sum_{i=1}^n x_i\right)\ln p+\left(nm-\sum_{i=1}^n x_i\right)\ln(1-p)+\ln\left(\prod_{i=1}^n C_m^{x_i}\right),$$

$$\frac{d\ln L(p)}{dp}=\frac{\sum_{i=1}^n x_i}{p}+\frac{nm-\sum_{i=1}^n x_i}{1-p}(-1)=0.$$

于是

$$\hat{p}=\frac{\sum_{i=1}^n x_i}{nm}=\frac{\overline{x}}{m},$$

是 p 的极大似然估计值,其极大似然估计量为

$$\hat{p}=\frac{\overline{X}}{m}.$$

例 7.1.7 设 $(x_1,x_2,\cdots,x_n)$ 为来自正态总体 $N(\mu,\sigma^2)$ 的样本 $(X_1,X_2,\cdots,X_n)$ 的观测值,试求总体未知参数 μ,σ^2 的极大似然估计.

解 因正态总体为连续型,其密度函数为

$$f(x)=\frac{1}{\sqrt{2\pi}\sigma}e^{-\frac{(x-\mu)^2}{2\sigma^2}},$$

所以似然函数为

$$L(\mu,\sigma^2)=\prod_{i=1}^n \frac{1}{\sqrt{2\pi}\sigma}\exp\left[-\frac{(x_i-\mu)^2}{2\sigma^2}\right]$$

$$=\left(\frac{1}{\sqrt{2\pi}\sigma}\right)^n \exp\left[\frac{-1}{2\sigma^2}\sum_{i=1}^n (x_i-\mu)^2\right],$$

$$\ln L(\mu,\sigma^2)=-\frac{n}{2}\ln 2\pi-\frac{n}{2}\ln\sigma^2-\frac{1}{2\sigma^2}\sum_{i=1}^n (x_i-\mu)^2,$$

故似然方程组为

$$\begin{cases}\dfrac{\partial \ln(\mu,\sigma^2)}{\partial \mu}=\dfrac{1}{\sigma^2}\sum_{i=1}^n (x_i-\mu)=0,\\[2mm]\dfrac{\partial \ln(\mu,\sigma^2)}{\partial \sigma^2}=-\dfrac{n}{2\sigma^2}+\dfrac{1}{2\sigma^4}\sum_{i=1}^n (x_i-\mu)^2=0,\end{cases}$$

解以上方程组得

$$\begin{cases}\mu=\dfrac{1}{n}\sum_{i=1}^n x_i=\overline{x},\\[2mm]\sigma^2=\dfrac{1}{n}\sum_{i=1}^n (x_i-\mu)^2=\dfrac{1}{n}\sum_{i=1}^n (x_i-\overline{x})^2\triangleq s_0^2.\end{cases}$$

所以

$$\begin{cases} \hat{\mu}_L = \overline{X}, \\ \hat{\sigma}_L^2 = s_0^2. \end{cases}$$

例 7.1.8 求均匀分布 $U[\theta_1,\theta_2]$ 中参数 θ_1,θ_2 的极大似然估计.

解 先写出似然函数

$$L(\theta_1,\theta_2) = \begin{cases} \left[\dfrac{1}{\theta_2-\theta_1}\right]^n, & 若 \theta_1 \leqslant X_{(1)} \leqslant \cdots \leqslant X_{(n)} \leqslant \theta_2, \\ 0, & 其他. \end{cases}$$

该似然函数不连续,不能用似然方程求解的方法,只有回到极大似然估计的原始定义.注意到最大值只能发生在

$$\theta_1 \leqslant X_{(1)} \leqslant \cdots \leqslant X_{(n)} \leqslant \theta_2$$

时,若 $L(X;\theta_1,\theta_2)$ 最大,只有使 $\theta_2-\theta_1$ 最小,即使 $\hat{\theta}_2$ 尽可能小,$\hat{\theta}_1$ 尽可能大,但在上式的约束下,只能取 $\hat{\theta}_1 = X_{(1)}$,$\hat{\theta}_2 = X_{(n)}$.

第二节   估计量的评价准则

对于同一参数,用不同方法来估计,其结果不一定相同,甚至用同一种方法也可能得到不同的统计量,例如:

设总体 X 服从参数为 λ 的泊松分布,即

$$P\{X=k\} = \mathrm{e}^{-\lambda}\frac{\lambda^k}{k!}, \quad k=0,1,2,\cdots,$$

则易知 $E(X)=\lambda$,$D(X)=\lambda$,分别用样本均值和样本方差取代 $E(X)$ 和 $D(X)$,于是得到 λ 的两个矩估计量 $\hat{\lambda}_1 = \overline{X}$,$\hat{\lambda}_2 = S^2$.

既然估计的结果往往不是唯一的,那么究竟孰优孰劣? 这里首先就有一个标准的问题.

一、无偏性

定义 7.2.1 若统计量 $\hat{\theta}(X_1,X_2,\cdots,X_n)$ 的数学期望等于未知参数 θ,即

$$E(\hat{\theta}) = \theta,$$

则 $\hat{\theta}$ 为 θ 的无偏估计量.

估计量 $\hat{\theta}$ 的值不一定就是 θ 的真值,因为它是一个随机变量,若 $\hat{\theta}$ 是 θ 的无偏估计量,则尽管 $\hat{\theta}$ 的值随样本值的不同而变化,但平均来说它会等于 θ 的真值.

例 7.2.1 设 $(X_1,X_2,\cdots,X_n)$ 为总体 X 的一个样本,$E(X)=\mu$,则样本平均数 $\overline{X} = \dfrac{1}{n}\sum_{i=1}^{n}X_i$ 是 μ 的无偏估计量.

证 因为 $E(X)=\mu$,所以 $E(X_i)=\mu$,$i=1,2,\cdots,n$.于是

$$E(\overline{X})=E\left[\frac{1}{n}\sum_{i=1}^{n}X_i\right]=\frac{1}{n}\sum_{i=1}^{n}E(X_i)=\mu,$$

所以 $\overline{X}$ 是 μ 的无偏估计量.

例 7.2.2 设有总体 X，$E(X)=\mu$，$D(X)=\sigma^2$，$(X_1,X_2,\cdots,X_n)$ 为从该总体中抽得的一个样本，二阶样本中心矩 $B_2=\frac{1}{n}\sum_{i=1}^{n}(X_i-\overline{X})^2$ 是否为总体方差 σ^2 的无偏估计?

解
$$E(B_2)=E\left[\frac{1}{n}\sum_{i=1}^{n}(X_i-\overline{X})^2\right]=E\left[\frac{1}{n}\sum_{i=1}^{n}X_i^2-(\overline{X})^2\right]$$

$$=\frac{1}{n}\sum_{i=1}^{n}E(X_i^2)-E[(\overline{X})^2]$$

$$=\frac{1}{n}\sum_{i=1}^{n}(\sigma^2+\mu^2)-\{D(\overline{X})+[E(\overline{X})]^2\}$$

$$=\sigma^2+\mu^2-\frac{\sigma^2}{n}-\mu^2=\frac{n-1}{n}\sigma^2\neq\sigma^2.$$

所以 B_2 不是 σ^2 的无偏估计量.

由此可见，用 B_2 作为 σ^2 的估计偏小，下面考虑样本方差

$$S^2=\frac{1}{n-1}\sum_{i=1}^{n}(X_i-\overline{X})^2$$

是否为 σ^2 的无偏估计.

因为 $S^2=\frac{nB_2}{n-1}$，所以

$$E(S^2)=E\left(\frac{n}{n-1}B_2\right)=\frac{n}{n-1}E(B_2)=\frac{n}{n-1}\cdot\frac{n-1}{n}\sigma^2=\sigma^2.$$

于是 S^2 是 σ^2 的无偏估计量，这也是我们称

$$S^2=\frac{1}{n-1}\sum_{i=1}^{n}(X_i-\overline{X})^2$$

为样本方差的理由.

还须指出：一般说来，无偏估计量的函数并不是未知参数相应函数的无偏估计量. 例如，当 $X\sim N(\mu,\sigma^2)$ 时，$\overline{X}$ 是 μ 的无偏估计量，但 $\overline{X}^2$ 不是 μ^2 的无偏估计量，事实上

$$E(\overline{X}^2)=D(\overline{X})+[E(\overline{X})]^2=\frac{\sigma^2}{n}+\mu^2\neq\mu^2.$$

二、有效性

前面给出了评价估计量估劣的一个标准——无偏性，但有时一个参数可以存在许多无偏估计量，这时从无偏性无法区别其好坏，就需要产生新的标准.

定义 7.2.2 设 $\hat{\theta}_1$ 和 $\hat{\theta}_2$ 均为参数 θ 的无偏估计量，若 $D(\hat{\theta}_1)<D(\hat{\theta}_2)$，称 $\hat{\theta}_1$ 比 $\hat{\theta}_2$ 有效.

$\hat{\theta}_1$ 比 $\hat{\theta}_2$ 有效，即指在样本容量 n 相同的条件下，$\hat{\theta}_1$ 的观察值比 $\hat{\theta}_2$ 的更密集在真值 θ 的

附近,也就是 $\hat{\theta}_1$ 比 $\hat{\theta}_2$ 更理想.

例如,对正态总体 $N(\mu,\sigma^2)$,$\overline{X}=\dfrac{1}{n}\sum\limits_{i=1}^{n}X_i$,$X_i$ 和 $\overline{X}$ 都是 $E(X)=\mu$ 的无偏估计量,但

$$D(\overline{X})=\frac{\sigma^2}{n}\leqslant D(X_i)=\sigma^2,$$

故 $\overline{X}$ 较个别观测值 X_i 有效.实际当中也是如此,比如要估计某个班的平均成绩,可用两种方法:一种是在该班任意抽一个同学,以该同学的成绩作为全班的平均成绩;另一种方法是在该班抽取 n 个同学,以这 n 个同学的平均成绩作为全班的平均成绩.显然,第二种方法比第一种方法更可信.

三、一致性

无偏性、有效性都是在样本容量 n 一定的条件下进行讨论的,然而 $\hat{\theta}(X_1,X_2,\cdots,X_n)$ 不仅与样本值有关,而且与样本容量 n 有关,不妨记为 $\hat{\theta}_n$.很自然,我们希望 n 越大时,$\hat{\theta}_n$ 对 θ 的估计应该越精确.

定义 7.2.3 如果 $\hat{\theta}_n$ 依概率收敛于 θ,即对任意 $\varepsilon>0$,有

$$\lim_{n\to\infty}P\{|\hat{\theta}_n-\theta|<\varepsilon\}=1,$$

则称 $\hat{\theta}$ 是 θ 的一致估计量.

由辛钦大数定律可以证明:样本平均数 $\overline{X}$ 是总体均值 μ 的一致估计量,样本的方差 S^2 及二阶样本中心矩 B_2 都是总体方差 σ^2 的一致估计量.

第三节 区 间 估 计

我们对估计量 $\hat{\theta}$ 是否能"接近"真正的参数 θ 的考察是通过建立种种评价标准,然后依照这些标准进行评价的.这些标准一般都是由数学特征来描述大量重复试验的平均效果,而对于估值的可靠度与精度却没有回答,即对于类似这样的问题:"估计量 $\hat{\theta}$ 在参数 θ 的 $\delta(\delta>0)$ 邻域的概率是多大",点估计并没有给出明确结论.但在某些应用问题中,这恰恰是人们所感兴趣的.例如,某工厂欲对出厂的一批电子器件的平均寿命进行估计,随机地抽取 n 件产品进行试验,通过对试验的数据的加工得出该批产品是否合格的结论,并要求此结论的可信程度为 95%,应该如何来加工这些数据?

对于"可信程度"如何定义,我们下面再说,但从常识可以知道,通常电子元器件的寿命指标往往是一个范围,而不必是一个很准确的数.因此,在对这批电子元器件的平均寿命估计时,寿命的准确值并不是最重要的,重要的是所估计的寿命是否能以很高的可信程度处在合格产品的指标范围内.这里可信程度是很重要的,它涉及使用这些电子元器件的可靠性.因此,若采用点估计,不一定能达到应用的目的,这就需要引入区间估计.

区间估计粗略地说是用两个统计量 $\hat{\theta}_1$,$\hat{\theta}_2(\hat{\theta}_1\leqslant\hat{\theta}_2)$ 所决定的区间 $[\hat{\theta}_1,\hat{\theta}_2]$ 作为参数 θ 取值范围

的估计.显然,一般这样做没有多大的意义.首先,这个估计必须有一定的精度,也就是说,$\hat{\theta}_2-\hat{\theta}_1$ 不能太大,太大不能说明任何问题;其次,这个估计必须有一定的可信程度,因此 $\hat{\theta}_2-\hat{\theta}_1$ 又不能太小,太小难以保证这一要求.比如从区间 $[1,100]$ 去估计某人的岁数,虽然绝对可信,却不能带来任何有用的信息;反之,若用区间 $[30,31]$ 去估计某人的岁数,虽然提供了关于此人年龄的信息,却很难使人相信这一结果的正确性.我们希望既能得到较高的精度,又能得到较高的可信程度.但在获得的信息一定(如样本容量固定)的情况下,这两者显然是不可能同时达到最理想的状态的.通常采取将可信程度固定在某一需要的水平上,求得精度尽可能高的估计区间.下面给出区间估计的定义.

定义 7.3.1 设 $\hat{\theta}_1(X_1,X_2,\cdots,X_n)$ 及 $\hat{\theta}_2(X_1,X_2,\cdots,X_n)$ 是两个统计量,如果对于给定的概率 $1-\alpha$,有

$$P\{\hat{\theta}_1<\theta<\hat{\theta}_2\}=1-\alpha, \qquad (*)$$

则称随机区间 $(\hat{\theta}_1,\hat{\theta}_2)$ 为参数 θ 的置信区间,$\hat{\theta}_1$ 称为置信下限,$\hat{\theta}_2$ 称为置信上限,$1-\alpha$ 叫置信概率或置信度,α 的一般取值为 0.05.

定义中的随机区间 $(\hat{\theta}_1,\hat{\theta}_2)$ 的大小依赖于随机抽取的样本观测值.它可能包含 θ,也可能不包含 θ.式($*$)的意义是指 $(\hat{\theta}_1,\hat{\theta}_2)$ 以 $1-\alpha$ 的概率包含 θ.

构造置信区间对未知参数进行区间估计的一般步骤为:

(1) 选择 θ 的一个较优的点估计量 $\hat{\theta}$;

(2) 寻找一个由 θ 及 $\hat{\theta}$ 构成的函数,该函数除了 θ 不再有未知参数,设其为 $g=g(X_1,X_2,\cdots,X_n,\theta)$,$g$ 的分布已知,且不依赖于未知参数 θ;

(3) 对给定的置信水平 $1-\alpha$,确定 λ_1 与 λ_2,使得

$$P\{\lambda_1<g<\lambda_2\}=1-\alpha,$$

一般选取满足 $P\{g\leqslant\lambda_1\}=P\{g\geqslant\lambda_2\}=\dfrac{\alpha}{2}$ 的 λ_1 和 λ_2;

(4) 由不等式 $\lambda_1<g<\lambda_2$ 解出 θ 的置信区间 $(\hat{\theta}_1,\hat{\theta}_2)$.

下面讨论最常见的分布——正态分布总体的两个参数的置信区间.

一、参数 μ 的置信区间

1. σ^2 已知

已知 $\overline{X}$ 是 μ 的无偏估计量,且有

$$U=\frac{\overline{X}-\mu}{\sigma/\sqrt{n}}\sim N(0,1).$$

对于置信水平 $1-\alpha$,由标准正态分布图(见图 7.1),有

$$P\{|U|<z_{\frac{\alpha}{2}}\}=1-\alpha,$$

于是得 μ 的 $1-\alpha$ 置信区间为

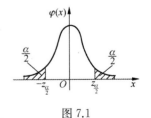

图 7.1

$$\left(\overline{X}-z_{\frac{\alpha}{2}}\frac{\sigma}{\sqrt{n}},\overline{X}+z_{\frac{\alpha}{2}}\frac{\sigma}{\sqrt{n}}\right). \qquad (7.6)$$

由式(7.6)可知置信区间的长度为 $2z_{\frac{\alpha}{2}} \cdot \frac{\sigma}{\sqrt{n}}$，$n$ 越大，置信区间就越短；置信概率 $1-\alpha$ 越大，α 就越小，$z_{\frac{\alpha}{2}}$ 也就越大，从而置信区间就越长.

2. σ^2 未知

当 σ^2 未知时，不能使用式(7.6)作为置信区间，因为式(7.6)中区间的端点与 σ 有关. 考虑到 $S^2 = \dfrac{1}{n-1} \sum\limits_{i=1}^{n} (X_i - \overline{X})^2$ 是 σ^2 的无偏估计，将 $\dfrac{\overline{X}-\mu}{\sigma/\sqrt{n}}$ 中的 σ 换成 S 得

$$T = \frac{\overline{X}-\mu}{S/\sqrt{n}} \sim t(n-1).$$

对于给定的 α，查附录 I 中附表 3 可得上分位点 $t_{\frac{\alpha}{2}}(n-1)$（见图 7.2），使得

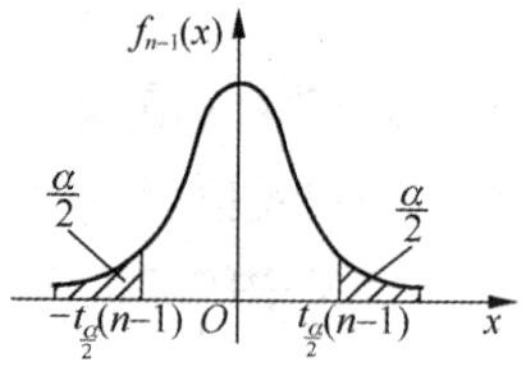

$$P\left\{ \left| \frac{\overline{X}-\mu}{S/\sqrt{n}} \right| < t_{\frac{\alpha}{2}}(n-1) \right\} = 1-\alpha,$$

即

$$P\left\{ \overline{X} - \frac{S}{\sqrt{n}} t_{\frac{\alpha}{2}}(n-1) < \mu < \overline{X} + \frac{S}{\sqrt{n}} t_{\frac{\alpha}{2}}(n-1) \right\} = 1-\alpha,$$

所以 μ 的置信概率为 $1-\alpha$ 的置信区间为

$$\left(\overline{X} - \frac{S}{\sqrt{n}} t_{\frac{\alpha}{2}}(n-1), \overline{X} + \frac{S}{\sqrt{n}} t_{\frac{\alpha}{2}}(n-1) \right). \tag{7.7}$$

图 7.2

由于

$$\frac{S}{\sqrt{n}} = \frac{S_0}{\sqrt{n-1}}, \quad S_0 = \sqrt{\frac{1}{n} \sum_{i=1}^{n} (X_i - \overline{X})^2},$$

所以 μ 的置信区间也可写成

$$\left(\overline{X} - \frac{S_0}{\sqrt{n-1}} t_{\frac{\alpha}{2}}(n-1), \overline{X} + \frac{S_0}{\sqrt{n-1}} t_{\frac{\alpha}{2}}(n-1) \right). \tag{7.8}$$

例 7.3.1 某车间生产滚球，已知其直径 $X \sim N(\mu, \sigma^2)$，现从某一天生产的产品中随机地抽出 6 个，测得直径如下(单位：mm)

$$14.6 \quad 15.1 \quad 14.9 \quad 14.8 \quad 15.2 \quad 15.1$$

试求滚球直径 X 的均值 μ 的置信概率为 95% 的置信区间.

解 $\overline{x} = \dfrac{1}{n} \sum\limits_{i=1}^{n} x_i = \dfrac{1}{6}(14.6+15.1+14.9+14.8+15.2+15.1) = 14.95,$

$$s_0 = \sqrt{\frac{1}{n} \sum_{i=1}^{n} (x_i - \overline{x})^2} \approx 0.206\,2,$$

$$t_{\frac{\alpha}{2}}(n-1) = t_{0.025}(5) \approx 2.570\,6,$$

所以

$$t_{\frac{\alpha}{2}}(n-1) \frac{S_0}{\sqrt{n-1}} = 2.570\,6 \times \frac{0.206\,2}{\sqrt{6-1}} \approx 0.237\,0,$$

置信区间为 $(14.95-0.24,14.95+0.24)$，即 $(14.71,15.19)$ 的置信概率为 95%.

二、参数 σ^2 的置信区间(μ 未知)

已知 S^2 是 σ^2 的无偏估计量，且有

$$\chi^2=\frac{(n-1)S^2}{\sigma^2}\sim\chi^2(n-1),$$

对于置信水平 $1-\alpha$，由 χ^2 分布图(见图 7.3)，有

$$P\{\chi^2_{1-\frac{\alpha}{2}}(n-1)<\chi^2<\chi^2_{\frac{\alpha}{2}}(n-1)\}=1-\alpha,$$

即得 σ^2 的置信水平 $1-\alpha$ 的置信区间

$$\left(\frac{(n-1)S^2}{\chi^2_{\frac{\alpha}{2}}(n-1)},\frac{(n-1)S^2}{\chi^2_{1-\frac{\alpha}{2}}(n-1)}\right).$$

例 7.3.2 求例 7.3.1 中 σ^2 的置信水平为 0.95 的置信区间.

解 $1-\alpha=0.95,\alpha/2=0.025,n-1=5$，查表得

$$\chi^2_{0.025}(5)=12.833,\chi^2_{0.975}(5)=0.831.$$

又由于 $S=0.051$，故 σ^2 的置信水平为 0.95 的置信区间为 $(0.019\ 9,0.306\ 9)$.

对于 μ 为已知的情况，请读者完成参数 σ^2 的置信区间.

以上仅介绍了正态总体的均值和方差两个参数的区间估计方法.

在有些问题中并不知道总体 X 服从什么分布，要对 $E(X)=\mu$ 做区间估计.在这种情况下，只要 X 的方差 σ^2 已知，并且样本容量 n 很大，由中心极限定理，$\frac{\overline{X}-\mu}{\sigma/\sqrt{n}}$ 近似地服从标准正态分布 $N(0,1)$，因而 μ 的置信度为 $1-\alpha$ 的近似置信区间为

$$\left(\overline{X}-z_{\frac{\alpha}{2}}\frac{\sigma}{\sqrt{n}},\overline{X}+z_{\frac{\alpha}{2}}\frac{\sigma}{\sqrt{n}}\right).$$

习 题 七

1. 设总体 X 的密度函数为

$$f(x;a)=\begin{cases}\frac{2}{a^2}(a-x),&0<x<a,\\0,&\text{其他},\end{cases}$$

从中获得样本 $(X_1,X_2,\cdots,X_n)$，求 a 的矩法估计量.

2. 设总体 X 服从参数为 λ 的泊松分布，其中 λ 未知，求 λ 的矩法估计量($\lambda>0$).

3. 设总体 X 服从参数为 λ 的指数分布，其中 λ 未知，求 λ^{-1} 的矩法估计量.

4. 设总体 X 的密度函数为

$$f(x;\theta)=\begin{cases}e^{-(x-\theta)}&x\geqslant\theta,\\0,&x<\theta.\end{cases}$$

$(X_1,X_2,\cdots,X_n)$ 为来自总体 X 的简单随机样本,试求 θ 的矩估计量.

5. 设某种元件的使用寿命 X 的密度函数为

$$f(x;\theta)=\begin{cases}2\mathrm{e}^{-2(x-\theta)} & x>\theta, \\ 0, & x\leqslant\theta.\end{cases}$$

其中,θ 为未知参数.又设 $(x_1,x_2,\cdots,x_n)$ 是 X 的一组样本观测值,求参数 θ 的极大似然估计值.

6. 设总体 X 的密度函数为

$$f(x;\theta)=\begin{cases}(\theta+1)x^\theta, & 0<x<1, \\ 0, & \text{其他}.\end{cases}$$

其中,$\theta>-1$ 是未知参数,$(x_1,\cdots,x_n)$ 是一组样本观测值,求 θ 的极大似然估计值.

7. 设 X_1,X_2 是从正态总体 $N(\mu,\sigma^2)$ 中抽取的样本,

$$\hat\mu_1=\frac{2}{3}X_1+\frac{1}{3}X_2,$$

$$\hat\mu_2=\frac{1}{4}X_1+\frac{3}{4}X_2,$$

$$\hat\mu_3=\frac{1}{2}X_1+\frac{1}{2}X_2.$$

试证 $\hat\mu_1,\hat\mu_2,\hat\mu_3$ 都是 $\hat\mu$ 的无偏估计量,并求出每一估计量的方差.

8. 某车间生产的螺钉,其直径 $X\sim N(\mu,\sigma^2)$,由过去的经验知道 $\sigma^2=0.06$,今随机抽取 6 枚,测得其长度(单位:mm)为

$$14.7\quad 15.0\quad 14.8\quad 14.9\quad 15.1\quad 15.2$$

试求 μ 的置信概率为 0.95 的置信区间.

9. 总体 $X\sim N(\mu,\sigma^2)$,σ^2 已知,问:需抽取容量 n 为多大的样本,才能使 μ 的置信概率为 $1-\alpha$,且置信区间的长度不大于 L?

10. 设某种砖头的抗压强度 $X\sim N(\mu,\sigma^2)$,今随机抽取 20 块砖头,测得数据为(单位:kg/cm^2)

$$64,69,49,92,55,97,41,84,88,99,$$
$$84,66,100,98,72,74,87,84,48,81.$$

(1) 求 μ 的置信概率为 0.95 的置信区间;

(2) 求 σ^2 的置信概率为 0.95 的置信区间.

第八章

假设检验

第一节　假设检验思想概述

前面讨论了对总体参数的估计问题,即对样本进行适当加工,以推断出参数的值(或置信区间).本章介绍的假设检验是另一大类统计推断问题,它是先对总体分布形式或分布中的某些参数提出假设,再通过对样本的加工,即构造统计量,推断出假设结论是否应该接受.该方法在数理统计的理论研究和实际应用中都有着重要的作用.

一、问题的提出

例 8.1.1　某工厂引进一台包装机包装洗衣粉,每袋标准质量为 $500g$,包装机正常工作称得洗衣粉的质量 X 服从正态分布 $N(500,15^2)$.为检验包装机是否正常工作,随机抽取洗衣粉 9 袋,称得质量为

$$498,511,520,515,512,524,518,506,497.$$

问:该包装机工作是否正常?

假设 $X \sim N(\mu,15^2)$,如果洗衣粉质量 X 的均值 $\mu = 500g$,则说明包装机工作是正常的.于是提出假设

$$H_0 : \mu = \mu_0 = 500,$$
$$H_1 : \mu \neq \mu_0 = 500,$$

称 H_0 为原假设或零假设;H_1 是与 H_0 相对应的假设,称为备择假设.

在处理实际问题时,通常把希望得到的陈述视为备择假设,而把这一陈述的否定作为原假设.例如,在例 8.1.1 中,$H_0 : \mu = \mu_0 = 500$ 为原假设,它的备择假设是 $H_1 : \mu \neq \mu_0 = 500$.

假设提出之后,我们关心的是它的真伪.所谓对假设 H_0 的检验,就是根据来自总体的样本,按照一定的规则对 H_0 做出判断:是接受,还是拒绝.这个用来对假设做出判断的规则叫检验准则,简称检验.如何对统计假设进行检验呢? 下面结合例 8.1.1 来说明假设检验的基本思想和做法.

二、假设检验的基本思想

以上介绍了针对具体问题如何提出假设,那么如何对假设进行判断呢? 也就是需要给出一个判别的规则,当然这个规则的给出还是要依赖于样本观测值.

为了给出这个判别规则,结合例 8.1.1 进行分析.由于是关于总体均值的假设检验,当然要借助样本平均数 $\overline{X}$.第七章已经指出,$\overline{X}$ 是 μ 的无偏估计.若 H_0 正确,$\overline{X}$ 与 μ_0 的值应该相差不大.因此,若 $|\overline{X}-\mu_0|$ 过大,就有理由拒绝 H_0.由于当 H_0 成立时,

$$U=\frac{\overline{X}-\mu}{\sigma/\sqrt{n}} \sim N(0,1),$$

因此,为了判别接受 H_0 还是拒绝 H_0,就把对 $|\overline{X}-\mu_0|$ 的大小的衡量转化成对 $|U|$ 的大小的衡量.当然,要想判别其大小,需要有一个衡量的标准,一般事先给定一个较小的正数 α,考虑

$$P\{|U|>z_{\frac{\alpha}{2}}\}=\alpha$$

是否成立.若成立,则拒绝 H_0;否则就接受 H_0.之所以做出这样的判断,是基于统计学中的一个基本原理:"小概率事件在一次试验中实际是不会发生的".α 很小,$\{|U|>z_{\frac{\alpha}{2}}\}$ 是一个小概率事件,若 H_0 正确,一次试验中 $\{|U|>z_{\frac{\alpha}{2}}\}$ 是不可能发生的.取 $\alpha=0.05$,$z_{\frac{\alpha}{2}}=1.96$,$n=9$,$\overline{x}=511$,$\sigma=15$,有 $\left|\frac{\overline{x}-\mu_0}{\sigma/\sqrt{n}}\right|=\left|\frac{511-500}{15/\sqrt{9}}\right|=2.2>1.96$,于是拒绝 H_0,认为该包装机工作不正常,称 α 为显著性水平,拒绝 H_0 成立的区域称为拒绝域,拒绝域的边界值称为临界值.

通过以上分析,我们知道假设检验的基本思想是小概率事件原理.检验的基本步骤如下:

(1) 根据实际问题的要求,提出原假设 H_0 及备择假设 H_1;

(2) 选取适当的显著性水平 α(通常 $\alpha=0.10,0.05$ 等)以及样本容量 n;

(3) 构造检验用的统计量 U,当 H_0 为真时,U 的分布要已知,找出临界值 λ_α,使 $P\{|U|>\lambda_\alpha\}=\alpha$,称 $|U|>\lambda_\alpha$ 所确定的区域为 H_0 的拒绝域,记作 W;

(4) 取样,根据样本观察值计算统计量 U 的观察值 U_0;

(5) 做出判断,将 U 的观察值 U_0 与临界值 λ_α 比较,若 U_0 落入拒绝域 W 内,则拒绝 H_0 接受 H_1,否则接受 H_0.

三、两类错误

由于我们是根据样本做出接受 H_0 或拒绝 H_0 的决定的,而样本具有随机性,因此在进行判断时,我们可能会犯两类错误:一类错误是当 H_0 为真时,样本的观察值 U_0 落入拒绝域 W 中,按给定的法则,我们拒绝了 H_0.这种错误称为第一类错误,其发生的概率称为犯第一类错误的概率或弃真概率,通常记为 α,即

$$P\{拒绝 H_0 \mid H_0 为真\}=\alpha.$$

另一类错误是当 H_0 不真时,样本的观察值落入拒绝域 W 之外,按给定的检验法则,我们接受了 H_0.这种错误称为第二类错误,其发生的概率称为犯第二类错误的概率或纳伪概

率,通常记作 α,即

$$P\{接受\ H_0\mid H_0\ 不真\}=\beta.$$

显然,这里的 α 就是检验的显著性水平.总体与样本各种情况的搭配如表 8.1 所示.

表 8.1

H_0	判断结论		犯错误的概率
真	接受	正确	0
	拒绝	犯第一类错误	α
假	接受	犯第二类错误	β
	拒绝	正确	0

我们当然希望在一次假设检验中,犯两类错误的概率都尽量小,但当样本容量 n 一定时,这是不可能做到的.因为只有增大 n 的值,才有可能使两类错误发生的概率均变小.在实际问题中无限地增大样本容量是不可取的,所以一般是事先给定犯第一类错误的概率 α,力求使犯第二类错误的概率 β 尽量小.可以看出,犯第一类错误的概率 α 恰好是检验的显著性水平.通常情况下,α 取 0.05,0.01,0.001 或 0.10.

四、检验结果的实际意义

(1) 检验的原理是"小概率事件在一次试验中不发生",以此作为推断的依据,决定是接受 H_0 还是拒绝 H_0.但是这一原理只在概率意义下成立,并不是严格成立的,即不能说小概率事件在一次试验中绝对不可能发生.

(2) 在假设检验中,原假设 H_0 与备择假设 H_1 的地位是不对等的.一般来说,α 是较小的,因而检验推断是"偏向"原假设,而"歧视"备择假设的.因为通常若要否定原假设,需要有显著性的事实,即小概率事件发生,否则就认为原假设成立.因此在检验中接受 H_0,并不等于从逻辑上证明了 H_0 的成立,只是找不到 H_0 不成立的有力证据.在应用中,对同一问题若提出不同的原假设,甚至可以有完全不同的结论,因此在应用中一定要慎重提出原假设,它应该是具有一定背景依据的.因为它一经提出,通常在检验中是受到保护的,而受保护的程度取决于显著性水平 α 的大小,α 越小,以 α 为概率的小概率事件就越难发生,从而 H_0 就越难被否定.在实际问题中,这种保护是必要的.如对一个有传统生产工艺和良好信誉的厂家的商品检验,就应该取原假设为产品合格来加以保护,并通过检验来印证,以免因抽样的随机性而轻易否定该厂商品的质量.

(3) 从另一个角度看,既然 H_0 是受保护的,则对于 H_0 的肯定相对来说是较缺乏说服力的,充其量不过是原假设与试验结果没有明显矛盾;反之,对于 H_0 的否定则是有力的,且 α 越小,小概率事件越难于发生,一旦发生了,这种否定就越有力,也就越能说明问题.在应用中,如果要用假设检验说明某个结论成立,那么最好设 H_0 为该结论不成立.若通过检验拒绝了 H_0,则说明该结论的成立是很有说服力的.

第二节　单个正态总体参数的假设检验

一、关于正态总体均值 μ 的假设检验

1. $\sigma = \sigma_0$ 已知时，关于 μ 的假设检验（U 检验法）

设总体 $X \sim N(\mu, \sigma^2)$，$\sigma = \sigma_0$，已知 $(X_1, X_2, \cdots, X_n)$ 是取自总体的一个样本，$\overline{X} = \dfrac{1}{n} \sum_{i=1}^{n} X_i$，假设 $H_0 : \mu = \mu_0; H_1 : \mu \neq \mu_0$.

由于 $\dfrac{\overline{X} - \mu}{\sigma / \sqrt{n}} \sim N(0, 1)$，取 $U = \dfrac{\overline{X} - \mu}{\sigma / \sqrt{n}}$ 作为假设检验的统计量.

当 H_0 为真时，$U \sim N(0, 1)$.

所以对于给定的显著性水平 α，查表可得 $z_{\frac{\alpha}{2}}$，使

$$P\{|U| > z_{\frac{\alpha}{2}}\} = \alpha.$$

由图 8.1 得双边 α 分位点 $z_{\frac{\alpha}{2}}$.

另一方面，利用样本观察值 $(x_1, x_2, \cdots, x_n)$，计算统计量 U 的观察值为

$$U_0 = \frac{\overline{x} - \mu_0}{\sigma / \sqrt{n}}.$$

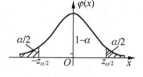

图 8.1

(1) 如果 $|U_0| > z_{\alpha/2}$，则在显著性水平 α 下，拒绝原假设 H_0（接受备择假设 H_1），所以 $|U_0| > z_{\alpha/2}$ 便是 H_0 的拒绝域.

(2) 如果 $|U_0| \leqslant z_{\alpha/2}$，则在显著性水平 α 下，接受原假设 H_0，认为 H_0 正确.

这里是利用 H_0 为真时服从 $N(0, 1)$ 分布的统计量 U 来确定拒绝域的，这种检验法称为 U 检验法. 例 8.1.1 中所用的方法就是 U 检验法.

2. σ 未知时，关于 μ 的检验（t 检验法）

首先求检验问题

$$H_0 : \mu = \mu_0, H_1 : \mu \neq \mu_0.$$

的拒绝域（显著性水平为 α）.

由于 σ 未知，现在不能再利用 $U = \dfrac{\overline{X} - \mu_0}{\sigma / \sqrt{n}}$ 作为检验统计量了. 注意到 S^2 是 σ^2 的无偏估计，用 S 来代替 σ，即采用

$$t = \frac{\overline{X} - \mu_0}{S / \sqrt{n}}$$

作为检验统计量. 由第六章知，当 H_0 为真时，

$$t = \frac{\overline{X} - \mu_0}{S / \sqrt{n}} \sim t(n - 1),$$

所以关于 H_0 的拒绝域为 $|t| > t_{\alpha/2}$,如图 8.2 所示.

类似于前面 $\sigma = \sigma_0$ 已知时相应检验问题的讨论,可得 σ 未知时关于 μ 的各种不同的假设检验问题的拒绝域. 这种用 t 统计量作为检验统计量的检验法称为 t 检验法.

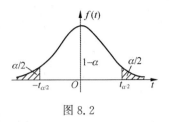

图 8.2

例 8.2.1 一种汽车配件的平均长度要求为 12 cm,高于或低于该标准均被认为是不合格的. 汽车生产企业在购进配件时,通常是经过招标,然后对中标的配件提供商提供的样品进行检验,以决定是否购进. 现对一个配件提供商提供的 10 个样本进行了检验,结果为

　　　 12.2　10.8　12.0　11.8　11.9　12.4　11.3　12.2　12.0　12.3

假定该供货商生产的配件长度服从正态分布,在 0.05 的显著性水平下,检验该供货商提供的配件是否符合要求.

解 依题意建立如下原假设与备择假设

$$H_0:\mu = 12, \quad H_1:\mu \neq 12.$$

根据样本数据计算得: $\overline{x} = 11.89, s = 0.493\,2$.

由于 σ 未知,计算检验统计量为

$$t = \frac{11.89 - 12}{0.493\,2/\sqrt{10}} = -0.705\,3.$$

根据自由度 $(n-1) = 10 - 1 = 9$,查 t 分布表得: $t_{\alpha/2}(n-1) = t_{0.025}(9) = 2.262$. 由于 $|t| = 0.705\,3 < t_{0.025}(9) = 2.262$,所以不拒绝原假设,样本提供的证据还不足以推翻原假设.

3. 双边检验与单边检验

上面讨论的假设检验中,H_0 为 $\mu = \mu_0$,而备择假设 $H_1:\mu \neq \mu_0$ 意思是 μ 可能大于 μ_0,也可能小于 μ_0,称为双边备择假设;而称形如 $H_0:\mu = \mu_0$,$H_1:\mu \neq \mu_0$ 的假设检验为双边检验. 有时我们只关心总体均值是否增大,例如,试验新工艺以提高材料的强度,这时所考虑的总体的均值应该越大越好. 如果我们能判断在新工艺下总体均值较以往正常生产的大,则可考虑采用新工艺. 此时,需要检验假设

$$H_0:\mu = \mu_0, H_1:\mu > \mu_0 \tag{8.1}$$

或

$$H_0:\mu = \mu_0, H_1:\mu < \mu_0 \tag{8.2}$$

形如式(8.1)的假设检验称为右边检验,形如式(8.2)的假设检验称为左边检验.

式(8.1)、式(8.2)的假设检验统称单边检验.

对于正态总体,在给定显著性水平 α,σ 为已知的情况下,同样可得式(8.1)或式(8.2)的拒绝域,如表 8.3 和图 8.3、图 8.4 所示.

式(8.1)也可写为 $H_0:\mu \leqslant \mu_0$,$H_1:\mu > \mu_0$,则统计量 U 的观测值落在拒绝域内的概率不大于 α.

式(8.2)也可写为 $H_0:\mu \geqslant \mu_0$,$H_1:\mu < \mu_0$,则统计量 U 的观测值落在拒绝域内的概率不大于 α.

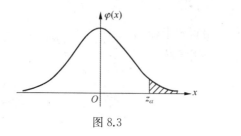

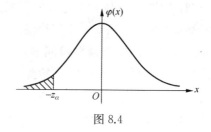

图 8.3　　　　　　　　　　　　　　　　　图 8.4

例 8.2.2　已知某炼铁厂的铁水含碳量服从正态分布 $N(4.40, 0.05^2)$，某日测得 5 炉铁水的含碳量为

$$4.34\quad 4.40\quad 4.42\quad 4.30\quad 4.35$$

若标准差不变，该日铁水含碳量的均值是否显著降低（取 $\alpha=0.05$）？

解　设该日铁水含碳量 $X \sim N(\mu, \sigma^2)$，因为假定标准差不变，所以可认为已知 $\sigma=0.05$，要检验的假设是

$$H_0: \mu=4.40, \qquad H_1: \mu<4.40,$$

选取统计量

$$U=\frac{\overline{X}-\mu_0}{\sigma_0/\sqrt{n}} \sim N(0,1).$$

已知 $\mu=4.40, \sigma_0=0.05, n=5$，计算样本均值

$$\overline{x}=4.362,$$

由此得统计量 U 的观测值

$$u=\frac{4.362-4.40}{0.05/\sqrt{5}} \approx -1.699.$$

查附录 Ⅰ 附表 2 得

$$u_\alpha=u_{0.05}=1.645.$$

因为 $u<-u_{0.05}$，所以拒绝原假设 H_0 而接受备择假设 H_1，即认为该日铁水含碳量的均值显著降低了.

二、单个正态总体方差的假设检验（χ^2 检验法）

1. 双边检验

设总体 $X \sim N(\mu, \sigma^2)$，μ 未知，检验假设

$$H_0: \sigma^2=\sigma_0^2, \quad H_1: \sigma^2 \neq \sigma_0^2,$$

其中，σ_0^2 为常数.

由于样本方差 S^2 是 σ^2 的无偏估计，当 H_0 为真时，比值 $\dfrac{S^2}{\sigma_0^2}$ 一般来说应在 1 附近摆动，而不应过分大于 1 或过分小于 1.由 6.4 节知，当 H_0 为真时，

$$\frac{(n-1)S^2}{\sigma^2} \sim \chi^2(n-1), \tag{8.3}$$

所以对于给定的显著性水平 α 有(见图 8.5)

$$P\{\chi^2_{1-\frac{\alpha}{2}}(n-1) \leqslant \chi^2 \leqslant \chi^2_{\frac{\alpha}{2}}(n-1)\} = 1-\alpha. \qquad (8.4)$$

利用概率 $1-\alpha$，查 χ^2 分布表可得 χ^2 分布的分位点 $\chi^2_{1-\frac{\alpha}{2}}$ $(n-1)$ 与 $\chi^2_{\frac{\alpha}{2}}(n-1)$.

由式(8.4)知, H_0 的接受域是

$$\chi^2_{1-\frac{\alpha}{2}}(n-1) \leqslant \chi^2 \leqslant \chi^2_{\frac{\alpha}{2}}(n-1),$$

H_0 的拒绝域为

$$\chi^2 < \chi^2_{1-\frac{\alpha}{2}}(n-1) \text{ 或 } \chi^2 > \chi^2_{\frac{\alpha}{2}}(n-1). \qquad (8.5)$$

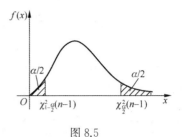

图 8.5

这种用服从 χ^2 分布的统计量对单个正态总体方差进行假设检验的方法,称为 χ^2 检验法.

例 8.2.3 某厂生产的某种型号的电池,其寿命长期以来服从方差 $\sigma^2 = 5\,000(\text{h}^2)$ 的正态分布.现有一批这种电池,从它的生产情况来看,寿命的波动性有所改变.现随机抽取 26 只电池,测出其寿命的样本方差 $s^2 = 9\,200(\text{h}^2)$.问:根据这一数据能否推断这批电池的寿命的波动性较以往有显著的变化(取 $\alpha = 0.02$)?

解 本题要求在水平 $\alpha = 0.02$ 下检验假设

$$H_0: \sigma^2 = 5\,000, \quad H_1: \sigma^2 \neq 5\,000.$$

现在 $n = 26$,

$$\chi^2_{\frac{\alpha}{2}}(n-1) = \chi^2_{0.01}(25) = 44.314,$$

$$\chi^2_{1-\frac{\alpha}{2}}(n-1) = \chi^2_{0.99}(25) = 11.524, \sigma^2_0 = 5\,000.$$

由式(8.5)得拒绝域为

$$\frac{(n-1)S^2}{\sigma^2_0} > 44.314 \quad \text{或} \quad \frac{(n-1)S^2}{\sigma^2_0} > 11.524.$$

由观察值 $s^2 = 9\,200$, 得 $\dfrac{(n-1)S^2}{\sigma^2_0} = 46 > 44.314$, 所以拒绝 H_0, 认为这批电池寿命的波动性较以往有显著的变化.

2. 单边检验(右或左检验)

设总体 $X \sim N(\mu, \sigma^2)$, μ 未知,检验假设

$$H_0: \sigma^2 \leqslant \sigma^2_0, \quad H_1: \sigma^2 > \sigma^2_0(右检验).$$

对于显著性水平 α 有

$$P\{\chi^2 > \chi^2_\alpha(n-1)\} \leqslant \alpha,$$

如图 8.6 所示,拒绝域为

$$\chi^2 = \frac{(n-1)S^2}{\sigma^2_0} > \chi^2_\alpha(n-1).$$

类似地,可得左检验假设

$$H_0: \sigma^2 \geqslant \sigma^2_0, \quad H_1: \sigma^2 < \sigma^2_0,$$

如图 8.7 所示,拒绝域为

$$\chi^2 = \frac{(n-1)S^2}{\sigma_0^2} < \chi_{1-\alpha}^2(n-1).$$

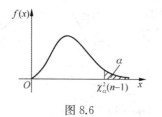

图 8.6

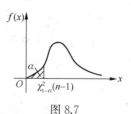

图 8.7

例 8.2.4 自动车床加工某种零件的直径(mm)服从正态分布 $N(\mu, \sigma^2)$，原来的加工精度 $\sigma^2 \leqslant 0.09$.经过一段时间后，需要检验是否保持原来的加工精度，即检验原假设 $H_0 : \sigma^2 \leqslant 0.09$.为此，从该车床加工的零件中抽取 30 个，测得数据如表 8.2 所示.

表 8.2

零件直径 x_i	9.2	9.4	9.6	9.8	10.0	10.2	10.4	10.6	10.8
频数 n_i	1	1	3	6	7	5	4	2	1

问：加工精度是否变差(取 $\alpha = 0.05$)？

解 要检验的假设是

$$H_0 : \sigma^2 \leqslant 0.09, \quad H_1 : \sigma^2 > 0.09.$$

因为 μ 未知，所以选取统计量

$$\chi^2 = \frac{(n-1)S^2}{\sigma_0^2} \sim \chi^2(n-1).$$

已知 $\sigma_0^2 = 0.09, n = 30$，计算样本方差得

$$s^2 = 0.134\ 4.$$

由此得统计量 χ^2 的观测值

$$\chi_0^2 = \frac{29 \times 0.134\ 4}{0.09} \approx 43.3.$$

查附录Ⅰ附表 4 得

$$\chi_\alpha^2(n-1) = \chi_{0.05}^2(29) = 42.6.$$

因为 $\chi_0^2 > \chi_{0.05}^2(29)$，所以拒绝原假设 H_0 而接受备择假设 H_1，即认为该自动车床的加工精度变差了.

以上讨论是在均值未知的情况下，对方差的假设检验.这种情况在实际问题中较多.至于均值已知的情况下对方差的假设检验，其方法类似，只是所选的统计量为

$$\chi^2 = \frac{\sum_{i=1}^{n}(X_i - \mu)^2}{\sigma_0^2};$$

当 σ_0^2 为方差时，$\chi^2 \sim \chi^2(n)$.

表 8.3　单个正态总体均值与方差检验表

检验参数	条件	H_0	H_1	H_0 的拒绝域	检验用的统计量	自由度	分位点
数学期望	σ^2 已知	$\mu=\mu_0$ $\mu\leqslant\mu_0$ $\mu\geqslant\mu_0$	$\mu\neq\mu_0$ $\mu>\mu_0$ $\mu<\mu_0$	$\lvert u\rvert>z_{\frac{\alpha}{2}}$ $u>z_\alpha$ $u<-z_\alpha$	$U=\dfrac{\overline{X}-\mu_0}{\sigma/\sqrt{n}}$		$\pm z_{\frac{\alpha}{2}}$ z_α $-z_\alpha$
	σ^2 未知	$\mu=\mu_0$ $\mu\leqslant\mu_0$ $\mu\geqslant\mu_0$	$\mu\neq\mu_0$ $\mu>\mu_0$ $\mu<\mu_0$	$\lvert t\rvert>t_{\frac{\alpha}{2}}$ $t>t_\alpha$ $t<-t_\alpha$	$t=\dfrac{\overline{X}-\mu_0}{S/\sqrt{n}}$	$n-1$	$\pm t_{\frac{\alpha}{2}}$ t_α $-t_\alpha$
方差	μ 未知	$\sigma^2=\sigma_0^2$ $\sigma^2\leqslant\sigma_0^2$ $\sigma^2\geqslant\sigma_0^2$	$\sigma^2\neq\sigma_0^2$ $\sigma^2>\sigma_0^2$ $\sigma^2<\sigma_0^2$	$\chi^2>\chi^2_{\frac{\alpha}{2}}$ 或 $\chi^2<\chi^2_{1-\frac{\alpha}{2}}$ $\chi^2>\chi^2_\alpha$ $\chi^2<\chi^2_{1-\alpha}$	$\chi^2=\dfrac{(n-1)S^2}{\sigma_0^2}$	$n-1$	$\chi^2_{\frac{\alpha}{2}}$ 或 $\chi^2_{1-\frac{\alpha}{2}}$ χ^2_α $\chi^2_{1-\alpha}$
	μ 已知	$\sigma^2=\sigma_0^2$ $\sigma^2\leqslant\sigma_0^2$ $\sigma^2\geqslant\sigma_0^2$	$\sigma^2\neq\sigma_0^2$ $\sigma^2>\sigma_0^2$ $\sigma^2<\sigma_0^2$	$\chi^2>\chi^2_{\frac{\alpha}{2}}$ 或 $\chi^2<\chi^2_{1-\frac{\alpha}{2}}$ $\chi^2>\chi^2_\alpha$ $\chi^2<\chi^2_{1-\alpha}$	$\chi^2=\dfrac{\sum\limits_{i=1}^{n}(X_i-\mu)^2}{\sigma_0^2}$	n	$\chi^2_{\frac{\alpha}{2}}$ 或 $\chi^2_{1-\frac{\alpha}{2}}$ χ^2_α $\chi^2_{1-\alpha}$

第三节　两个正态总体参数的假设检验

设有两个正态总体 $X\sim N(\mu_1,\sigma_1^2)$，$Y\sim N(\mu_2,\sigma_2^2)$，从两总体中分别抽取两个样本 $(X_1,X_2,\cdots,X_{n_1})$，$(Y_1,Y_2,\cdots,Y_{n_2})$，并设其样本平均数及样本方差分别为 $\overline{X},\overline{Y}$ 及 S_1^2,S_2^2.

一、两个正态总体均值的假设检验

假设
$$H_0:\mu_1=\mu_2,\quad H_1:\mu_1\neq\mu_2.（显著性水平为 \alpha）$$

(1) 若 σ_1^2,σ_2^2 已知，在 H_0 成立的前提下选取统计量
$$U=\frac{\overline{X}-\overline{Y}}{\sqrt{\dfrac{\sigma_1^2}{n_1}+\dfrac{\sigma_2^2}{n_2}}}\sim N(0,1),$$

拒绝域为 $\{\lvert U\rvert>z_{\frac{\alpha}{2}}\}$.

(2) σ_1^2 与 σ_2^2 未知且 $\sigma_1^2=\sigma_2^2$，在 H_0 成立的前提下有
$$T=\frac{\overline{X}-\overline{Y}}{S_w\sqrt{\dfrac{1}{n_1}+\dfrac{1}{n_2}}}\sim t(n_1+n_2-2),$$

于是拒绝域为 $\{\lvert T\rvert>t_{\frac{\alpha}{2}}(n_1+n_2-2)\}$，其中 $S_w=\sqrt{\dfrac{(n_1-1)S_1^2+(n_2-1)S_2^2}{n_1+n_2-2}}$.

例 8.3.1　对用两种不同热处理方法加工的金属材料做抗拉强度试验，得到的试验数

据为

$$方法 I : 31, 34, 29, 26, 32, 35, 38, 34, 30, 29, 32, 31;$$
$$方法 II : 26, 24, 28, 29, 30, 29, 32, 26, 31, 29, 32, 28.$$

设两种热处理加工的金属材料的抗拉强度都服从正态分布,且方差相等.比较两种方法所得金属材料的平均抗拉强度有无显著差异.($\alpha = 0.05$)

解 记两总体的正态分布为 $N(\mu_1, \sigma^2), N(\mu_2, \sigma^2)$,本题是要检验假设

$$H_0 : \mu_1 = \mu_2, \quad H_1 : \mu_1 \neq \mu_2,$$

检验统计量为

$$T = \frac{\overline{X} - \overline{Y}}{S_w \sqrt{\dfrac{1}{n_1} + \dfrac{1}{n_2}}},$$

拒绝域为

$$|t| = \frac{|\overline{x} - \overline{y}|}{S_w \sqrt{\dfrac{1}{n_1} + \dfrac{1}{n_2}}} \geqslant t_{\frac{\alpha}{2}}(n_1 + n_2 - 2).$$

计算统计值

$$n_1 = n_1 = 12, \quad \overline{x} = 31.75, \quad \overline{y} = 28.67,$$
$$(n_1 - 1)s_1^2 = 112.25, \quad (n_2 - 1)s_2^2 = 66.64, \quad S_w = 2.85,$$
$$|t| = \frac{|\overline{x} - \overline{y}|}{S_w \sqrt{\dfrac{1}{n_1} + \dfrac{1}{n_2}}} = \frac{|31.75 - 28.67|}{2.85\sqrt{\dfrac{1}{6}}} \approx 2.647.$$

查 t 分布表,得

$$t_{\frac{\alpha}{2}}(n_1 + n_2 - 2) = t_{0.025}(22) = 2.074.$$

统计判断:由于 $|t| > t_{\frac{\alpha}{2}}(n_1 + n_2 - 2)$,故拒绝 H_0,即认为两种热处理方法加工的金属材料的平均抗拉强度有显著差异.

二、两正态总体方差的假设检验(F 检验法)

设两正态总体 $X \sim N(\mu_1, \sigma_1^2), Y \sim N(\mu_2, \sigma_2^2), X$ 与 Y 独立,$X_1, X_2, \cdots, X_{n_1}$ 与 $Y_1, Y_2, \cdots, Y_{n_2}$,分别是来自这两个总体的子样,且 μ_1 与 μ_2 未知.现在要检验假设 $H_0 : \sigma_1^2 = \sigma_2^2, H_1 : \sigma_1^2 \neq \sigma_2^2$.

在原假设 H_0 成立的前提下,两个子样方差的比应该在 1 附近随机地摆动,所以这个比不能太大,也不能太小.于是选取统计量

$$F = \frac{S_1^2}{S_2^2}.$$

显然,只有当 F 接近 1 时,才认为有 $\sigma_1^2 = \sigma_2^2$.

由于随机变量 $F^* = \dfrac{S_1^2/\sigma_1^2}{S_2^2/\sigma_2^2} \sim F(n_1 - 1, n_2 - 1)$,所以当假设 $H_0 : \sigma_1^2 = \sigma_2^2$ 成立时,统计量

$$F = \frac{S_1^2}{S_2^2} \sim F(n_1 - 1, n_2 - 1).$$

对于给定的显著性水平 α,可以由 F 分布表求得临界值

$$F_{1-\frac{\alpha}{2}}(n_1 - 1, n_2 - 1) \text{ 与 } F_{\frac{\alpha}{2}}(n_1 - 1, n_2 - 1),$$

使得

$$P\{F_{1-\frac{\alpha}{2}}(n_1 - 1, n_2 - 1) \leqslant F \leqslant F_{\frac{\alpha}{2}}(n_1 - 1, n_2 - 1)\} = 1 - \alpha.$$

如图 8.8 所示,可知 H_0 的接受区域是

$$F_{1-\frac{\alpha}{2}}(n_1 - 1, n_2 - 1) \leqslant F \leqslant F_{\frac{\alpha}{2}}(n_1 - 1, n_2 - 1),$$

而 H_0 的拒绝域为

$$F < F_{1-\frac{\alpha}{2}}(n_1 - 1, n_2 - 1),$$

或

$$F > F_{\frac{\alpha}{2}}(n_1 - 1, n_2 - 1).$$

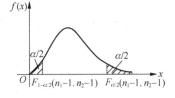

图 8.8

然后,根据样本观察值计算统计量 F 的观察值,若 F 的观察值落在拒绝域中,则拒绝 H_0,接受 H_1;若 F 的观察值落在接受域中,则接受 H_0.

对两个正态总体的假设检验如表 8.4 所示.

表 8.4　两个正态总体均值与方差检验表

检验参数	条件	H_0	H_1	H_0 的拒绝域	检验用的统计量	自由度	分位点
均值	σ_1^2, σ_2^2 已知	$\mu_1 = \mu_2$ $\mu_1 \leqslant \mu_2$ $\mu_1 \geqslant \mu_2$	$\mu_1 \neq \mu_2$ $\mu_1 > \mu_2$ $\mu_1 < \mu_2$	$\|u\| > z_{\frac{\alpha}{2}}$ $u > z_\alpha$ $u < -z_\alpha$	$U = \dfrac{\overline{X} - \overline{Y}}{\sqrt{\dfrac{\sigma_1^2}{n_1} + \dfrac{\sigma_2^2}{n_2}}}$		$\pm z_{\frac{\alpha}{2}}$ z_α $-z_\alpha$
	σ_1^2, σ_2^2 未知 $\sigma_1^2 = \sigma_2^2$	$\mu_1 = \mu_2$ $\mu_1 \leqslant \mu_2$ $\mu_1 \geqslant \mu_2$	$\mu_1 \neq \mu_2$ $\mu_1 > \mu_2$ $\mu_1 < \mu_2$	$\|t\| > t_{\frac{\alpha}{2}}$ $t > t_\alpha$ $t < -t_\alpha$	$t = \dfrac{\overline{X} - \overline{Y}}{S_w \sqrt{\dfrac{1}{n_1} + \dfrac{1}{n_2}}}$	$n_1 + n_2 - 2$	$\pm t_{\frac{\alpha}{2}}$ t_α $-t_\alpha$
方差	μ_1, μ_2 未知	$\sigma_1^2 = \sigma_2^2$ $\sigma_1^2 \leqslant \sigma_2^2$ $\sigma_1^2 \geqslant \sigma_2^2$	$\sigma_1^2 \neq \sigma_2^2$ $\sigma_1^2 > \sigma_2^2$ $\sigma_1^2 < \sigma_2^2$	$F > F_{\frac{\alpha}{2}}$ 或 $F < F_{1-\frac{\alpha}{2}}$ $F > F_\alpha$ $F < F_{1-\alpha}$	$F = \dfrac{S_1^2}{S_2^2}$	$(n_1 - 1, n_2 - 1)$	$F_{\frac{\alpha}{2}}$ 或 $F_{1-\frac{\alpha}{2}}$ F_α $F_{1-\alpha}$
	μ_1, μ_2 已知	$\sigma_1^2 = \sigma_2^2$ $\sigma_1^2 \leqslant \sigma_2^2$ $\sigma_1^2 \geqslant \sigma_2^2$	$\sigma_1^2 \neq \sigma_2^2$ $\sigma_1^2 > \sigma_2^2$ $\sigma_1^2 < \sigma_2^2$	$F > F_{\frac{\alpha}{2}}$ 或 $F < F_{1-\frac{\alpha}{2}}$ $F > F_\alpha$ $F < F_{1-\alpha}$	$F = \dfrac{\dfrac{1}{n_1}\sum\limits_{i=1}^{n_1}(X_i - \mu_1)^2}{\dfrac{1}{n_2}\sum\limits_{i=1}^{n_2}(X_i - \mu_2)^2}$	(n_1, n_2)	$F_{\frac{\alpha}{2}}$ 或 $F_{1-\frac{\alpha}{2}}$ F_α $F_{1-\alpha}$

第四节　总体分布的拟合检验

已知总体 X 的样本分布函数 $F_n(x)$,若选用某个分布函数 $F(x)$ 去拟合,则无论怎样选择,$F(x)$ 与 $F_n(x)$ 之间总存在某些差异.于是就会提出这样的问题:这些差异仅仅是由于试验次数有限而导致的随机性所产生的呢? 还是由于选择的分布函数 $F(x)$ 与已知的样本分

布函数 $F_n(x)$ 之间存在实质性的差异而产生的呢？为了解决这个问题，数理统计中有几种不同的拟合检验法.现在仅讨论最常用的皮尔逊(Pearson)χ^2 拟合检验法.

一、χ^2 检验法的基本思想

设总体 X 的分布函数 $F(x)$ 未知，$(X_1,X_2,\cdots,X_n)$ 是来自总体 X 的一个样本，提出假设

$$H_0:F(x)=F_0(x), \qquad H_1:F(x)\neq F_0(x),$$

此时 $F_0(x)$ 已知，可以含有未知参数.若 $F_0(x)$ 中含有未知参数，一般先利用极大似然估计给出参数的一个点估计值.

若总体是离散型的，则假设为

$$H_0:总体分布律\ P\{X=x_i\}=p_i(i=1,2,\cdots,p_i\ 已知).$$

若总体是连续型的，则假设为

$$H_0:X\ 的密度函数为\ f(x)(f(x)\ 已知).$$

当然，p_i 及 $f(x)$ 中均可含有未知数，处理方法和 $F_0(x)$ 中的一样.

将随机试验的可能结果的全体分为 k 个互斥事件：$A_1,A_2,\cdots,A_k$，在 H_0 成立的前提下计算 $P(A_i)(i=1,2,\cdots,k)$.若将试验进行 n 次，事件 A_i 出现的频率为 $\dfrac{n_i}{n}(\sum\limits_{i=1}^{k}n_i=n)$. 由大数定律可知，若试验次数很多，在 H_0 成立的前提下，$\left|\dfrac{n_i}{n}-p_i\right|$ 的值应该比较小.故选用统计量

$$\chi^2=\sum_{i=1}^{k}\frac{(n_i-np_i)^2}{np_i}.$$

若知道统计量 χ^2 的分布，便可利用样本值来判别 H_0 是接受还是拒绝.对于 χ^2 的分布，皮尔逊给出了下面的结论：

定理 8.4.1 若试验次数 n 充分大(一般 $n\geqslant50$)，则当 H_0 成立时，无论总体 X 服从何种分布，统计量 $\chi^2=\sum\limits_{i=1}^{k}\dfrac{(n_i-np_i)^2}{np_i}$ 近似地服从自由度为 $k-r-1$ 的 χ^2 分布，其中 r 是分布中未知参数的个数.

统计量 χ^2 分布已经知道了，那么在 H_0 成立的前提下，对于给定的显著性水平 α，查表得 $\chi^2_\alpha(k-r-1)$ 的值，再利用样本值计算 χ^2 的值，若 $\chi^2>\chi^2_\alpha(k-r-1)$，拒绝 H_0，否则接受.

二、χ^2 检验法的基本步骤

利用 χ^2 检验法解题的步骤如下.

（1）提出假设

$$H_0:F(x)=F_0(x) \quad 或 \quad H_0:总体\ X\ 服从某种分布;$$

（2）将实轴分成 k 个不相交的区间：$[\alpha_0,\alpha_1],(\alpha_1,\alpha_2],\cdots,(\alpha_{k-1},\alpha_k]$，其中 α_0 可取 $-\infty$，α_k 可取 $+\infty$，一般 $5\leqslant k\leqslant16$;

（3）计算频数 n_i，即所给的 n 个样本观测值 $x_1,x_2,\cdots,x_n$ 中落入第 i 区间(α_{i-1}，

α_i]内的个数($i=1,2,\cdots,k$);

（4）在 H_0 成立的前提下，求 X 落入第 i 个区间的概率 $p_i=P\{\alpha_{i-1}<X\leqslant\alpha_i\}=F(\alpha_i)-F(\alpha_{i-1})$；

（5）计算 $\chi^2=\sum\limits_{i=1}^{n}\dfrac{(n_i-np_i)^2}{np_i}$ 的值；

（6）针对给定的显著性水平 α，查表得 $\chi_\alpha^2(k-r-1)$ 的值，若 $\chi^2>\chi_\alpha^2(k-r-1)$，则拒绝 H_0，否则接受 H_0.

例 8.4.1 将 1875～1955 年（共计 81 年）的某 63 年里上海市一年中（5 月至 9 月）下暴雨次数的记录资料整理得：

一年中的暴雨次数 x_i	0	1	2	3	4	5	6	7	8	$\geqslant 9$
频数 n_i	4	8	14	19	10	4	2	1	1	0

试检验上海市一年中下暴雨的次数 X 是否服从泊松分布（$\alpha=0.05$）.

解 要检验

$$H_0:X\sim p(\lambda),$$

其中，$\lambda>0$ 为未知参数.先计算 H_0 为真时，λ 的极大似然估计为

$$\hat{\lambda}=\overline{X}=\frac{1}{63}(0\times4+1\times8+\cdots+7\times1+8\times1+0)=\frac{180}{63}\approx2.8571.$$

现用 χ^2 拟合检验法检验

$$H_0:X\sim P(2.8571),$$

概率函数为

$$P\{X=i\}=\frac{(2.8571)^i}{i!}e^{-2.8571},i=0,1,2,\cdots.$$

为了计算 χ^2，列表计算如表 8.5 所示.

表 8.5

x_i	n_i	p_i	$\dfrac{(n_i-np_i)^2}{p_i}$
0	4	0.0574	2.5662
1	8	0.1541	18.9376
2	14	0.2344	2.5111
3	19	0.2233	108.9369
4	10	0.1595	0.0147
5	4	0.09117	33.3501
6 7 8 $\geqslant9$	2 1 1 0 }4	0.0702	2.5400

由此易算得

$$\chi^2 = \frac{1}{n} \sum_{i=1}^{7} \frac{(n_i - np_i)^2}{p_i} = 2.680\ 3.$$

分组数 $l=7$，未知参数个数 $r=1$，所以 χ^2 的自由度 $k=l-r-1=5$．查表知 $\chi_\alpha^2(k)$ $=\chi_{0.05}^2(5)=11.07$．因为 $\chi^2<\chi_{0.05}^2(5)$，所以接受 H_0，即可认为每年下暴雨的次数服从泊松分布 $P(\lambda)$，且 $\hat{\lambda}\approx2.857\ 1$．

习 题 八

1. 已知某炼铁厂的铁水含碳量在正常情况下服从正态分布 $N(4.55,0.108^2)$．现在测了 5 炉铁水，其含碳量(%)分别为

$$4.28,\quad 4.40,\quad 4.42,\quad 4.35,\quad 4.37.$$

若标准差不改变，总体平均值有无显著性变化($\alpha=0.05$)？

2. 某种矿砂的 5 个样品中的含镍量(%)经测定为

$$3.24,\quad 3.26,\quad 3.24,\quad 3.27,\quad 3.25.$$

设含镍量服从正态分布，在 $\alpha=0.01$ 下能否接受假设：这批矿砂的含镍量为 3.25%？

3. 在正常状态下，某种牌子的香烟一支平均 1.1 g．现从这种香烟堆中任取 36 支作为样本，测得样本均值为 1.008 g，样本方差 $s^2=0.1(g^2)$．问：这堆香烟是否处于正常状态？已知香烟(支)的质量(g)近似服从正态分布(取 $\alpha=0.05$)．

4. 某公司宣称由他们生产的某种型号的电池平均寿命为 21.5 h，标准差为 2.9 h．在实验室测试了该公司生产的 6 只电池，得到它们的寿命(以 h 计)为 19, 18, 20, 22, 16, 25 这些结果是否表明这种电池的平均寿命比该公司宣称的平均寿命要短？设电池寿命近似地服从正态分布(取 $\alpha=0.05$)．

5. 测量某种溶液中的水分，从它的 10 个测定值得出 $\overline{x}=0.452(\%)$，$s=0.037(\%)$．设测定值总体服从正态分布，μ 为总体均值，σ 为总体标准差．试在水平 $\alpha=0.05$ 下检验：

(1) $H_0: \mu=0.5(\%)$，$\quad H_1: \mu<0.5(\%)$；

(2) $H_0': \sigma=0.04(\%)$，$\quad H_1': \sigma<0.04(\%)$．

6. 某试验室分别在 70℃ 及 80℃ 下对某项指标各做了 8 次重复试验，测得该项指标的数据如表 8.6 所示．

表 8.6

70℃	20.5	18.8	19.7	21.0	21.0	21.0	19.7	21.5
80℃	20.3	18.8	20.1	20.0	2..0	19.2	19.1	17.7

由经验知数据服从正态分布，且方差相等．问：在 $\alpha=0.05$ 时，可否认为均值也相等？

7. 两台机床加工同一种零件,分别取 6 个和 9 个零件测量其长度(单位:mm),计算得

$$s_1^2 = 0.345, s_2^2 = 0.357.$$

假定零件长度服从正态分布,是否可认为两台机床加工的零件长度的方差无显著差异($\alpha = 0.05$)?

8. 在一个正二十面体的 20 个面上,分别标以数字 $0, 1, 2, \cdots, 9$,每个数在两个面上标出.为检验其匀称性,共做 800 次投掷试验,数字 $0, 1, 2, \cdots, 9$ 朝正上方的次数如表 8.7 所示.问:该二十面体是否匀称($\alpha = 0.05$)?

表 8.7

数字	0	1	2	3	4	5	6	7	8	9
频数	74	92	83	79	80	73	77	75	76	91

9. 某车间生产滚珠,随机抽取 106 只,测得其直径(单位:mm)的分组频数分布如表 8.8 所示.

表 8.8

区　间	频　数
$[119.5, 123.5)$	1 ⎫
$[123.5, 127.5)$	0 ⎬ 10
$[127.5, 131.5)$	2 ⎪
$[131.5, 135.5)$	7 ⎭
$[135.5, 139.5)$	21
$[139.5, 143.5)$	41
$[143.5, 147.5)$	19 ⎫
$[147.5, 151.5)$	12 ⎬ 34
$[151.5, 155.5)$	2 ⎪
$[155.5, 159.5)$	1 ⎭

试检验"直径服从正态分布 $N(\mu, \sigma^2)$"这个假设 H_0($\alpha = 0.05$)可否接受.

第九章

方差分析与回归分析

第一节　单因素方差分析

方差分析是英国统计学家费歇(R. A. Fisher)于 1940 年左右引入的.它首先应用于生物学研究,特别是应用于农业实验设计和分析中.现在它已应用于各个领域.

我们知道,某种农作物产量的高低往往受许多因素的影响,如品种、施肥种类、施肥量、灌溉条件、天气情况等.我们需要了解在这么多因素之中哪些对作物产量有较大的影响,哪些对作物产量影响较小.为此我们要做一些试验,得到一些数据,再对这些数据进行推断.方差分析就是鉴别各种因素作用大小的一种统计分析方法.

在方差分析中,我们用字母 $A, B, C, \cdots$ 表示各个不同的因素(有时也称为因子),因素在试验中所取的不同状态称为水平,因素 A 的 r 个不同水平用 $A_1, A_2, \cdots, A_r$ 表示.如果在试验中水平变动的因素只有一个,其他因素都控制不变,则称之为单因素试验.本节讨论单因素试验的方差分析.

例 9.1.1　设在育苗试验中有 5 种不同的药物处理方法,每种方法做了 6 次重复试验,一年后苗高数据如表 9.1 所示(单位:cm).

表 9.1　苗高数据

苗高 X ＼ 处理 A ＼ 重复	A_1	A_2	A_3	A_4	A_5	
1	39.2	37.3	20.8	31.0	20.7	
2	29.0	27.2	33.8	27.4	19.6	
3	25.8	23.4	28.6	19.5	29.4	
4	33.5	33.4	23.4	29.6	27.7	
5	41.7	29.2	22.7	23.2	25.5	

续表

重复\苗高 X\处理 A	A_1	A_2	A_3	A_4	A_5	
6	37.2	35.6	30.9	18.7	19.5	
总和 x_i	206.4	186.6	160.2	149.4	140.4	$\sum_{ij}=843.0$
平均 $\overline{x_i}$	34.4	31.1	26.7	24.9	23.4	$\overline{x}=28.1$

　　这里唯一的变化因素是药物处理方法,用 A 表示.五种不同的处理方法称为 A 的 5 个水平,记为 A_1,A_2,A_3,A_4 和 A_5.从表 9.1 中的数据可以看出,不同的药物处理方式,其苗高有差异;同一种药物处理方式,其苗高也有差异.造成这些苗高有差异的原因有两个:一个是由于因素 A 取不同的水平所引起的,另一个是由非控制的偶然因素的干扰造成的,称之为试验误差.现在的问题就是要根据这些数据来判别苗高之间的差异主要是由不同的药物处理方式引起的还是由试验误差造成的.如果是前者,我们可选取 A_1(因为 A_1 水平苗高明显高于其他水平);如果是后者,我们就可选择比较经济和方便的药物处理方式.

一、数学模型

　　设例 9.1.1 中苗的高度为随机变量 $X,X\sim N(\mu,\sigma^2)$,在 A_i 水平下苗的高度为 $X_i\sim N(\mu_i,\sigma^2),i=1,2,\cdots,5$,在 A_i 水平下的第 j 次试验结果为 $X_{ij}\sim N(\mu_i,\sigma^2),i=1,2,\cdots,5,j=1,2,\cdots,6$.表 9.1 中的数据是 X_{ij} 的观察值.因素 A 的 5 个水平是否有显著差异,归结为检验假设

$$H_0:\mu_1=\mu_2=\mu_3=\mu_4=\mu_5.$$

　　若 H_0 成立,则不同的药物处理方式之间无显著差异,苗高的差异是由试验差造成的.若 H_0 不成立,则不同的药物处理方式之间有显著影响,苗高之间的差异主要由 A 的不同水平所致.方差分析就是检验上述假设 H_0 的一种统计方法.

　　下面讨论一般情形.设有 r 个总体 $X_i\sim N(\mu,\sigma^2),i=1,2,\cdots,r$,方差都相等,$\mu_i$ 和 σ^2 都未知,且各个总体相互独立,对每个总体进行了 k 次观察(试验),试验结果如表 9.2 所示.

表 9.2

重复\$X$\$A$	A_1	A_2	$\cdots$	A_i	$\cdots$	A_r
1	x_{11}	x_{21}	$\cdots$	x_{i1}	$\cdots$	x_{r1}
2	x_{12}	x_{22}	$\cdots$	x_{i2}	$\cdots$	x_{r2}
$\vdots$	$\vdots$	$\vdots$	$\vdots$	$\vdots$	$\vdots$	$\vdots$
j	x_{1j}	x_{2j}	$\cdots$	x_{ij}	$\cdots$	x_{rj}
$\vdots$	$\vdots$	$\vdots$	$\vdots$	$\vdots$	$\vdots$	$\vdots$

续表

重复 X \ A	A_1	A_2	⋯	A_i	⋯	A_r
k	x_{1k}	x_{2k}	⋯	x_{ik}	⋯	x_{rk}
总和	$x_1.$	$x_2.$	⋯	$x_i.$	⋯	$x_r.$
平均	$\overline{x}_1.$	$\overline{x}_2.$	⋯	$\overline{x}_i.$	⋯	$\overline{x}_r.$

表 9.2 中,总体 X_i 的第 j 次观察值为 x_{ij},x_{ij} 看成随机变量 X_{ij} 的观察值,$X_{ij} \sim N(\mu_i, \sigma^2)$,$i=1,2,\cdots,r$,$j=1,2,\cdots,k$,且 X_{ij} 独立,今要检验假设

$$H_0: \mu_1 = \mu_2 = \cdots = \mu_r,$$
$$H_1: \mu_1, \mu_2, \cdots, \mu_r \text{ 不全相等}. \tag{9.1}$$

设 $X_{ij} - \mu_i = \varepsilon_{ij}$,即

$$\begin{cases} X_{ij} = \mu_i + \varepsilon_{ij}, \\ \varepsilon_{ij} \sim N(0, \sigma^2), \end{cases} \tag{9.2}$$

其中 $i=1,2,\cdots,r$,$j=1,2,\cdots,k$,ε_{ij} 独立. 式(9.2)称为方差分析的数据结构模型.

如果设 $\mu = \dfrac{1}{r}\sum_{i=1}^{r}\mu_i$,$\alpha_i = \mu_i - \mu$,则模型(9.2)可写成

$$\begin{cases} X_{ij} = \mu + \alpha_i + \varepsilon_{ij}, \\ \varepsilon_{ij} \sim N(0, \sigma^2). \end{cases} \tag{9.3}$$

$i=1,2,\cdots,r$,$j=1,2,\cdots,k$,ε_{ij} 独立,

$$\sum_{i=1}^{r}\alpha_i = \sum_{i=1}^{r}(\mu_i - \mu) = \sum_{i=1}^{r}\mu_i - r\mu = 0,$$

α_i 称为第 i 个水平的效应值,这个值反映了因素的第 i 个水平对试验指标的"纯"作用.

二、检验方法

为了给出检验的统计量,引入总平方和

$$S_T = \sum_{i=1}^{r}\sum_{j=1}^{k}(X_{ij} - \overline{X})^2,$$

其中

$$\overline{X} = \frac{1}{rk}\sum_{i=1}^{r}\sum_{j=1}^{k}X_{ij}.$$

若令

$$X_i. = \sum_{j=1}^{k}X_{ij}, \quad \overline{X}_i. = \frac{1}{k}X_i.,$$

则有

$$S_T = \sum_{i=1}^{r}\sum_{j=1}^{k}(X_{ij} - \overline{X})^2 = \sum_{i=1}^{r}\sum_{j=1}^{k}(X_{ij} - \overline{X}_i. + \overline{X}_i. - \overline{X})^2$$

$$= \sum_{i=1}^{r} \sum_{j=1}^{k} (X_{ij} - \overline{X}_{i.})^2 + \sum_{i=1}^{r} k(\overline{X}_{i.} - \overline{X})^2 = S_e + S_A.$$

其中交叉项

$$\sum_{i=1}^{r} \sum_{j=1}^{k} (X_{ij} - \overline{X}_{i.})(X_{i.} - \overline{X}) = \sum_{i=1}^{r} (\overline{X}_{i.} - k\overline{X}_{i.})(\overline{X}_{i.} - \overline{X}) = 0,$$

所以

$$S_T = S_e + S_A, \tag{9.4}$$

其中

$$S_e = \sum_{i=1}^{r} \sum_{j=1}^{k} (X_{ij} - \overline{X}_{i.})^2, \quad S_A = k \sum_{i=1}^{r} (\overline{X}_{i.} - \overline{X})^2.$$

式(9.4)称为平方和分解式;S_T 称为总偏差平方和,简称平方和.

S_A 表示各组样本均值 $\overline{x}_i$ 对总体样本均值 $\overline{x}$ 的偏差平方和,称为因素 A 的效应平方和(或组间平方和).

S_e 表示各样本 X_{ij} 对本组样本均值 $\overline{x}_i$ 的偏差平方和,称为误差平方和(或组内平方和).

效应平方和 S_A 反映由于因素 A 的不同水平所引起的系统误差,即各组样本之间的差异程度;误差平方和 S_e 则反映了试验过程中各种随机因素所引起的随机误差.

当 H_0 成立时,$\mu_1 = \mu_2 = \cdots = \mu_r = \mu$, $X_{ij} \sim N(\mu, \sigma^2)$,由正态分布的线性不变性,$X_{ij} - \overline{X}$ 仍服从正态分布,所以 $S_r = \sum_{i=1}^{r} \sum_{j=1}^{k} (X_{ij} - \overline{X})^2$ 是 n 个正态变量的平方和,其中 $n = kr$,这 n 个正态变量有一个线性关系 $\sum_{i=1}^{r} \sum_{j=1}^{k} (X_{ij} - \overline{X}) = 0$,可以证明:$\dfrac{S_T}{\sigma^2} \sim \chi^2(n-1)$.

再者可以证明当 H_0 成立时,

$$\frac{S_A}{\sigma^2} \sim \chi^2(r-1),$$

$$\frac{S_e}{\sigma^2} \sim \chi^2(n-r),$$

且 S_A, S_e 独立,从而

$$F = \frac{S_A/(r-1)}{S_e/(n-r)} \sim F(r-1, n-r). \tag{9.5}$$

当 H_0 不成立时,$\mu_1, \mu_2, \cdots, \mu_r$ 不全相等.$X_1, X_2, \cdots, X_r$ 的波动会较大,此时 S_A 也较大,而 $S_e = \sum_{i=1}^{r} \sum_{j=1}^{k} (X_{ij} - \overline{X}_{i.})^2$ 变化不大.从而当 H_0 不真时,随机变量 F 的值有增大的趋势;当 H_0 成立时,F 的值不会很大.故知检验问题(9.1)的拒绝域具有形式 $F > F_\alpha(r-1, n-r)$,即当 $F > F_\alpha(r-1, n-r)$ 时,拒绝 H_0,认为因素 A 对试验指标有显著影响.当 $F \leqslant F_\alpha(r-1, n-r)$ 时,接受 H_0,认为因素 A 的各水平之间没什么显著差异.

三、方差分析表

在具体计算 S_A, S_e 时,可用如下简易算法:

$$S_T = \sum_{i=1}^{r} \sum_{j=1}^{k} X_{ij}^2 - n\overline{X}^2,$$

$$S_A = \frac{1}{k} \sum_{i=1}^{r} X_{i\cdot}^2 - n\overline{X}^2,$$

$$S_e = S_T - S_A,$$

并将以上计算结果列成方差分析表,如表 9.3 所示.

表 9.3　单因素重复试验方差分析表

方差来源	平 方 和	自 由 度	均 方 和	F
因素 A	S_A	$r-1$	$S_A/(r-1)$	$\dfrac{S_A/(r-1)}{S_e/(n-r)}$
误差 e	S_e	$n-r$	$S_e/(n-r)$	
总和	S_T	$n-1$		

例 9.1.2　在显著性水平 $\alpha = 0.01$ 下检验例 9.1.1 中不同的药物处理方法其苗高是否有显著差异.

解　$S_T = \sum_{i=1}^{r} \sum_{j=1}^{k} x_{ij}^2 - n\overline{x}^2 = 39.2^2 + 29.0^2 + \cdots + 19.5^2 - 30 \times 28.1^2 = 1\,208.86,$

$S_A = \dfrac{1}{6}(206.4^2 + 186.6^2 + \cdots + 140.4^2) - 30 \times 28.1^2 \approx 497.86.$

$S_e = S_T - S_A = 711,$

$F = \dfrac{S_A/(r-1)}{S_e/(n-r)} = \dfrac{497.86/4}{711/25} \approx 4.38, \quad F_{0.01}(4,25) = 4.18.$

因为 $F > F_{0.01}(4,25)$,所以拒绝 H_0,即不同的药物处理方法对苗高有显著影响.

第二节　双因素方差分析

在例 9.1.1 中,不同的药物处理对苗高有显著影响,如果试验是在不同的田块上进行的,不同的田块其苗高是否也有显著差异呢?这便是双因素方差分析问题.

一、数学模型

设在试验中有两个因素在变化.因素 A 有 r 个水平:$A_1, A_2, \cdots, A_r$,因素 B 有 s 个水平:$B_1, B_2, \cdots, B_s$,在 (A_i, B_j) 水平组合下试验结果为 X_{ij},设 $X_{ij} \sim N(\mu_{ij}, \sigma^2)$,且相互独立,$i = 1, 2, \cdots, r, j = 1, 2, \cdots, s.$

令

$$\mu = \frac{1}{rs} \sum_{i=1}^{r} \sum_{j=1}^{s} \mu_{ij},$$

$$\overline{\mu}_{i\cdot} = \frac{1}{s} \sum_{j=1}^{s} \mu_{ij},$$

$$\overline{\mu}._j = \frac{1}{r}\sum_{j=1}^{r}\mu_{ij},$$

$$\alpha_i = \overline{\mu}_i. - \mu,$$

$$\beta_j = \overline{\mu}._j - \mu,$$

称 μ 为数学期望的总平均, α_i 为因素 A 第 i 水平的效应, β_j 为因素 B 第 j 水平的效应. 显然有 $\sum_{i=1}^{r}\alpha_i = 0, \sum_{j=1}^{r}\beta_j = 0, \mu_{ij}$ 与效应 α_i, β_j 之间的关系有两种情形:

(1) $\mu_{ij} = \mu + \alpha_i + \beta_j$,

(2) $\mu_{ij} \neq \mu + \alpha_i + \beta_j$,

此时令 $r_{ij} = \mu_{ij} - \mu - \alpha_i - \beta_j$, 称 r_{ij} 为因素 A 的第 i 水平与因素 B 的第 j 水平的交互效应. 下面举例说明什么是交互效应.

例 9.2.1 某农民在四块土质相同的地块种植大豆, 第一块地不施磷肥也不施氮肥, 亩产 400 斤, 第二块地施加 6 斤氮肥, 亩产 430 斤, 第三块地施 4 斤磷肥, 亩产 450 斤, 第四块地施加 6 斤氮肥和 4 斤磷肥, 亩产 560 斤(见表 9.4).

表 9.4

P N	$P = 0$	$P = 4$
$N = 0$	400	450
$N = 6$	430	560

由表 9.4 可知只施氮肥可增产 30 斤, 只施磷肥可增产 50 斤, 既施氮肥又施磷肥可增产 160 斤, 即多增加 80 斤, 这 80 斤便是交互效应.

限于篇幅, 这里只讨论情形(1), 即 $\mu_{ij} = \mu + \alpha_i + \beta_j$, 设

$$X_{ij} - \mu_{ij} = \varepsilon_{ij}, \quad \varepsilon_{ij} \sim N(0, \sigma^2),$$

则

$$\begin{cases} X_{ij} = \mu + \alpha_i + \beta_j + \varepsilon_{ij}, \\ \sum_{i=1}^{r}\alpha_i = 0, \sum_{j=1}^{s}\beta_j = 0, \varepsilon_{ij} \sim N(0, \sigma^2), \text{且相互独立}, \end{cases} \quad i = 1, 2, \cdots, r, j = 1, 2, \cdots, s,$$

$$(9.6)$$

所要检验的假设有两个:

$$H_{01}: \alpha_1 = \alpha_2 = \cdots = \alpha_r = 0,$$

$$H_{02}: \beta_1 = \beta_2 = \cdots = \beta_s = 0. \tag{9.7}$$

若检验结果拒绝 $H_{01}(H_{02})$, 则认为因素 A(或 B)的不同水平对试验结果有显著影响; 若二者均不拒绝, 那就说明因素 A 与 B 的不同水平对试验结果无显著影响.

二、假设检验

令

$$\overline{X}_{i.} = \frac{1}{s}\sum_{j=1}^{s} X_{ij},$$

$$\overline{X}_{.j} = \frac{1}{r}\sum_{i=1}^{r} X_{ij},$$

$$\overline{X} = \frac{1}{n}\sum_{i=1}^{r}\sum_{j=1}^{s} X_{ij},$$

$$n = rs,$$

总的偏差平方和

$$
\begin{aligned}
S_T &= \sum_{i=1}^{r}\sum_{j=1}^{s}(X_{ij}-\overline{X})^2\\
&= \sum_{i=1}^{r}\sum_{j=1}^{s}[(X_{ij}-\overline{X}_{i.}-\overline{X}_{.j}+\overline{X})+(\overline{X}_{i.}-\overline{X})+(\overline{X}_{.j}-\overline{X})]^2\\
&= \sum_{i=1}^{r}\sum_{j=1}^{s}(X_{ij}-\overline{X}_{i.}-\overline{X}_{.j}+\overline{X})^2+\sum_{i=1}^{r}\sum_{j=1}^{s}(\overline{X}_{i.}-\overline{X})^2+\sum_{i=1}^{r}\sum_{j=1}^{s}(\overline{X}_{.j}-\overline{X})^2\\
&= S_e+S_A+S_B,
\end{aligned}
$$

可以证明上式中三个交叉乘积项的和均为零,所以

$$S_T = S_e + S_A + S_B,$$

$$S_e = \sum_{i=1}^{r}\sum_{j=1}^{s}(X_{ij}-\overline{X}_{i.}-\overline{X}_{.j}+\overline{X})^2,$$

$$S_A = \sum_{i=1}^{r}\sum_{j=1}^{s}(\overline{X}_{i.}-\overline{X})^2 = s\sum_{i=1}^{r}(\overline{X}_{i.}-\overline{X})^2,$$

$$S_B = r\sum_{j=1}^{s}(\overline{X}_{.j}-\overline{X})^2.$$

将 $X_{ij}=\mu+\alpha_i+\beta_j+\varepsilon_{ij}$ 代入 S_e,S_A,S_B 后得

$$S_e = \sum_{i=1}^{r}\sum_{j=1}^{s}(\varepsilon_{ij}-\overline{\varepsilon}_{i.}-\overline{\varepsilon}_{.j}+\overline{\varepsilon})^2,$$

$$S_A = s\sum_{i=1}^{r}(\alpha_i+\overline{\varepsilon}_{i.}-\overline{\varepsilon})^2,$$

$$S_B = r\sum_{j=1}^{s}(\beta_j+\overline{\varepsilon}_{.j}-\overline{\varepsilon})^2,$$

故 S_e 反映了试验误差,S_A 主要反映了因素 A 的影响,S_B 主要反映了因素 B 的影响.

由于 $\varepsilon_{ij} \sim N(0,\sigma^2)$,可以证明 $\dfrac{S_e}{\sigma^2} \sim \chi^2((r-1)(s-1))$.当 H_{01} 成立时,$\dfrac{S_A}{\sigma^2} \sim \chi^2(r-1)$,且 S_e,S_A 独立,从而

$$F_A = \frac{S_A/(r-1)}{S_e/[(r-1)(s-1)]} \sim F[(r-1),(r-1)(s-1)].$$

同样,当 H_{02} 成立时,$\dfrac{S_B}{\sigma^2} \sim \chi^2(s-1)$,且 S_e,S_B 独立,从而

$$F_B = \frac{S_B/(s-1)}{S_e/[(r-1)(s-1)]} \sim F[(s-1),(r-1)(s-1)].$$

对于给定的显著性水平 α，若 $F_A > F_\alpha[(r-1),(r-1)(s-1)]$，则拒绝 H_{01}；若 $F_B > F_\alpha[(S-1),(r-1)(s-1)]$，则拒绝 H_{02}. 具体计算时也可将上述过程列成方差分析表（见表9.5）.

表9.5 双因素方差分析表

方差来源	平 方 和	自 由 度	均 方 和	F
因素 A	$S_A = \frac{1}{s}\sum\limits_{i=1}^{r} x_{i\cdot}^2 - n\overline{x}^2$	$r-1$	$S_A/(r-1)$	$F_A = \dfrac{S_A/(r-1)}{S_e/[(r-1)(s-1)]}$
因素 B	$S_B = \frac{1}{r}\sum\limits_{i=1}^{s} x_{\cdot j}^2 - n\overline{x}^2$	$s-1$	$S_B/(s-1)$	$F_B = \dfrac{S_B/(s-1)}{S_e/[(r-1)(s-1)]}$
误差 e	$S_e = S_T - S_A - S_B$	$(r-1)(s-1)$	$S_e/(r-1)(s-1)$	
总和	$S_T = \sum\limits_{i=1}^{r}\sum\limits_{j=1}^{s} x_{ij}^2 - n\overline{x}^2$	$rs-1$		

例 9.2.2 甲、乙、丙、丁四个工人操作机器 Ⅰ、Ⅱ、Ⅲ 各一天，日产量如表 9.6 所示，问：工人和机器对日产量的影响是否显著？（$\alpha = 0.05$）

表9.6

机器 B ＼ 工人 A	甲	乙	丙	丁	$x_{\cdot j}$	$\overline{x}_{\cdot j}$
Ⅰ	50	47	47	53	197	49.3
Ⅱ	63	54	57	58	232	58.0
Ⅲ	52	42	41	48	183	45.8
$x_{i\cdot}$	165	143	145	159	$\sum\limits_{i=1}^{4}\sum\limits_{j=1}^{3} x_{ij} = 612$	
$\overline{x}_{i\cdot}$	55.0	47.7	48.3	53.0	$\overline{x} = 51$	

解 $n\overline{x}^2 = 12 \times 51^2 = 31\,212$，

$$S_T = \sum_{i=1}^{r}\sum_{j=1}^{s} x_{ij}^2 - n\overline{x}^2 = 466,$$

$$S_A = \frac{1}{3}(165^2 + 143^2 + 145^2 + 159^2) - n\overline{x}^2 = 114.67,$$

自由度 $f_A = 3$，

$$S_B = \frac{1}{4}(197^2 + 232^2 + 183^2) - n\overline{x}^2 = 318.50, f_B = 2,$$

$$S_e = S_T - S_A - S_B = 32.83, f_e = 6,$$

$$F_A = \frac{S_A/3}{S_e/6} = 6.99, F_B = \frac{S_B/2}{S_e/6} = 29.11,$$

$F_{0.05}(3,6) = 4.76, F_A > F_{0.05}(3,6)$，所以拒绝 H_{01}；

$F_{0.05}(2,6) = 5.14, F_B > F_{0.05}(2,6)$，所以拒绝 H_{02}.

因此工人和机器这两个因素对产量都有显著的影响.

第三节　一元线性回归

数学中经常要讨论变量之间的关系.变量之间的关系有两种情形:一种是完全确定的关系,如圆的半径 x 和面积 y :

$$y = \pi x^2, \ x > 0 ,$$

这种 x 和 y 的关系称为函数关系.还有一类变量,它们之间也有一定的关系,但又没有达到可以唯一确定的程度.例如人的年龄和血压,年龄大的人血压会高一些,但它们之间的关系不能用一个确定的函数关系式来描述,这些变量之间的关系称为相关关系.回归分析就是研究这种相关关系的一种数学方法.

一、数学模型

设 x 表示人的年龄,Y 表示身高,在一定的范围内随着 x 的增加,Y 也会增加,但同一年龄的人身高仍可不同,因为影响身高的因素不光是年龄,还有遗传、地域、生活条件等许多因素,用下列模型来描述它:

$$Y = f(x) + \varepsilon, \varepsilon \sim N(0, \sigma^2), \tag{9.8}$$

这里 Y 是随机变量,称为响应变量,$f(x)$ 是普通的函数,称为回归函数.显然

$$E(Y) = f(x),$$

$y = f(x)$ 称为回归方程.下面讨论回归函数是一元线性函数的情形,此时

$$Y = \beta_0 + \beta_1 x + \varepsilon, \varepsilon \sim N(0, \sigma^2), \tag{9.9}$$

其中,x 是自变量,通常称为控制变量;$\beta_0, \beta_1, \sigma^2$ 是未知参数;β_0, β_1 也称为回归系数.

二、参数估计

为了求出式(9.9)中 β_0 和 β_1 的估计,我们做 n 次独立试验,得到一组数据 $(x_i, y_i), i = 1, 2, \cdots, n$,其中 y_i 是响应变量 Y 的第 i 次观察值,即 Y_i 的观察值,这里

$$\begin{cases} Y_i = \beta_0 + \beta_1 x_i + \varepsilon_i, i = 1, 2, \cdots, n, \\ \varepsilon_i \sim N(0, \sigma^2) \text{ 且相互独立}. \end{cases} \tag{9.10}$$

设 β_0, β_1 的估计量分别为 $\hat{\beta}_0$ 和 $\hat{\beta}_1$,则方程

$$\hat{Y} = \hat{\beta}_0 + \hat{\beta}_1 x \tag{9.11}$$

称为经验回归方程.记

$$\hat{y}_i = \hat{\beta}_0 + \hat{\beta}_1 x_i. \tag{9.12}$$

我们希望观察值 y_i 和估计值 $\hat{y}_i$ 的偏差达到最小.下面用最小二乘法来求 $\hat{\beta}_0$ 和 $\hat{\beta}_1$,先构造平方和:

$$Q(\beta_0, \beta_1) = \sum_{i=1}^{n} (y_i - \beta_0 - \beta_1 x_i)^2,$$

选择 $\hat{\beta}_0$ 和 $\hat{\beta}_1$ 使 $Q(\hat{\beta}_0, \hat{\beta}_1) = \min_{\beta_0, \beta_1} Q(\beta_0, \beta_1)$,为此令

$$\begin{cases} \dfrac{\partial Q}{\partial \beta_0} = -2 \sum_{i=1}^{n} (y_i - \beta_0 - \beta_1 x_i) = 0, \\ \dfrac{\partial Q}{\partial \beta_1} = -2 \sum_{i=1}^{n} (y_i - \beta_0 - \beta_1 x_i) x_i = 0, \end{cases}$$

整理后得

$$\begin{cases} n\beta_0 + \left(\sum_{i=1}^{n} x_i\right)\beta_1 = \sum_{i=1}^{n} y_i, \\ \left(\sum_{i=1}^{n} x_i\right)\beta_0 + \left(\sum_{i=1}^{n} x_i^2\right)\beta_1 = \sum_{i=1}^{n} x_i y_i, \end{cases} \tag{9.13}$$

方程组(9.13)称为正规方程组. 不难得到方程组的解为

$$\begin{cases} \hat{\beta}_1 = \dfrac{n \sum\limits_{i=1}^{n} x_i y_i - \sum\limits_{i=1}^{n} x_i \sum\limits_{i=1}^{n} y_i}{n \sum\limits_{i=1}^{n} x_i^2 - \left(\sum\limits_{i=1}^{n} x_i\right)^2}, \\ \hat{\beta}_0 = \dfrac{1}{n} \sum\limits_{i=1}^{n} y_i - \hat{\beta}_1 \overline{x}, \end{cases}$$

称 $\hat{\beta}_0, \hat{\beta}_1$ 为参数 β_0, β_1 的最小二乘估计. 为便于记忆,写成

$$\begin{cases} \hat{\beta}_1 = \dfrac{\sum\limits_{i=1}^{n} (x_i - \overline{x})(y_i - \overline{y})}{\sum\limits_{i=1}^{n} (x_i - \overline{x})^2} \overset{\triangle}{=} \dfrac{L_{xy}}{L_{xx}}, \\ \hat{\beta}_0 = \overline{y} - \hat{\beta}_1 \overline{x}, \end{cases} \tag{9.14}$$

其中, $\overline{x} = \dfrac{1}{n} \sum\limits_{i=1}^{n} x_i, \overline{y} = \dfrac{1}{n} \sum\limits_{i=1}^{n} y_i, L_{xy} = \sum\limits_{i=1}^{n} (x_i - \overline{x})(y_i - \overline{y}), L_{xx} = \sum\limits_{i=1}^{n} (x_i - \overline{x})^2.$

例 9.3.1 某地 10 个村庄的养猪头数 x 和某种农作物的亩产量 Y 的调查数据如表 9.7 所示,求 Y 对 x 的经验回归方程.

表 9.7

村庄号	1	2	3	4	5	6	7	8	9	10
养猪头数 x	425	296	298	225	323	365	382	343	314	265
亩产量 Y(kg)	182	102	135	114	159	172	173	145	130	112

解 将表中各对 (x_i, y_i) 的值描在直角坐标平面上,得图 9.1,该图称为散点图. 从图上可以看出作物亩产量随养猪头数增加而增加,它们之间大致呈一线性关系,但各点又不完全在一条直线上,因为产量还受其他一些因素的影响. 下面求 Y 对 x 的经验回归方程.

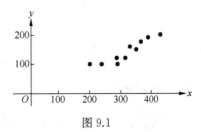

图 9.1

$$L_{xx} = \sum_{i=1}^{n}(x_i - \overline{x})^2 = \sum_{i=1}^{n}x_i^2 - \frac{1}{n}\Big(\sum_{i=1}^{n}x_i\Big)^2$$

$$= 1\,077\,618 - \frac{1}{10} \times 3\,236^2 = 30\,448.4,$$

$$L_{xy} = \sum_{i=1}^{n}(x - \overline{x})(y_i - \overline{y})$$

$$= \sum_{i=1}^{n}x_i y_i - \frac{1}{n}\sum_{i=1}^{n}x_i\sum_{i=1}^{n}y_i$$

$$= 473\,880 - \frac{1}{10} \times 3\,236 \times 1\,424 = 13\,073.6,$$

于是

$$\hat{\beta}_1 = \frac{13\,073.6}{30\,778.4} = 0.429\,4,$$

$$\hat{\beta}_0 = \overline{y} - \hat{\beta}_1\overline{x} = 142.4 - 0.429\,4 \times 323.6 = 3.446\,2,$$

所以经验回归方程为

$$\hat{Y} = 3.446\,2 + 0.429\,4x.$$

为了下面研究问题的需要,这里介绍一下残差平方和的概念:称 $y_i - \hat{y}_i$ 为残差,它是观察值 y_i 与估计值 $\hat{y}_i$ 的垂直偏差;称 $Q_e = \sum_{i=1}^{n}(y_i - \hat{y}_i)^2$ 为残差平方和.将 $\hat{Y}_i = \hat{\beta}_0 + \hat{\beta}_1 x_i$ 代入 Q_e,得

$$Q_e = \sum_{i=1}^{n}(y_i - \hat{\beta}_0 + \hat{\beta}_1 x_i)^2 = \sum_{i=1}^{n}(y_i - \overline{y} + \hat{\beta}_1\overline{x} - \hat{\beta}_1 x_i)^2$$

$$= \sum_{i=1}^{n}[(y_i - \overline{y}) - \hat{\beta}_1(x_i - \overline{x})]^2 = L_{yy} - 2\hat{\beta}_1 L_{xy} + (\hat{\beta}_1)^2 L_{xx},$$

其中,

$$L_{yy} = \sum_{i=1}^{n}(y_i - \overline{y})^2,$$

将 $\hat{\beta}_1 = \dfrac{L_{xy}}{L_{xx}}$ 代入上式得

$$Q_e = L_{yy} - (\hat{\beta}_1)^2 L_{xx}. \tag{9.15}$$

下面介绍两个重要结果:

(1) $\dfrac{Q_e}{\sigma^2} \sim \chi^2(n-2)$,从而 $E\Big(\dfrac{Q_e}{\sigma^2}\Big) = (n-2)$,$E\Big(\dfrac{Q_e}{n-2}\Big) = \sigma^2$,即 $\hat{\sigma}^2 = \dfrac{Q_e}{n-2}$ 是 σ^2 的无偏估计.

$$\tag{9.16}$$

(2) $\hat{\beta}_1 \sim N\Big(\beta, \dfrac{\sigma^2}{L_{xx}}\Big)$,且 $\hat{\beta}_1$ 与 $\hat{\sigma}^2$ 相互独立. $\tag{9.17}$

三、假设检验

我们是在 x 和 Y 满足关系式(9.9)的前提下进行讨论的.当 x 和 Y 没有这种关系时,由

数据 (x_i, y_i) 也可得出经验回归方程,只是方程没有任何实际意义.在实际问题中,若线性假设式(9.9)符合实际,则 β_1 不应该为零.因为若 $\beta_1 l = 0$,则 Y 和 x 之间就不存在线性关系了.因此要检验线性假设是否符合实际,就需检验假设:

$$H_0 : \beta_1 = 0, \quad H_1 : \beta_1 \neq 0.$$

为此进行 t 检验,当 H_0 成立时, $\hat{\beta}_1 \sim N\left(\beta, \dfrac{\sigma^2}{L_{xx}}\right)$.

所以 $\dfrac{\hat{\beta}_1}{\dfrac{\sigma}{\sqrt{L_{xx}}}} \sim N(0,1)$.又 $\dfrac{Q_e}{\sigma^2} \sim \chi^2(n-2)$ 且相互独立,所以

$$\frac{\hat{\beta}_1 / \dfrac{\sigma}{\sqrt{L_{xx}}}}{\sqrt{\dfrac{Q_e / \sigma^2}{n-2}}} \sim t(n-2),$$

即

$$T = \frac{\hat{\beta}_1 \sqrt{L_{xx}}}{\sqrt{\dfrac{Q_e}{n-2}}} \sim t(n-2). \tag{9.18}$$

对于给定的显著性水平 α,若 $|T| > t_{\frac{\alpha}{2}}(n-2)$,则拒绝 H_0,认为 $\beta_1 \neq 0$,回归效果显著;若 $|T| \leqslant t_{\frac{\alpha}{2}}(n-2)$,则接受 H_0,认为回归效果不显著.

例 9.3.2 检验例 9.3.1 中的回归效果是否显著,取 $\alpha = 0.05$.

解 $L_{xx} = 30\,448.4$, $L_{yy} = \sum\limits_{i=1}^{n} y_i^2 - \dfrac{1}{n}\left(\sum\limits_{i=1}^{n} y_i\right)^2 = 7\,234.4$.

$Q_e = L_{yy} - \hat{\beta}_1^2 L_{xx} = 7\,234.4 - 0.429\,4^2 \times 30\,448.4 = 1\,620.2$.

$$T = \frac{\hat{\beta}_1 \sqrt{L_{xx}}}{\sqrt{\dfrac{Q_e}{n-2}}} = \frac{0.429\,4\sqrt{30\,448.4}}{\sqrt{\dfrac{1\,620.2}{8}}} = 5.26,$$

$$t_{0.025}(8) = 2.306.$$

因为 $|T| > t_{0.025}(8)$,所以拒绝 H_0,即回归效果显著.

四、预测

如果经检验回归效果是显著的,则经验回归方程有效,可以用它来进行预测,即当控制变量 x 取某一值 x_0 时,求对应 Y 的观察值 Y_0 的取值范围.

我们自然用经验回归值 $\hat{y}_0 = \hat{\beta}_0 + \hat{\beta}_1 x_0$ 作为 y_0 的预测值.下面讨论 y_0 的预测区间.由于

$$\hat{Y}_0 = \hat{\beta}_0 + \hat{\beta}_1 x_0 = \bar{Y} - \hat{\beta}_1 \bar{x} + \hat{\beta}_1 x_0 = \bar{Y} + \hat{\beta}_1 (x_0 - \bar{x}),$$

其中,

$$\bar{Y} = \frac{1}{n}\sum_{i=1}^{n} Y_i, \quad Y_i = \beta_0 + \beta_1 x_i + \varepsilon_i, \varepsilon_i \sim N(0, \sigma^2).$$

由式(9.17)得

$$\hat{\beta}_1 \sim N\left(\hat{\beta}, \frac{\sigma^2}{L_{xx}}\right),$$

所以 $\hat{Y}_0$ 服从正态分布.

$$E(\hat{Y}_0) = \frac{1}{n}\sum_{i=1}^{n}(\beta_0 + \beta_1 x_i) + \beta_1(x_0 - \overline{x}) = \beta_0 + \beta_1\overline{x} + \beta_1(x_0 - \overline{x})$$
$$= \beta_0 + \beta_1 x_0.$$

可以证明 $\overline{Y}, \hat{\beta}_1$ 和 Q_e 相互独立.

因为

$$D(\hat{Y}_0) = D(\overline{Y}) + (x_0 - \overline{x})^2 D(\hat{\beta}_1) = \frac{\sigma^2}{n} + (x_0 - \overline{x})^2\frac{\sigma^2}{L_{xx}},$$

所以

$$\hat{Y}_0 \sim N\left(\beta_0 + \beta_1 x_0, \sigma^2\left[\frac{1}{n} + \frac{(x_0 - \overline{x})^2}{L_{xx}}\right]\right). \tag{9.19}$$

又 $\hat{Y}_0$ 只依赖于 $y_1, y_2, \cdots, y_n$,而与 Y_0 无关,可得 Y_0 与 $\hat{Y}_0$ 独立,则

$$\hat{Y}_0 = \beta_0 + \beta_0 x_0 + \varepsilon_0, \varepsilon_0 \sim N(0, \sigma^2),$$
$$E(Y_0 - \hat{Y}_0) = 0,$$
$$D(Y_0 - \hat{Y}_0) = D(Y_0) + D(\hat{Y}_0) = \sigma^2\left[1 + \frac{1}{n} + \frac{(x_0 - \overline{x})^2}{L_{xx}}\right],$$

于是

$$Y_0 - \hat{Y}_0 \sim N\left(0, \sigma^2\left[1 + \frac{1}{n} + \frac{(x_0 - \overline{x})^2}{L_{xx}}\right]\right). \tag{9.20}$$

由于 $\overline{Y}, \hat{\beta}_1, Q_e$ 相互独立,而 $\hat{Y}_0$ 只依赖于 $\overline{Y}$ 和 $\hat{\beta}_1$,可知 $\hat{Y}_0$ 与 Q_e 独立,由此可推得 $Y_0 - \hat{Y}_0$ 与 Q_e 独立.由式(9.16)知

$$\frac{Q_e}{\sigma^2} \sim \chi^2(n-2),$$

因此

$$T = \frac{Y_0 - \hat{Y}_0}{\sigma\sqrt{1 + \frac{1}{n} + \frac{(x_0 - \overline{x})^2}{L_{xx}}}} \Bigg/ \sqrt{\frac{Q_e}{\sigma^2(n-2)}}$$

$$= \frac{Y_0 - \hat{Y}_0}{\hat{\sigma}\sqrt{1 + \frac{1}{n} + \frac{(x_0 - \overline{x})^2}{L_{xx}}}} \sim t(n-2),$$

其中

$$\hat{\sigma} = \sqrt{\frac{Q_e}{n-2}}.$$

对于给定的置信概率 $1-\alpha$,查表可得 $t_{\frac{\alpha}{2}}(n-2)$,使得
$$P\{|T|<t_{\frac{\alpha}{2}}(n-2)\}=1-\alpha,$$
即有
$$P\{\hat{Y}_0-\delta(x_0)<Y_0<\hat{Y}_0+\delta(x_0)\}=1-\alpha, \tag{9.21}$$
从而得到 Y_0 的置信概率为 $1-\alpha$ 的预测区间为
$$(\hat{Y}_0-\delta(x_0),\hat{Y}_0+\delta(x_0)),$$
其中
$$\delta(x_0)=\hat{\sigma}t_{\frac{\alpha}{2}}(n-2)\sqrt{1+\frac{1}{n}+\frac{(x_0-\overline{x})^2}{L_{xx}}}. \tag{9.22}$$
由式(9.22)可知 $\hat{\sigma}$ 越小,预测区间越短.x_0 越靠近 $\overline{x}$ 时,预测区间也越短,即预测精度越高.

例 9.3.3 在例 9.3.1 中取 $x_0=350$,求 Y_0 的置信度为 0.95 的预测区间.

解
$$\hat{Y}=\hat{\beta}_0+\hat{\beta}_1 x_0=3.4462+0.4294\times350=153.74,$$
$$\hat{\sigma}=\sqrt{\frac{Q_e}{n-2}}=\sqrt{\frac{1620.2}{8}}\approx14.2,$$
$$\overline{x}=323.6,$$
$$L_{xx}=30448.4,$$
$$t_{0.025}(8)=2.306,$$
$$\delta(x_0)=\hat{\sigma}t_{\frac{\alpha}{2}}(n-2)\sqrt{1+\frac{1}{n}+\frac{(x_0-\overline{x})^2}{L_{xx}}}$$
$$=14.2\times2.306\sqrt{1+\frac{1}{10}+\frac{(350-323.6)^2}{30448.4}}$$
$$=34.70.$$
所以预测区间为(119.04,188.44).

习 题 九

1. 小白鼠在接种三种不同菌型的伤寒杆菌后存活天数如表 9.8 所示.

表 9.8

菌 型	存 活 天 数				
Ⅰ	2	4	3	2	4
Ⅱ	5	6	8	6	10
Ⅲ	1	8	5	5	6

三种菌型的平均存活天数有无显著性差异?($\alpha=0.05$)

2. 某农技员为检验不同的施肥方案对水稻产量有无显著影响,用了 4 种施肥方案,每种

方案在 3 块田上试验,得每 100 蔸禾的产量如表 9.9 所示.(单位:斤)

表 9.9

田块 \ 方案	A_1	A_2	A_3	A_4
1	5.5	5.5	7.5	7.0
2	6.5	5.0	5.5	8.0
3	6.0	4.5	6.0	6.0

假设这些田块土质相同,不同的施肥方案对水稻产量有无显著影响?($\alpha = 0.01$)

3. 为了考察某个合金中碳的含量(因素 A)与锑铅含量(因素 B)对合金强度的影响,对因素 A 取 3 个水平,因素 B 取 4 个水平,在每个水平组合下做一次试验,得数据如表 9.10 所示.

表 9.10

B \ A	3.3%	3.4%	3.5%	3.6%
0.03%	63.1	63.9	65.6	66.8
0.04%	65.1	66.4	67.8	69.0
0.05%	67.2	71.0	71.9	73.5

碳的含量与锑铅含量对合金强度的影响是否显著?($\alpha = 0.05$)

4. 三个水稻品种在 5 个地区试种得亩产量(kg)如表 9.11 所示.

表 9.11

品种 \ 种植地区	A_1	A_2	A_3	A_4	A_5
B_1	500	492	480	524	444
B_2	470	484	460	480	516
B_3	504	540	516	476	464

品种与种植地区对水稻的亩产量是否有显著作用?($\alpha = 0.05$)

5. 某人观察了 10 对英国父子的身高(in),数据如表 9.12 所示.

表 9.12

父亲身高 x	60	62	64	65	66	67	68	70	72	74
儿子身高 y	63.6	65.2	66	65.5	66.9	67.1	67.4	63.3	70.1	70

(1) 求 y 对 x 的经验回归方程;

(2) 对线性回归模型做假设检验.($\alpha = 0.05$)

6. 在对某种铜线的含碳量对于电阻效应的研究中得到如表 9.13 所示的一批数据.

表 **9.13**

含碳量 $x/\%$	0.10	0.30	0.40	0.55	0.70	0.80	0.95
电阻 $y/\mu\Omega$	15	18	19	21	22.6	23.8	26

（1）求 y 对 x 的经验回归方程；

（2）对线性回归模型做假设检验（$\alpha=0.01$）；

（3）求 $x=0.5$ 时，y 的置信度为 95% 的预测区间.

习题解答

习　题　一

1. (1) $\{(1,2),(1,3),(2,3)\}$;

(2) $\{3,4,5,6,7,8,9,10\}$;

(3) $\{1,2,3,\cdots\}$.

2. (1) ABC;

(2) $\overline{A}\,\overline{B}\,\overline{C}$;

(3) $\overline{A}BC\cup A\overline{B}C\cup AB\overline{C}\cup A\overline{B}\,\overline{C}\cup \overline{A}B\overline{C}\cup \overline{A}\,\overline{B}C\cup \overline{A}\,\overline{B}\,\overline{C}$ 或 $\overline{\overline{ABC}}$;

(4) $AB\overline{C}\cup A\overline{B}C\cup \overline{A}BC\cup \overline{A}\,\overline{B}C\cup \overline{A}B\overline{C}\cup A\overline{B}\,\overline{C}\cup \overline{A}\,\overline{B}\,\overline{C}$;

(5) $AB\overline{C}\cup A\overline{B}C\cup \overline{A}BC\cup ABC$.

3. (1) $\overline{A\cup B}=\{1,6\}$;

(2) $\overline{A}\,\overline{B}=\{1,6\}$;

(3) $\overline{AB}=\{1,2,5,6\}$;

(4) $\overline{A}\cup \overline{B}=\{1,2,5,6\}$.

4. (1) 三个零件不全是正品;

(2) 第一个零件是正品,其他两个零件不全是正品;

(3) 三个零件中至少有两个零件是正品;

(4) 三个零件中至少有一件次品.

5. (1) 否;(2) 是;(3) 是;(4) 否.

6. (1) 记 $A=\{$第一卷出现在旁边$\}$,因为第一卷有两个位置可以摆放,故 $P(A)=\dfrac{2}{5}$;

(2) 记 $B=\{$第一卷和第五卷都出现在旁边$\}$,故

$$P(B)=\frac{P_2^2 P_3^3}{P_5^5}=\frac{1}{10};$$

(3) 记 $C=\{$第三卷在中间$\}$,故 $P(C)=\dfrac{C_3^1 P_4^4}{P_5^5}=\dfrac{3}{5}$.

7. (1) $P(A) = \dfrac{C_8^3}{C_{10}^3} = \dfrac{7}{15}$;

(2) $P(B) = 1 - P(A) = \dfrac{8}{15}$ 或 $P(B) = \dfrac{C_2^1 C_8^2}{C_{10}^3} + \dfrac{C_2^2 C_8^1}{C_{10}^3} = \dfrac{8}{15}$.

8. (1) 记 $A = \{$恰好在第三次打开门$\}$, $P(A) = \dfrac{P_4^2}{P_5^3} = \dfrac{1}{5}$;

(2) 记 $B = \{$三次内打开门$\}$, $A_i = \{$恰好第 i 次打开门$\}$, $i=1,2,3$, 则 $P(A_i) = \dfrac{1}{5}$, 且诸 A_i 互不相容.

于是 $B = A_1 + A_2 + A_3$, 所以 $P(B) = \displaystyle\sum_{i=1}^{3} P(A_i) = \dfrac{3}{5}$.

9. 因为 $ABC \subset BC$, 所以 $P(ABC) = 0$,
$$P(A \cup B \cup C) = P(A) + P(B) + P(C) - P(AB) - P(BC) - P(AC) + P(ABC)$$
$$= \dfrac{3}{4} - \dfrac{1}{8} = \dfrac{5}{8}.$$

10. 记 $A = \{$候车时间不超过 3 min$\}$, 由几何概型可知,
$$P(A) = \dfrac{3}{5}.$$

11. 记 X 表示甲到达的时间, Y 表示乙到达的时间, 则 $0 \leqslant X \leqslant T$, $0 \leqslant Y \leqslant T$, 甲、乙两人能会面应满足条件 $|X - Y| \leqslant t$, 如右图阴影部分所示.

由几何概型, 甲、乙两人能会面的概率为
$$P(A) = 1 - \left(\dfrac{T-t}{T}\right)^2.$$

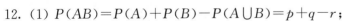

12. (1) $P(AB) = P(A) + P(B) - P(A \cup B) = p + q - r$;
(2) $P(\overline{A}B) = P(B) - P(AB) = q - (p + q - r) = r - p$;
(3) $P(\overline{A}\,\overline{B}) = 1 - (A \cup B) = 1 - r$;
(4) $P(\overline{A} \cup \overline{B}) = P(\overline{AB}) = 1 - P(AB) = 1 - p - q + r$.

13. $P(A) \geqslant 0$, $P(B) \geqslant 0$, $P(AB) \geqslant 0$, $P(A \cup B) = P(A) + P(B) - P(AB)$.
所以 $P(A \cup B) \leqslant P(A) + P(B)$,
又 $AB \subset A \cup B$,
所以 $P(AB) \leqslant P(A \cup B)$.
所以 $P(AB) \leqslant P(A \cup B) \leqslant P(A) + P(B)$.

14. $P(A \cup B) = \dfrac{1}{3}$, $P(A\overline{B}) = \dfrac{1}{9}$.
由 $A \cup B = B \cup A\overline{B}$ 且 $B \cap (A\overline{B}) = \varnothing$, 得
$$P(B) = P(A \cup B) - P(A\overline{B}) = \dfrac{1}{3} - \dfrac{1}{9} = \dfrac{2}{9}.$$

15. (1) 记 $A=\{$三次都取到正品$\}$,

$$P(A)=\frac{C_{95}^3}{C_{100}^3};$$

(2) 记 $B=\{$两次取正品、一次取次品$\}$,

$$P(B)=0.138.$$

16. (1) 记 $A=\{$每个小组分到一名优秀生$\}$,

$$P(A)=\frac{P_3^3 C_{12}^4 C_8^4 C_4^4}{C_{15}^5 C_{10}^5 C_5^5}=\frac{25}{91}\approx 0.275.$$

(2) 记 $B=\{$三名优秀生在同一个小组$\}$,

$$P(B)=\frac{C_3^1 C_{12}^2 C_{10}^5 C_5^5}{C_{15}^5 C_{10}^5 C_5^5}=\frac{6}{91}\approx 0.066.$$

17. 在 $A_i=\{$在第 i 个转运站中,该物品包装完好$\}$,$A=\{$物品到达乙地时包装完好$\}$,则

$$P(A)=P(A_1 A_2)=P(A_1)P(A_2\mid A_1)$$
$$=(1-0.12)(1-0.08)=0.8096.$$

18. 记 $A_i=\{$第 i 个人摸到彩票$\}$,$i=1,2,\cdots,n$. $A=\{$前 $k-1$ 个人没摸到的条件下,第 k 个人摸到$\}$,$k\leqslant n$. 则

(1) $P(A)=P(A_k\mid \overline{A}_1\cdots\overline{A}_{k-1})=\dfrac{1}{n-k+1}$;

(2) $P(A_k)=P(\overline{A}_1\cdots\overline{A}_{k-1})P(A_k\mid \overline{A}_1\cdots\overline{A}_{k-1})$

$$=P(\overline{A}_1)P(\overline{A}_2\mid \overline{A}_1)\cdots P(A_k\mid \overline{A}_1\cdots\overline{A}_{k-1})$$

$$=\frac{n-1}{n}\cdot\frac{n-2}{n-1}\cdots\frac{n-k+1}{n-k+2}\cdot\frac{1}{n-k+1}=\frac{1}{n}.$$

19. 记 $A=\{$孩子得病$\}$,$B=\{$母亲得病$\}$,$C=\{$父亲得病$\}$.

则 $P(A)=0.6,P(B\mid A)=0.5,P(C\mid AB)=0.4,P(\overline{C}\mid AB)=0.6$.

故 $P(AB\overline{C})=P(A)P(B\mid A)P(\overline{C}\mid AB)=0.6\times 0.5\times 0.6=0.18$.

20. 记 $A=\{$顾客按所定颜色如数得到货品$\}$,故

$$P(A)=\frac{C_{10}^4 C_4^3 C_3^2}{C_{17}^9}=\frac{252}{2431}\approx 0.1037.$$

21. 记 $A=\{$恰好有 90 个次品$\}$,$B=\{$至少有 2 个次品$\}$. 则

(1) $P(A)=\dfrac{C_{400}^{90} C_{1100}^{110}}{C_{1500}^{200}}$;

(2) $P(B)=1-P(\overline{B})=1-\dfrac{C_{1100}^{200}}{C_{1500}^{200}}-\dfrac{C_{1100}^{199} C_{400}^1}{C_{1500}^{200}}$.

22. 记 $A=\{$没有一双配对$\}$,则 $\overline{A}=\{$至少有两只鞋子配成一双$\}$. 要使 A 发生,先从 5 双中取出 4 双,再从每双中再分别取一只. 故

$$P(A) = \frac{C_5^4 (C_2^1)^4}{C_{10}^4} = \frac{8}{21},$$

所以
$$P(\bar{A}) = 1 - P(A) = \frac{13}{21}.$$

23. 记 $A = \{$排列结果为 ability$\}$,则

$$P(A) = \frac{1}{11} \times \frac{2}{10} \times \frac{2}{9} \times \frac{1}{8} \times \frac{1}{7} \times \frac{1}{6} \times \frac{1}{5} = \frac{4}{P_{11}^7} \approx 0.000\,002\,4.$$

24. 记 $A_k = \{$杯子中球的最大个数为 $k\}, k = 1, 2, 3$,则

$$P(A_1) = \frac{P_4^3}{4^3} = \frac{3}{8}, P(A_2) = \frac{P_4^1 3^2}{4^3} = \frac{9}{16}, P(A_3) = \frac{P_4^1}{4^3} = \frac{1}{16}.$$

25. 记 $A = \{$部件强度太弱$\}$,

$$P(A) = \frac{C_{10}^1 C_3^3}{C_{50}^3} = \frac{1}{1\,960}.$$

26. $P(A \cup \bar{B}) = P(A) + P(\bar{B}) - P(A\bar{B}) = 0.7 + 0.6 - 0.5 = 0.8.$

由 $P(A) = P(AB) + P(A\bar{B})$,

得 $P(AB) = P(A) - P(A\bar{B}) = 0.7 - 0.5 = 0.2.$

于是 $P(B | A \cup \bar{B}) = \dfrac{P(B \cap (A \cup \bar{B}))}{P(A \cup \bar{B})} = \dfrac{P(BA)}{P(A \cup \bar{B})} = \dfrac{0.2}{0.8} = \dfrac{1}{4}.$

27. $P(AB) = P(A)P(B|A) = \dfrac{1}{4} \times \dfrac{1}{3} = \dfrac{1}{12}, P(B) = \dfrac{P(AB)}{P(A|B)} = \dfrac{\frac{1}{12}}{\frac{1}{2}} = \dfrac{1}{6}.$

所以 $P(A \cup B) = P(A) + P(B) - P(AB) = \dfrac{1}{4} + \dfrac{1}{6} - \dfrac{1}{12} = \dfrac{1}{3}.$

28. 记 $C = \{$接到信息 $A\}, \bar{C} = \{$接到信息 $B\}, D = \{$发出信息 $A\}, \bar{D} = \{$发出信息 $B\}.$
于是

$$P(D) = \frac{2}{3}, P(\bar{D}) = \frac{1}{3}, P(C | D) = 0.98,$$

$$P(\bar{C} | D) = 0.02, P(C | \bar{D}) = 0.01, P(\bar{C} | \bar{D}) = 0.99.$$

由全概率公式得
$$P(C) = P(D)P(C | D) + P(\bar{D})P(C | \bar{D})$$
$$= \frac{2}{3} \times 0.98 + \frac{1}{3} \times 0.01 = \frac{197}{300}.$$

由贝叶斯公式得

$$P(D | C) = \frac{P(D)P(C | D)}{P(C)} = \frac{\frac{2}{3} \times 0.98}{\frac{197}{300}} = \frac{196}{197}.$$

29. 记 $A=\{$该人于 $5:47$ 到家$\}$，$B=\{$乘坐地铁$\}$，$C=\{$乘坐汽车$\}$. 于是

$$P(B)=P(C)=\frac{1}{2},P(A)=\frac{1}{2}\times0.45+\frac{1}{2}\times0.2=0.325,$$

所以 $P(B|A)=\dfrac{\frac{1}{2}\times0.45}{0.325}=\dfrac{45}{65}=\dfrac{9}{13}.$

30. 记 $A_i=\{$从第 i 箱中取出一个零件$\}$，$i=1,2$，$B_k=\{$第 k 次取出的零件为一等品$\}$，$k=1,2.$

于是 $P(A_i)=\dfrac{1}{2}$，$P(B_1|A_1)=\dfrac{1}{5}$，$P(B_1|A_2)=\dfrac{3}{5}.$

(1) $P(B_1)=\displaystyle\sum_{i=1}^{2}P(A_i)P(B_1|A_i)=0.4.$

(2) 因为 $P(B_1B_2|A_1)=\dfrac{10}{50}\times\dfrac{9}{49}=\dfrac{9}{245}$，

$$P(B_1B_2|A_2)=\frac{18}{30}\times\frac{17}{29}=\frac{51}{145},$$

$$P(B_1B_2)=\sum_{i=1}^{2}P(A_i)P(B_1B_2|A_i)=\frac{276}{1\,421}.$$

所以 $P(B_2|B_1)=\dfrac{P(B_1B_2)}{P(B_1)}=\dfrac{690}{1\,421}\approx0.485\,6.$

31. 记 $A_i=\{$乘坐第 i 种交通工具$\}$，$i=1,2,3,4$ 分别表示火车、轮船、汽车、飞机. $B=\{$该朋友迟到$\}$，则

$$P(A_1)=0.3,P(A_2)=0.2,P(A_3)=0.1,P(A_4)=0.4,P(B|A_1)=\frac{1}{4},$$

$$P(B|A_2)=\frac{1}{3},P(B|A_3)=\frac{1}{12},P(B|A_4)=0.$$

由贝叶斯公式得

$$P(A_1|B)=\frac{P(A_1)P(B|A_1)}{\displaystyle\sum_{i=1}^{4}P(A_i)P(B|A_i)}=\frac{0.3\times\frac{1}{4}}{0.3\times\frac{1}{4}+0.2\times\frac{1}{3}+0.1\times\frac{1}{12}}=\frac{1}{2}.$$

32. 记 $A_i=\{$由第 i 台机器生产的产品$\}$，$i=1,2,3.$ $B=\{$抽取一件产品,它为不合格品$\}$. 则 $P(A_1)=25\%$，$P(A_2)=35\%$，$P(A_3)=40\%$，

$$P(B|A_1)=5\%,P(B|A_2)=4\%,P(B|A_3)=2\%.$$

由贝叶斯公式

$$P(A_i|B)=\frac{P(A_i)P(B|A_i)}{\displaystyle\sum_{i=1}^{3}P(A_i)P(B|A_i)},$$

所以 $P(A_1|B)=\dfrac{25}{69}$，$P(A_2|B)=\dfrac{28}{69}$，$P(A_3|B)=\dfrac{16}{69}.$

33. 记 A_i＝{抽取一台机床,它为第 i 种机床},$i＝1,2,3,4$ 分别表示车床、钻床、磨床、刨床.$B＝${该机床需要修理}.则

$$P(A_1)＝\frac{9}{15},P(A_2)＝\frac{3}{15},P(A_3)＝\frac{2}{15},P(A_4)＝\frac{1}{15},$$

$$P(B\mid A_1)＝\frac{1}{7},P(B\mid A_2)＝\frac{2}{7},P(B\mid A_3)＝\frac{3}{7},P(B\mid A_4)＝\frac{1}{7}.$$

由贝叶斯公式得

$$P(A_1\mid B)＝\frac{P(A_1)P(B\mid A_1)}{\sum\limits_{i=1}^{4}P(A_i)P(B\mid A_i)}＝\frac{9}{22}.$$

34. 记 X 表示母鸡下一代的个数,Y 表示母鸡生蛋的个数,则

$$P\{X＝r\}＝\sum_{k=r}^{\infty}P\{X＝r\mid Y＝k\}P\{Y＝k\}$$

$$＝\sum_{k=r}^{\infty}C_k^r p^r(1-p)^{k-r}\cdot\frac{\lambda^k e^{-\lambda}}{k!}$$

$$＝\sum_{k=r}^{\infty}\frac{k!}{r!\,(k-r)!}p^r(1-p)^{k-r}\frac{\lambda^k e^{-\lambda}}{k!}$$

$$＝\sum_{k=r}^{\infty}\frac{\lambda^{k-r}(1-p)^{k-r}}{(k-r)!}\cdot\frac{1}{r!}\lambda^r p^r e^{-\lambda}$$

$$＝\frac{(\lambda p)r}{r!}e^{-\lambda}\sum_{m=0}^{\infty}\frac{[\lambda(1-p)]^m}{m!}$$

$$＝e^{\lambda(1-p)}e^{-\lambda}\frac{(\lambda p)^r}{r!}＝\frac{(\lambda p)^r}{r!}e^{-\lambda p}.$$

35. 记 $B＝${击中目标}$,A_i＝${第 i 门炮击中目标}$,i＝1,2,A_1,A_2$ 相互独立,则

$$P(A_i)＝0.6,P(A_1A_2)＝P(A_1)P(A_2)＝0.36,$$

$$P(B)＝P(A_1\bigcup A_2)＝P(A_1)+P(A_2)-P(A_1A_2)＝0.84.$$

设至少需配备 n 门高射炮,于是

$$P(B)＝P(\bigcup_{i=1}^{n}A_i)＝1-P(\overline{A}_1\overline{A}_2\cdots\overline{A}_n)＝1-(0.4)^n\geqslant0.99.$$

所以 $n\geqslant6$.

36. 设 A 与 B 相互独立,则 $P(AB)＝P(A)P(B)>0$,故 A 与 B 不是互不相容事件.

设 A 与 B 互不相容,$P(AB)＝0$,但 $P(A)P(B)>0$,故 A 与 B 不相互独立.

37. 记 $A＝${取出的黑球数恰好是 k}$,$事件 A 表示一共取出了 $k+1$ 个球,前 k 个球为黑球,第 $k+1$ 个球为白球.

记 $B_i＝${第 i 次取到白球}$,i＝1,2,\cdots,k+1$.由于取球为有放回的,故诸 $B_i(i＝1,\cdots,k+1)$ 相互独立.

$$P(B_i)＝\frac{a}{a+b},P(\overline{B}_i)＝\frac{b}{a+b}.$$

$$P(A) = \left(\frac{b}{a+b}\right)^k \cdot \frac{a}{a+b} = \frac{b^k a}{(a+b)^{k+1}}.$$

38. (1) 记 $A = \{$恰有 3 人治愈$\}$,故

$$P(A) = C_5^3 (0.4)^3 (1-0.4)^{5-3} = 0.23.$$

(2) 记 $B = \{$至少有 4 人治愈$\}$,故

$$P(B) = C_5^4 (0.4)^4 (1-0.4)^{5-4} + (0.4)^5 = 0.087\ 04.$$

39. 记 $A_i = \{$第 i 个继电器接点导通$\}$, $i = 1,2,3,4$, $B = \{L$ 到 R 为通路$\}$.

由于 A_1, A_2, A_3, A_4 相互独立且 $P(A_i) = p$,

故 $P(B) = P((A_1 A_2) \bigcup (A_3 A_4)) = P(A_1 A_2) + P(A_3 A_4) - P(A_1 A_2 A_3 A_4)$
$$= p^2 + p^2 - p^4 = p^2(2-p^2).$$

40. 记 $A_i = \{$第 i 个人译出密码$\}$, $i = 1,2,3$, $B = \{$密码被破译$\}$.

由于 $P(A_1) = \frac{1}{5}$, $P(A_2) = \frac{1}{3}$, $P(A_3) = \frac{1}{4}$, A_1, A_2, A_3 相互独立,

故 $P(B) = P(A_1 \bigcup A_2 \bigcup A_3)$
$= P(A_1) + P(A_2) + P(A_3) - P(A_1 A_2) - P(A_1 A_3) - P(A_2 A_3) + P(A_1 A_2 A_3)$
$= \frac{1}{5} + \frac{1}{3} + \frac{1}{4} - \frac{1}{5} \times \frac{1}{3} - \frac{1}{5} \times \frac{1}{4} - \frac{1}{3} \times \frac{1}{4} + \frac{1}{5} \times \frac{1}{3} \times \frac{1}{4} = 0.6.$

41. 记 $A = \{$取到的硬币为正品$\}$, $B = \{$抛掷该硬币 r 次,每次都得到国徽$\}$.

于是 $P(A) = \frac{m}{m+n}$, $P(\overline{A}) = \frac{n}{m+n}$, $P(B|A) = \left(\frac{1}{2}\right)^r$, $P(B|\overline{A}) = 1$.

所以 $P(B) = P(A)P(B|A) + P(\overline{A})P(B|\overline{A}) = \frac{m+2^r n}{(m+n)2^r}$,

$$P(A|B) = \frac{P(A)P(B|A)}{P(B)} = \frac{\dfrac{m}{m+n} \cdot \left(\dfrac{1}{2}\right)^r}{\dfrac{m+2^r n}{2^r(m+n)}} = \frac{m}{m+2^r n}.$$

42. 记 $A_i = $第 i 个人击中飞机, $i = 1,2,3$, $B = \{$飞机被击落$\}$, $C_k = \{$恰有 k 个人击中飞机$\}$,于是

$$P(A_1) = 0.4, P(A_2) = 0.5, P(A_3) = 0.7;$$
$$P(C_1) = P(A_1 \overline{A}_2 \overline{A}_3 + \overline{A}_1 A_2 \overline{A}_3 + \overline{A}_1 \overline{A}_2 A_3) = 0.36;$$
$$P(C_2) = P(A_1 A_2 \overline{A}_3 + A_1 \overline{A}_2 A_3 + \overline{A}_1 A_2 A_3) = 0.41;$$
$$P(C_3) = P(A_1 A_2 A_3) = 0.14.$$

又 $P(B|C_1) = 0.2$, $P(B|C_2) = 0.6$, $P(B|C_3) = 1$,

由全概率公式得

$$P(B) = P(C_1)P(B|C_1) + P(C_2)P(B|C_2) + P(C_3)P(B|C_3)$$
$$= 0.36 \times 0.2 + 0.41 \times 0.6 + 0.14 = 0.458.$$

43. 记 $B=\{$任取三件产品,产品都完好$\}$.

则 $P(B)=P(A_1)P(B|A_1)+P(A_2)P(B|A_2)+P(A_3)P(B|A_3)$

$$=0.8\times0.98^3+0.15\times0.9^3+0.05\times0.1^3=0.862\ 55.$$

于是 $P(A_1|B)=\dfrac{P(A_1)P(B|A_1)}{P(B)}=\dfrac{0.8\times0.98^2}{0.862\ 55}=0.8\ 731$;

$$P(A_2|B)=\dfrac{P(A_2)P(B|A_2)}{P(B)}=0.126\ 8;$$

$$P(A_3|B)=\dfrac{P(A_3)P(B|A_3)}{P(B)}=0.000\ 1.$$

44. 记 $A_i=\{$第 i 个顾问的意见正确$\},i=1,2,\cdots,9,P(A_i)=0.7$,记 $C_k=\{$有 k 个顾问正确$\},k=1,2,\cdots,9,B=\{$做出正确决策$\}$.

于是 $P(B)=P(C_5)+P(C_6)+\cdots+P(C_9)$

$$=C_9^5(0.7)^5(0.3)^4+C_9^6(0.7)^6(0.3)^3+C_9^7(0.7)^7(0.3)^2$$

$$+C_9^8(0.7)^8(0.3)+C_9^9(0.7)^9$$

$$=0.901\ 1.$$

习 题 二

1. 记 X 表示取出的产品中的次品数,则 $X=0,1,2,3$.

$$P\{X=0\}=\dfrac{C_5^3}{C_8^3}=\dfrac{10}{56},P\{X=1\}=\dfrac{C_5^2C_3^1}{C_8^3}=\dfrac{30}{56},$$

$$P\{X=2\}=\dfrac{C_5^1C_3^2}{C_8^3}=\dfrac{15}{56},P\{X=3\}=\dfrac{C_3^3}{C_8^3}=\dfrac{1}{56}.$$

所以,X 的分布律为

X	0	1	2	3
P	$\dfrac{10}{56}$	$\dfrac{30}{56}$	$\dfrac{15}{56}$	$\dfrac{1}{56}$

2. (1) X 的所有可能取值为 $1,2,3,\cdots$.

$$P\{X=k\}=q^{k-1}p,k=1,2,3,\cdots.$$

(2) $\{X=k\}$ 表示 k 次射击中,有 r 次击中目标,且在前 $k-1$ 次射击中,击中 $r-1$ 次目标,第 k 次击中目标.于是

$$P\{X=k\}=C_{k-1}^{r-1}p^{r-1}q^{k-r}\cdot p=C_{k-1}^{r-1}p^rq^{k-r},其中,k=r,r+1,\cdots.$$

3. (1) 由规范性得

$$1=\sum_{k=1}^{\infty}c\cdot\left(\dfrac{2}{3}\right)^{k-1}=3c,$$

所以 $c=\dfrac{1}{3}$.

(2) 由规范性得

$$1=\sum_{k=1}^{\infty}c\cdot\frac{\lambda^{k}}{k!}=c(\mathrm{e}^{\lambda}-1),$$

所以 $c=\dfrac{1}{\mathrm{e}^{\lambda}-1}.$

4. (1) $P\{X=1\ \text{或}\ 3\}=P\{X=1\}+P\{X=3\}=\dfrac{1}{15}+\dfrac{3}{15}=\dfrac{4}{15};$

(2) $P\left\{\dfrac{1}{4}<X\leqslant\dfrac{7}{2}\right\}=P\{X=1\}+P\{X=2\}+P\{X=3\}=\dfrac{1}{15}+\dfrac{2}{15}+\dfrac{3}{15}=\dfrac{2}{5};$

(3) $P\{1\leqslant X\leqslant 3\}=P\{X=1\}+P\{X=2\}+P\{X=3\}=\dfrac{2}{5}.$

5. 设 $P\{X=k\}=\dfrac{\lambda^{k}}{k!}\mathrm{e}^{-\lambda},\lambda>0.$ 由 $P\{X=1\}=P\{X=2\}$ 知

$$\lambda\mathrm{e}^{-\lambda}=\frac{\lambda^{2}}{2}\mathrm{e}^{-\lambda},$$

所以 $\lambda=2,$ 故 $P\{X=4\}=\dfrac{2^{4}}{4!}\mathrm{e}^{-2}.$

6. 记 X 表示发生交通事故的次数,则 $P\{X=k\}=\mathrm{C}_{1\,000}^{k}(0.003)^{k}(0.997)^{1\,000-k},k=0,1,\cdots,1\,000.$

令 $\lambda=np=1\,000\times 0.003=3,$ 于是 $P\{X=k\}\approx\dfrac{3^{k}\mathrm{e}^{-3}}{k!}.$

记 $A=\{$发生交通事故的次数不小于 $2\},$ 而 $P\{X=0\}=\mathrm{e}^{-3},P\{X=1\}=3\mathrm{e}^{-3}.$
所以 $P(A)=1-P\{X=0\}-P\{X=1\}=1-\mathrm{e}^{-3}-3\mathrm{e}^{-3}\approx 0.8.$

7. 设配备人员为 n 个人,发生故障的设备数为 $X,$ 则 $X\sim B(300,0.01),\lambda=300\times 0.01=3.$
要使 $P\{X\leqslant n\}\geqslant 0.99,$ 即 $P\{X\leqslant n\}\approx\sum_{k=0}^{n}\dfrac{3^{k}\mathrm{e}^{-3}}{k!}\geqslant 0.99,$
所以 $n\geqslant 8.$

8. $P\{X=k\}=(1-p)^{k-1}p=0.55^{k-1}\times 0.45,k=1,2,\cdots.$
$P\{X\ \text{取偶数}\}=P\{X=2\}+P\{X=4\}+\cdots$
$=0.55\times 0.45+0.55^{3}\times 0.45+\cdots$
$=\dfrac{11}{31}\approx 0.354\,8.$

9. (1) 由 $1=\sum_{k=0}^{\infty}a\cdot\dfrac{\lambda^{k}}{k!},$ 得 $a=\mathrm{e}^{-\lambda};$

(2) 由 $1=\sum_{k=1}^{N}\dfrac{a}{N},$ 得 $a=1.$

10. 记 X 表示同一时刻使用的设备数,$X=0,1,2,\cdots,5.$
(1) $P\{X=2\}=\mathrm{C}_{5}^{2}(0.1)^{2}(0.9)^{3}\approx 0.072\,9;$

(2) $P\{X\geqslant3\}=C_5^3(0.1)^3(0.9)^2+C_5^4(0.1)^4(0.9)^1+C_5^5(0.1)^5\approx0.0085$；

(3) $P\{X\leqslant3\}=C_5^0(0.1)^0(0.9)^5+C_5^1(0.1)^1(0.9)^4+C_5^2(0.1)^2(0.9)^3+C_5^3(0.1)^3(0.9)^2\approx0.9996$；

(4) $P\{X\geqslant1\}=1-P\{X=0\}=1-C_5^0(0.1)^0(0.9)^5\approx0.4095$.

11. 记 X 表示事件 A 发生的次数.

(1) $X\sim B(5,0.3)$，

$$P\{X\geqslant3\}=C_5^3(0.3)^3(0.7)^2+C_5^4(0.3)^4(0.7)+C_5^5(0.3)^5$$
$$=0.1323+0.0283+0.0024=0.163;$$

(2) $X\sim B(7,0.3)$，

$$P\{X\geqslant3\}=1-P\{X=0\}-P\{X=1\}-P\{X=2\}$$
$$=1-C_7^0(0.3)^0(0.7)^7-C_7^1\cdot(0.3)\cdot(0.7)^6-C_7^2(0.3)^2\cdot(0.7)^5$$
$$=0.353.$$

12. 记 X 表示甲投中的次数，Y 表示乙投中的次数.

$$P\{X=k\}=C_3^k(0.6)^k(0.4)^{3-k},k=0,1,2,3,$$
$$P\{Y=n\}=C_3^n(0.7)^n(0.3)^{3-n},n=0,1,2,3.$$

(1) $$P\{X=Y\}=\sum_{k=0}^{3}P\{Y=k\mid X=k\}P\{X=k\}$$
$$=\sum_{k=0}^{3}P\{Y=k\}P\{X=k\}$$
$$=0.321.$$

(2) $$P\{X\geqslant Y\}=\sum_{k=1}^{3}P\{Y<k\mid X=k\}P\{X=k\}$$
$$=P\{X=1\}P\{Y=0\}+P\{X=2\}\{P\{Y=0\}+P\{Y=1\}\}$$
$$+P\{X=3\}\{P\{Y=0\}+P\{Y=1\}+P\{Y=2\}\}$$
$$=0.243.$$

13. (1) $P\{X\leqslant-1\}=F(-1)=0$；

(2) $P\{X\leqslant0.5\}=F(0.5)=0.5^2=0.25$；

(3) $P\{X>0.4\}=1-P\{X\leqslant0.4\}=1-0.16=0.84$；

(4) $P\{0.2<X\leqslant0.5\}=F(0.5)-F(0.2)=0.25-0.04=0.21$.

14. 由分布函数性质得

(1) $F(+\infty)=A+\dfrac{\pi}{2}B=1,F(-\infty)=A-\dfrac{\pi}{2}B=0$.

所以 $A=\dfrac{1}{2},B=\dfrac{1}{\pi}$.

(2) $P\{|X|\leqslant1\}=F(1)-F(-1)=\left(A+B\cdot\dfrac{\pi}{4}\right)-\left(A-B\cdot\dfrac{\pi}{4}\right)=\dfrac{1}{2}$.

15. (1) 由规范性得 $1=\displaystyle\int_0^2 Ax^3\mathrm{d}x$，所以 $A=\dfrac{1}{4}$；

(2) $P\{0 < X \leqslant 1\} = \int_0^1 \frac{1}{4}x^3 \mathrm{d}x = \frac{1}{16}$;

(3) $P\{-8 < X \leqslant 1\} = \int_0^1 \frac{1}{4}x^3 \mathrm{d}x = \frac{1}{16}$;

(4) $F(x) = \begin{cases} 0, & x \leqslant 0, \\ \dfrac{1}{16}x^4, & 0 < x \leqslant 2, \\ 1, & x > 2. \end{cases}$

(5) 略.

16. (1) 当 $x < 0$ 时, $F(x) = 0$;

当 $0 \leqslant x < 1$ 时, $F(x) = P\{X \leqslant x\} = \int_0^x t \mathrm{d}t = \frac{1}{2}x^2$;

当 $1 \leqslant x < 2$ 时, $F(x) = \int_0^1 x \mathrm{d}x + \int_1^x (2-t)\mathrm{d}t = -\frac{1}{2}x^2 + 2x - 1$;

当 $x \geqslant 2$ 时, $F(x) = \int_0^1 x \mathrm{d}x + \int_1^2 (2-x)\mathrm{d}x = 1$.

所以 $F(x) = \begin{cases} 0, & x < 0, \\ \dfrac{1}{2}x^2, & 0 \leqslant x < 1, \\ -\dfrac{1}{2}x^2 + 2x - 1, & 1 \leqslant x < 2, \\ 1, & x \geqslant 2. \end{cases}$

(2) $P\{-1 < X < 5\} = F(5) - F(-1) = 1 - 0 = 1$.

17. $P\{0.1 < X < 0.5\} = \int_{0.1}^{0.5}(12x^2 - 12x + 3)\mathrm{d}x = 0.256$.

$P\{X < 0.2\} = \int_0^{0.2}(12x^2 - 12x + 3)\mathrm{d}x = 0.392$.

$P\{0.1 < X < 0.2\} = \int_{0.1}^{0.2}(12x^2 - 12x + 3)\mathrm{d}x = 0.148$.

所以 $P\{X < 0.2 \mid 0.1 < X < 0.5\} = \dfrac{P\{0.1 < X < 0.2\}}{P\{0.1 < X < 0.5\}} = \dfrac{0.148}{0.256} = \dfrac{37}{64} \approx 0.578$.

18. X 的概率密度为

$$f(x) = \begin{cases} \dfrac{1}{5}, & 0 \leqslant x \leqslant 5, \\ 0, & 其他. \end{cases}$$

方程 $4x^2 + 4Xx + X + 2 = 0$ 有实根的充要条件是

$$\Delta = (4X)^2 - 4 \times 4 \times (X+2) \geqslant 0,$$

即 $X \geqslant 2$ 或 $X \leqslant -1$.

而 $P\{X \geqslant 2\} = P\{2 \leqslant X \leqslant 5\} = \int_2^5 \frac{1}{5}\mathrm{d}x = \frac{3}{5}$, $P\{X \leqslant -1\} = 0$.

故方程有实根的概率为

$$p = P\{X \geqslant 2\} + P\{X \leqslant -1\} = \frac{3}{5}.$$

19. $X \sim N(0,25)$，故$\frac{X}{5} \sim N(0,1)$.

(1) $P\{X<15\} = P\left\{\frac{X}{5}<3\right\} = \Phi(3) = 0.998\ 7,$

$P\{X>12\} = P\left\{\frac{X}{5}>\frac{12}{5}\right\} = 1-\Phi(2.4) = 0.008\ 2,$

$P\{9 \leqslant X \leqslant 20\} = P\left\{1.8 \leqslant \frac{X}{5} \leqslant 4\right\} = \Phi(4) - \Phi(1.8) = 0.035\ 9;$

(2) $P\{X \geqslant b\} = P\left\{\frac{X}{5} \geqslant \frac{b}{5}\right\} = 1-\Phi\left(\frac{b}{5}\right) = 0.251\ 4,$

所以 $\qquad \frac{b}{5} = 0.67, b = 3.35.$

20. 设 X 表示螺栓的长度，则 $X \sim N(10.05, 0.06^2)$，从而$\frac{X-10.05}{0.06} \sim N(0,1)$.

$$P\{10.05-0.12 < X < 10.05+0.12\}$$
$$= P\left\{-2 < \frac{X-10.05}{0.06} < 2\right\}$$
$$= 2\Phi(2) - 1 = 0.954\ 4.$$

螺栓为次品的概率为 $p = 1-0.954\ 4 = 0.045\ 6.$

21. 设 $X \sim N(\mu, \sigma^2)$，则$\frac{X-\mu}{\sigma} \sim N(0,1)$.

$$P\{120 < X \leqslant 200\} = P\left\{\frac{120-160}{\sigma} < X \leqslant \frac{200-160}{\sigma}\right\}$$
$$= 2\Phi\left(\frac{40}{\sigma}\right) - 1 \geqslant 0.8,$$

所以 $\Phi\left(\frac{40}{\sigma}\right) \geqslant 0.9$，所以$\frac{40}{\sigma} \geqslant 1.28$，即 $\sigma \leqslant 31.25.$

22. $X \sim N(3, 2^2)$，所以$\frac{X-3}{2} \sim N(0,1)$.

(1) $P\{2<X \leqslant 5\} = P\left\{\frac{2-3}{2} < \frac{X-3}{2} \leqslant \frac{5-3}{2}\right\} = \Phi(1) - \left[1-\Phi\left(\frac{1}{2}\right)\right] = 0.532\ 8,$

$P\{-4<X \leqslant 10\} = P\left\{\frac{-4-3}{2} < \frac{X-3}{2} \leqslant \frac{10-3}{2}\right\} = 2\Phi(3.5)-1 = 1,$

$P\{|X|>2\} = P\{X>2\} + P\{X<-2\} = P\left\{\frac{X-3}{2}>\frac{2-3}{2}\right\} + P\left\{\frac{X-3}{2}<\frac{-2-3}{2}\right\}$
$$= P\{Y>-0.5\} + P\{Y<-2.5\} = 1-\Phi(-0.5)+\Phi(-2.5) = 0.697\ 7,$$

$$P\{X>3\}=P\left\{\frac{X-3}{2}>\frac{3-3}{2}\right\}=\varPhi(0)=0.5;$$

(2) $P\{X>c\}=P\left\{\frac{X-3}{2}>\frac{c-3}{2}\right\}=1-\varPhi\left(\frac{c-3}{2}\right),P\{X\leqslant c\}=\varPhi\left(\frac{c-3}{2}\right),$

所以 $\varPhi\left(\frac{c-3}{2}\right)=1-\varPhi\left(\frac{c-3}{2}\right)$,得 $c=3$.

23. $X\sim N(110,12^2)$,所以 $\frac{X-110}{12}\sim N(0,1)$.

(1) $P\{X\leqslant 105\}=P\left\{\frac{X-110}{12}\leqslant\frac{105-110}{12}\right\}=\varPhi\left(-\frac{5}{12}\right)=0.337\,2,$

$P\{100<X\leqslant 120\}=P\left\{\frac{100-110}{12}<\frac{X-110}{12}\leqslant\frac{120-110}{12}\right\}=2\varPhi\left(\frac{5}{6}\right)-1=0.539\,4;$

(2) $P\{X>x\}=P\left\{\frac{X-110}{12}>\frac{x-110}{12}\right\}=1-\varPhi\left(\frac{x-110}{12}\right)\leqslant 0.05,$

所以 $\frac{x-110}{12}\geqslant 1.645$,得 $x\geqslant 129.74$.

24. 先写成如下形式:

X	−2	−1	0	1	3
$Y=X^2$	4	1	0	1	9
P	$\frac{1}{5}$	$\frac{1}{6}$	$\frac{1}{5}$	$\frac{1}{15}$	$\frac{11}{30}$

合并,得

Y	0	1	4	9
P	$\frac{1}{5}$	$\frac{7}{30}$	$\frac{1}{5}$	$\frac{11}{30}$

25.

X	0	$\frac{\pi}{2}$	π
Y	1	0	−1
P	$\frac{1}{4}$	$\frac{1}{2}$	$\frac{1}{4}$

即

Y	−1	0	1
P	$\frac{1}{4}$	$\frac{1}{2}$	$\frac{1}{4}$

26. X 的概率密度为 $f(x)=\begin{cases}\lambda e^{-\lambda x}, & x>0,\\ 0, & x\leqslant 0.\end{cases}$

当 $y>0$ 时,

$$F_Y(y)=P\{Y\leqslant y\}=P\{X^3\leqslant y\}=P\{X\leqslant y^{\frac{1}{3}}\}=1-e^{-\lambda y^{\frac{1}{3}}};$$

当 $y\leqslant 0$ 时,$F_Y(y)=0$.

所以　　$f_Y(y) = \begin{cases} \dfrac{\lambda}{3} y^{-\frac{2}{3}} e^{-\lambda y^{\frac{1}{3}}}, & y > 0, \\ 0, & y \leqslant 0. \end{cases}$

27. $X \sim U(9, 11)$，故 X 的密度函数为

$$f(x) = \begin{cases} \dfrac{1}{2}, & 9 < x < 11, \\ 0, & \text{其他}. \end{cases}$$

由 $Y = 2X^2$ 知 Y 的取值范围是 $(162, 242)$.

当 $y = 162$ 时，$F_Y(y) = 0$；当 $y = 242$ 时，$F_Y(y) = 1$；

当 $162 < y < 242$ 时，

$$F_Y(y) = P\{2X^2 \leqslant y\} = P\left\{-\sqrt{\dfrac{y}{2}} \leqslant X \leqslant \sqrt{\dfrac{y}{2}}\right\} = \int_9^{\sqrt{\frac{y}{2}}} \dfrac{1}{2} \mathrm{d}x = \dfrac{1}{2}\sqrt{\dfrac{y}{2}} - \dfrac{9}{2}.$$

所以，　　　　　　　$f_Y(y) = \begin{cases} \dfrac{1}{4\sqrt{2}} y^{-\frac{1}{2}}, & 162 < y < 242, \\ 0, \text{其他}. \end{cases}$

28. $X \sim U\left(-\dfrac{\pi}{2}, \dfrac{\pi}{2}\right)$，其密度函数为

$$f_X(x) = \begin{cases} \dfrac{1}{\pi}, & x \in \left(-\dfrac{\pi}{2}, \dfrac{\pi}{2}\right), \\ 0, & \text{其他}. \end{cases}$$

$Z = \tan X \in (-\infty, +\infty)$.

当 $z \in (-\infty, +\infty)$ 时，

$$P\{Z \leqslant z\} = P\{\tan X \leqslant z\} = P\{X \leqslant \arctan z\} = \dfrac{1}{\pi}\arctan z + \dfrac{1}{2},$$

所以　　　　　　　　$f_Z(z) = \dfrac{1}{\pi(1 + z^2)}.$

29. 记 X 表示顾客的等待时间.

$$p = P\{X \geqslant 10\} = \int_{10}^{+\infty} \dfrac{1}{5} \mathrm{e}^{-\frac{x}{5}} \mathrm{d}x = \mathrm{e}^{-2}.$$

又 $Y \sim B(5, p)$，所以

$$P\{Y = k\} = \mathrm{C}_5^k \mathrm{e}^{-2k}(1 - \mathrm{e}^{-2})^{5-k}, k = 0, 1, \cdots, 5.$$

30. 设河堤高度为 h. 要使 $P\{X \geqslant h\} \leqslant \dfrac{1}{100}$，即 $\int_h^{+\infty} \dfrac{2}{x^3} \mathrm{d}x \leqslant \dfrac{1}{100}$，

所以 $\dfrac{1}{h^2} \leqslant \dfrac{1}{100}$，$h \geqslant 10$.

习 题 三

1. (1) $F_X(x) = F(x, +\infty) = \begin{cases} 1 - e^{-0.01x}, & x \geqslant 0, \\ 0, & x < 0, \end{cases}$

$F_Y(y) = F(+\infty, y) = \begin{cases} 1 - e^{-0.01y}, & y \geqslant 0, \\ 0, & y < 0. \end{cases}$

(2) $P\{X > 120, Y > 120\} = 1 - P\{Y \leqslant 120\} - P\{X \leqslant 120\} + P\{X \leqslant 120, Y \leqslant 120\}$

$= 1 - (1 - e^{-0.01 \times 120}) - (1 - e^{-0.01 \times 120})$

$\qquad + (1 - e^{-0.01 \times 120} - e^{-0.01 \times 120} + e^{-0.01 \times 240})$

$= e^{-2.4}.$

2. X 的所有可能取值为 $0,1,2,3$，Y 的所有可能取值为 $1,3$.

X、Y 的分布律分别为

X	0	1	2	3
P	$\dfrac{1}{8}$	$\dfrac{3}{8}$	$\dfrac{3}{8}$	$\dfrac{1}{8}$

Y	1	3
P	$\dfrac{6}{8}$	$\dfrac{2}{8}$

$$P\{Y = 1\} = P\{X = 1\} + P\{X = 2\} = \frac{6}{8},$$

$$P\{Y = 3\} = P\{X = 0\} + P\{X = 3\} = \frac{2}{8}.$$

$$P\{X = 0, Y = 1\} = 0, P\{X = 0, Y = 3\} = P\{X = 0\}P\{Y = 3 \mid X = 0\} = \frac{1}{8},$$

$$P\{X = 1, Y = 1\} = P\{X = 1\}P\{Y = 1 \mid X = 1\} = \frac{3}{8},$$

$$P\{X = 1, Y = 3\} = P\{X = 1\}P\{Y = 3 \mid X = 1\} = 0,$$

$$P\{X = 2, Y = 1\} = P\{X = 2\}P\{Y = 1 \mid X = 2\} = \frac{3}{8},$$

$$P\{X = 2, Y = 3\} = P\{X = 2\}P\{Y = 3 \mid X = 2\} = 0,$$

$$P\{X = 3, Y = 3\} = P\{X = 3\}P\{Y = 3 \mid X = 3\} = \frac{1}{8},$$

$$P\{X = 3, Y = 1\} = P\{X = 3\}P\{Y = 1 \mid X = 3\} = 0.$$

故 X 与 Y 的联合分布为

Y \ X	0	1	2	3
1	0	$\dfrac{3}{8}$	$\dfrac{3}{8}$	0
3	$\dfrac{1}{8}$	0	0	$\dfrac{1}{8}$

边缘分布为 $P\{X=0\}=\dfrac{1}{8}$, $P=\{X=1\}=\dfrac{3}{8}$, $P\{X=2\}=\dfrac{3}{8}$, $P\{X=3\}=\dfrac{1}{8}$;

$$P\{Y=1\}=\dfrac{6}{8}, P\{Y=3\}=\dfrac{2}{8}.$$

3. $P\{X=0\}=\dfrac{1}{4}+b$, $P\{Y=0\}=\dfrac{1}{4}+a$.

由规范性得 $a+b=\dfrac{1}{2}$.

又 $P\{X=0,Y=0\}=P\{Y=0\}P\{X=0|Y=0\}$,

所以 $\dfrac{1}{4}=\left(\dfrac{1}{4}+a\right)\cdot\dfrac{1}{2}$.

所以 $a=\dfrac{1}{4}$, 从而 $b=\dfrac{1}{4}$.

4. （1）由规范性得

$$1=\int_0^1\int_0^1 cxy\,\mathrm{d}x\,\mathrm{d}y, 得 c=4;$$

（2）$P\{Y>X\}=\displaystyle\iint_{1>y>x>0} 4xy\,\mathrm{d}x\,\mathrm{d}y=\dfrac{1}{2}$;

（3）$P\{X=Y\}=0$.

5. X 的所有可能取值为 $0,1,2,3$, Y 的所有可能取值为 $0,1,2$. 所以 X 与 Y 的联合分布律为：

Y \ X	0	1	2	3	$p_{\cdot j}$
0	0	0	$\dfrac{C_2^0 C_3^2 C_2^2}{C_7^4}$	$\dfrac{C_2^0 C_3^3 C_2^1}{C_7^4}$	$\dfrac{5}{35}$
1	0	$\dfrac{C_2^1 C_3^1 C_2^2}{C_7^4}$	$\dfrac{C_2^1 C_3^2 C_2^1}{C_7^4}$	$\dfrac{C_2^1 C_3^3 C_2^6}{C_7^4}$	$\dfrac{20}{35}$
2	$\dfrac{C_2^2 C_3^0 C_2^2}{C_7^4}$	$\dfrac{C_2^2 C_3^1 C_2^1}{C_7^4}$	$\dfrac{C_2^2 C_3^2 C_2^0}{C_7^4}$	0	$\dfrac{10}{35}$
$p_{i\cdot}$	$\dfrac{1}{35}$	$\dfrac{12}{35}$	$\dfrac{18}{35}$	$\dfrac{4}{35}$	1

6. $d = d(n)$ 的可能取值为 $1, 2, 3, 4$.

$$P\{d=1\} = \frac{1}{10}, P\{d=2\} = \frac{4}{10}, P\{d=3\} = \frac{2}{10}, P\{d=4\} = \frac{3}{10}.$$

$$P\{F=0\} = \frac{1}{10}, P\{F=1\} = \frac{7}{10}, P\{F=2\} = \frac{2}{10}.$$

$$P\{F=0 \mid d=1\} = 1, P\{F=1 \mid d=1\} = P\{F=2 \mid d=1\} = 0,$$

$$P\{F=0 \mid d=2\} = 0, P\{F=1 \mid d=2\} = 1, P\{F=2 \mid d=2\} = 0,$$

$$P\{F=0 \mid d=3\} = 0, P\{F=1 \mid d=3\} = 1, P\{F=2 \mid d=3\} = 0,$$

$$P\{F=0 \mid d=4\} = 0, P\{F=1 \mid d=4\} = \frac{1}{3}, P\{F=2 \mid d=4\} = \frac{2}{3}.$$

所以 d 和 F 的联合分布为

F \ d	1	2	3	4
0	$\frac{1}{10}$	0	0	0
1	0	$\frac{4}{10}$	$\frac{2}{10}$	$\frac{1}{10}$
2	0	0	0	$\frac{2}{10}$

7. (1) 由规范性知 $1 = \int_0^2 \int_2^4 k(6-x-y)\mathrm{d}y\mathrm{d}x$, 所以 $k = \frac{1}{8}$;

(2) $P\{X<1, Y<3\} = \int_0^1 \int_2^3 \frac{1}{8}(6-x-y)\mathrm{d}y\mathrm{d}x = \frac{3}{8}$;

(3) $P\{X<1.5\} = \int_0^{1.5} \int_2^4 \frac{1}{8}(6-x-y)\mathrm{d}y\mathrm{d}x = \frac{27}{32}$;

(4) $P\{X+Y \leqslant 4\} = \iint\limits_{x+y \leqslant 4} \frac{1}{8}(6-x-y)\mathrm{d}x\mathrm{d}y = \int_0^2 \mathrm{d}x \int_2^{4-x} \frac{1}{8}(6-x-y)\mathrm{d}y = \frac{2}{3}$.

8. $f_X(x) = \begin{cases} 0.01\mathrm{e}^{-0.01x}, & x \geqslant 0, \\ 0, & x < 0, \end{cases}$

$f_Y(y) = \begin{cases} 0.01\mathrm{e}^{-0.01y}, & y \geqslant 0, \\ 0, & y < 0. \end{cases}$

9. ① $f_X(x) = \int_{-\infty}^{+\infty} f(x,y)\mathrm{d}y = \begin{cases} \int_0^x 4.8y(2-x)\mathrm{d}y, & 0 \leqslant x \leqslant 1, \\ 0, & \text{其他} \end{cases}$

$= \begin{cases} 2.4x^2(2-x), & 0 \leqslant x \leqslant 1, \\ 0, & \text{其他}. \end{cases}$

② $f_Y(y) = \int_{-\infty}^{+\infty} f(x,y)\mathrm{d}x = \begin{cases} \int_y^1 4.8y(2-x)\mathrm{d}x, & 0 \leqslant y \leqslant 1, \\ 0, & \text{其他} \end{cases}$

$= \begin{cases} 2.4y(3-4y+y^2), & 0 \leqslant y \leqslant 1, \\ 0, & \text{其他}. \end{cases}$

10. ① $f_X(x) = \int_{-\infty}^{+\infty} f(x,y)\mathrm{d}y = \begin{cases} \int_x^{+\infty} \mathrm{e}^{-y}\mathrm{d}y, & x > 0, \\ 0 & \text{其他} \end{cases}$

$= \begin{cases} \mathrm{e}^{-x}, & x > 0, \\ 0, & x \leqslant 0. \end{cases}$

② $f_Y(y) = \int_{-\infty}^{+\infty} f(x,y)\mathrm{d}x = \begin{cases} \int_0^y \mathrm{e}^{-y}\mathrm{d}x, & y > 0, \\ 0, & \text{其他} \end{cases}$

$= \begin{cases} y\mathrm{e}^{-y}, & y > 0, \\ 0, & \text{其他}. \end{cases}$

11. (1) 由规范性 $1 = \int_{-\infty}^{+\infty}\int_{-\infty}^{+\infty} f(x,y)\mathrm{d}x\mathrm{d}y$ 得

$$\int_{-1}^1 \mathrm{d}x \int_{x^2}^1 cx^2y\mathrm{d}y = 1,$$

所以 $c = \dfrac{21}{4}$.

(2) $f_X(x) = \int_{-\infty}^{+\infty} f(x,y)\mathrm{d}y = \begin{cases} \int_{x^2}^1 \dfrac{21}{4}x^2y\mathrm{d}y, & -1 \leqslant x \leqslant 1, \\ 0, & \text{其他} \end{cases}$

$= \begin{cases} \dfrac{21}{8}x^2(1-x^4), & -1 \leqslant x \leqslant 1, \\ 0, & \text{其他}. \end{cases}$

$f_Y(y) = \int_{-\infty}^{+\infty} f(x,y)\mathrm{d}x = \begin{cases} \int_{-\sqrt{y}}^{\sqrt{y}} \dfrac{21}{4}x^2y\mathrm{d}x, & 0 \leqslant y \leqslant 1, \\ 0, & \text{其他} \end{cases}$

$= \begin{cases} \dfrac{7}{2}y^{\frac{5}{2}}, & 0 \leqslant y \leqslant 1, \\ 0, & \text{其他}. \end{cases}$

12. ① $f_X(x) = \begin{cases} \displaystyle\int_x^{+\infty} \frac{1}{4} e^{-\frac{y}{2}} dy, & x > 0, \\ 0, & \text{其他} \end{cases}$

$= \begin{cases} \dfrac{1}{2} e^{-\frac{x}{2}}, & x > 0, \\ 0, & \text{其他}. \end{cases}$

② $f_Y(y) = \begin{cases} \displaystyle\int_0^y \frac{1}{4} e^{-\frac{y}{2}} dx, & y > 0, \\ 0, & \text{其他} \end{cases}$

$= \begin{cases} \dfrac{1}{4} y e^{-\frac{y}{2}}, & y > 0, \\ 0, & \text{其他}. \end{cases}$

13. X 与 Y 的联合密度为:

$$f(x,y) = \begin{cases} \dfrac{1}{2}, & 0 < x < 1, 0 < y < 2, \\ 0, & \text{其他}. \end{cases}$$

所以　　$P\{X + Y \geqslant 1\} = \displaystyle\iint\limits_{x+y \geqslant 1} f(x,y) dx dy = \frac{1}{2} \int_0^1 dx \int_{1-x}^2 dy = \frac{3}{4}.$

14. X 的密度函数为 $f_X(x) = \begin{cases} 1, & 0 < x < 1, \\ 0, & \text{其他}. \end{cases}$

(1) 由 X 与 Y 相互独立,可得 (X,Y) 的联合密度为

$$f(x,y) = \begin{cases} \dfrac{1}{2} e^{-\frac{y}{2}}, & 0 < x < 1, y > 0, \\ 0, & \text{其他}. \end{cases}$$

(2) 方程有实根的条件为 $\Delta = 4X^2 - 4Y \geqslant 0$,即 $Y \leqslant X^2$.

所以,所求概率　　$p = P\{Y \leqslant X^2\} = \displaystyle\iint\limits_{y \leqslant x^2} f(x,y) dx dy$

$= \displaystyle\int_0^1 dx \int_0^{x^2} \frac{1}{2} e^{-\frac{y}{2}} dy = \int_0^1 (1 - e^{-\frac{x^2}{2}}) dx$

$= 1 - \sqrt{2\pi} [\Phi(1) - \Phi(0)]$

$= 0.144\,5.$

15. (X,Y) 的联合密度为

$$f(x,y) = \begin{cases} \lambda\mu e^{-\lambda x - \mu y}, & x > 0, y > 0, \\ 0, & \text{其他}. \end{cases}$$

(1) 当 $y > 0$ 时,

$$f_{X|Y}(x \mid y) = \frac{f(x,y)}{f_Y(y)} = \begin{cases} \lambda e^{-\lambda x}, & x > 0, \\ 0, & \text{其他}. \end{cases}$$

(2) $P\{Z=1\}=\iint\limits_{x\leqslant y}f(x,y)\mathrm{d}x\mathrm{d}y=\dfrac{\lambda}{\lambda+\mu},P\{Z=0\}=\iint\limits_{x>y}f(x,y)\mathrm{d}x\mathrm{d}y=\dfrac{\mu}{\lambda+\mu}.$

所以 Z 的分布律为

Z	1	0
P	$\dfrac{\lambda}{\lambda+\mu}$	$\dfrac{\mu}{\lambda+\mu}$

其分布函数为

$$F_Z(z)=\begin{cases}0, & z<0,\\ \dfrac{\mu}{\lambda+\mu}, & 0\leqslant z<1,\\ 1, & z\geqslant 1.\end{cases}$$

16. 由卷积公式知

$$f_Z(z)=\int_{-\infty}^{+\infty}f_X(x)f_Y(z-x)\mathrm{d}x.$$

当 $z<0$ 时,$f_Z(z)=0$;

当 $0\leqslant z\leqslant 1$ 时,$f_Z(z)=\int_0^z\mathrm{e}^{-(z-x)}\mathrm{d}x=1-\mathrm{e}^{-z}$;

当 $z>1$ 时,$f_Z(z)=\int_0^1\mathrm{e}^{-(z-x)}\mathrm{d}x=\mathrm{e}^{1-z}-\mathrm{e}^{-z}.$

所以 $\qquad f_Z(z)=\begin{cases}0, & z<0,\\ 1-\mathrm{e}^{-z}, & 0\leqslant z\leqslant 1,\\ \mathrm{e}^{1-z}-\mathrm{e}^{-z}, & z>1.\end{cases}$

17. 设第一周的需求量为 X,第二周的需求量为 Y,第三周的需求量为 Z.则前两周的需求量为 $Z_1=X+Y.$

(1) 由卷积公式知

$$f_{Z_1}(z)=\int_{-\infty}^{+\infty}f_X(x)f_Y(z-x)\mathrm{d}x.$$

当 $z\leqslant 0$ 时,$f_{Z_1}(z)=0$;

当 $z>0$ 时,$f_{Z_1}(z)=\int_0^z x\mathrm{e}^{-x}(z-x)\mathrm{e}^{-(z-x)}\mathrm{d}x=\dfrac{1}{6}z^3\mathrm{e}^{-z}.$

所以 $\qquad f_{Z_1}(z)=\begin{cases}\dfrac{1}{6}z^3\mathrm{e}^{-z}, & z>0,\\ 0, & z\leqslant 0.\end{cases}$

(2) 三周的需求量为 $Z_2=Z_1+Z.$

由卷积公式,

当 $z>0$ 时, $\qquad f_{Z_2}(z)=\int_{-\infty}^{+\infty}f_{Z_1}(x)f_z(z-x)\mathrm{d}x$

$$=\int_0^z \frac{1}{6}x^3 e^{-x}(z-x)e^{-(z-x)}dx=\frac{1}{120}z^5 e^{-x};$$

当 $z\leqslant0$ 时，$f_{Z_2}(z)=0$.

所以
$$f_{Z_2}(z)=\begin{cases}\frac{1}{120}z^5 e^{-x}, & z>0,\\0, & z\leqslant0.\end{cases}$$

18. X 及 Y 的边缘密度分别为

$$f_X(x)=\begin{cases}\int_0^{+\infty} e^{-\frac{x}{2}}(1+y)^{-3}dy, & x>0,\\0, & 其他\end{cases}$$

$$=\begin{cases}\frac{1}{2}e^{-\frac{x}{2}}, & x>0,\\0, & 其他,\end{cases}$$

$$f_Y(y)=\begin{cases}\int_0^{+\infty} e^{-\frac{x}{2}}(1+y)^{-3}dx, & y>0,\\0, & 其他\end{cases}$$

$$=\begin{cases}2(1+y)^{-3}, & y>0,\\0, & 其他.\end{cases}$$

所以 $f(x,y)=f_X(x)f_Y(x)$，故 X 与 Y 相互独立.

19. X 与 Y 的密度函数分别为

$$f_X(x)=\begin{cases}1, & x\in[0,1],\\0, & 其他,\end{cases} \quad f_Y(y)=\begin{cases}1, & y\in[0,1],\\0, & 其他.\end{cases}$$

由 X 与 Y 相互独立，其联合密度为 $f(x,y)=\begin{cases}1, & 0\leqslant x\leqslant1,0\leqslant y\leqslant1,\\0, & 其他.\end{cases}$

当 $z<0$ 时，$F_Z(z)=0$；

当 $0\leqslant z\leqslant1$ 时，

$$F_Z(z)=P\{|X-Y|\leqslant z\}=\iint\limits_{|x-y|\leqslant z}f(x,y)dxdy$$
$$=1-(1-z)^2;$$

当 $z>1$ 时，$F_Z(z)=1$.

所以
$$f_Z(z)=\begin{cases}2(1-z), & 0\leqslant z\leqslant1,\\0, & 其他.\end{cases}$$

20. X 与 Y 的联合分布密度为

$$f(x,y)=\begin{cases}\lambda^2 e^{-\lambda(x+y)}, & x>0,y>0,\\0, & 其他.\end{cases}$$

由卷积公式，

当 $z>0$ 时，
$$f_Z(z)=\int_{-\infty}^{+\infty}f_X(x)f_Y(z-x)dx$$

$$= \int_0^z \lambda \mathrm{e}^{-\lambda x} \lambda \mathrm{e}^{-\lambda(z-x)} \mathrm{d}x = \lambda^2 z \mathrm{e}^{-\lambda z};$$

当 $z \leqslant 0$ 时，$f_Z(z) = 0$.

所以
$$f_Z(z) = \begin{cases} \lambda^2 z \mathrm{e}^{-\lambda z}, & z > 0, \\ 0, & z \leqslant 0. \end{cases}$$

21. 当 $z < 0$ 时，$F_Z(z) = 0$；

当 $0 \leqslant z < 1$ 时，

$$F_Z(z) = P\{X - Y \leqslant z\} = \iint\limits_{x-y \leqslant z} f(x,y) \mathrm{d}x \mathrm{d}y$$

$$= \int_0^z \mathrm{d}x \int_0^x 3x \mathrm{d}y + \int_z^1 \mathrm{d}x \int_{x-z}^x 3x \mathrm{d}y = \frac{3}{2}z - \frac{1}{2}z^3;$$

当 $z \geqslant 1$ 时，$F_Z(z) = \int_0^1 \mathrm{d}x \int_0^x 3x \mathrm{d}y = 1$.

所以
$$f_Z(z) = \begin{cases} \dfrac{3}{2}(1 - z^2), & 0 \leqslant z < 1, \\ 0, & \text{其他.} \end{cases}$$

22.
$$P\{X = k\} = \frac{\lambda^k}{k!} \mathrm{e}^{-\lambda}, k = 0, 1, 2, \cdots,$$

$$P\{Y = m\} = \frac{\mu^m}{m!} \mathrm{e}^{-\mu}, m = 0, 1, 2, \cdots.$$

由 X 与 Y 相互独立，得

$$P\{Z = n\} = P\{X + Y = n\} = \sum_{k=0}^n P\{X = k\} P\{Y = n - k \mid X = k\}$$

$$= \sum_{k=0}^n \frac{\lambda^k \mathrm{e}^{-\lambda}}{k!} \cdot \frac{\mu^{n-k}}{(n-k)!} \mathrm{e}^{-\mu} = \mathrm{e}^{-(\lambda+\mu)} \sum_{k=0}^n \frac{\lambda^k}{k!} \cdot \frac{\mu^{n-k}}{(n-k)!} \cdot \frac{n!}{n!}$$

$$= \frac{\mathrm{e}^{-(\lambda+\mu)}}{n!} \sum_{k=0}^n \mathrm{C}_n^k \lambda^k \mu^{n-k} = \frac{\mathrm{e}^{-(\lambda+\mu)}}{n!} (\lambda + \mu)^n, n = 0, 1, 2, \cdots.$$

故 $Z \sim P(\lambda + \mu)$.

23. 当 $z \leqslant 0$ 时，$F_Z(z) = 0$；

当 $z > 0$ 时，$F_Z(z) = \iint\limits_{xy \leqslant z} f(x,y) \mathrm{d}x \mathrm{d}y = \int_0^{+\infty} \mathrm{d}x \int_0^{\frac{z}{x}} x \mathrm{e}^{-x(1+y)} \mathrm{d}y = 1 - \mathrm{e}^{-z}$.

所以
$$f_Z(z) = \begin{cases} \mathrm{e}^{-z}, & z > 0, \\ 0, & z \leqslant 0. \end{cases}$$

24. X 与 Y 的联合分布为

$$P\{X = k, Y = m\} = q^k p \cdot q^m p = q^{k+m} p^2, k = 0, 1, 2, \cdots, m = 0, 1, 2, \cdots.$$

于是

$$P\{X = Y\} = \sum_{k=0}^{\infty} P\{X = k\} P\{Y = k \mid X = k\}$$

$$= \sum_{k=0}^{\infty} q^k p \cdot q^k p = \sum_{k=0}^{\infty} q^{2k} p^2 = \frac{p^2}{1-q^2}$$

$$= \frac{p}{1+q} = \frac{p}{2-p}.$$

习 题 四

1. $E(X_甲) = 0.3 \times 8 + 0.1 \times 9 + 0.6 \times 10 = 9.3$,

$E(X_乙) = 0.2 \times 8 + 0.5 \times 9 + 0.3 \times 10 = 9.1$,

$E(X_甲) > E(X_乙)$,甲比乙水平高.

2. $E(-X+1) = (1+1) \times \frac{1}{3} + (0+1) \times \frac{1}{6} + \left(-\frac{1}{2}+1\right) \times \frac{1}{6} + (-1+1) \times \frac{1}{12} + (-2+1) \times$

$\frac{1}{4} = \frac{2}{3}$, $E(X^2) = \frac{35}{24}, E(X) = \frac{1}{3}$,

所以 $D(X) = E(X^2) - [E(X)]^2 = \frac{97}{72}.$

3. $X \sim B(5, 0.1)$,

所以 $E(X) = 5 \times 0.1 = 0.5.$

4. 设两点 X 及 Y 均服从$[0, l]$上的均匀分布,其距离为 $d = |X - Y|$.

X 与 Y 的联合分布为

$$f(x, y) = \begin{cases} \dfrac{1}{l^2}, & 0 \leqslant x \leqslant l, 0 \leqslant y \leqslant l, \\ 0, & 其他. \end{cases}$$

故 $E(d) = \int_{-\infty}^{+\infty} \int_{-\infty}^{+\infty} f(x, y) |x - y| \, \mathrm{d}x \mathrm{d}y = \frac{2}{l^2} \int_0^l \mathrm{d}x \int_0^x (x - y) \mathrm{d}y = \frac{1}{3} l.$

5. 记 X 表示射出次数,则 $X = 1, 2, \cdots, p = 0.1$,

$$P\{X = k\} = (1-p)^{k-1} p, \quad k = 1, 2, \cdots.$$

所以 $E(X) = \sum_{k=1}^{\infty} k(1-p)^{k-1} p = \frac{1}{p} = 10.$

6. 因为 $f(x) = \begin{cases} \lambda \mathrm{e}^{-\lambda x}, & x > 0, \\ 0, & x \leqslant 0, \end{cases}$

所以 $E(X) = \int_0^{+\infty} x \lambda \mathrm{e}^{-\lambda x} \, \mathrm{d}x = \frac{1}{\lambda},$

$$E(X^2) = \int_0^{+\infty} x^2 \lambda \mathrm{e}^{-\lambda x} \, \mathrm{d}x = \frac{2}{\lambda^2},$$

所以 $D(X) = E(X^2) - [E(X)]^2 = \frac{1}{\lambda^2}.$

7. $E(\overline{X}) = \frac{1}{n} \sum_{i=1}^{n} E(X_i) = \frac{1}{n} \cdot n\mu = \mu,$

$$D(\overline{X}) = \frac{1}{n^2} \sum_{i=1}^{n} D(X_i) = \frac{1}{n^2} \cdot n\sigma^2 = \frac{\sigma^2}{n}.$$

8. 设圆盘直径为 X. 因为 $\qquad X \sim U(a,b),$

所以 $\qquad\qquad E(X) = \frac{a+b}{2}, D(X) = \frac{(b-a)^2}{12}.$

又 $\qquad\qquad\qquad\qquad S = \frac{1}{4}\pi X^2,$

所以 $\quad E(S) = \frac{1}{4}\pi E(X^2) = \frac{1}{4}\pi\{D(X) + [E(X)]^2\}$

$$= \frac{\pi}{12}(a^2 + b^2 + ab).$$

9. $E(X_1) = \int_0^{+\infty} 2x\,\mathrm{e}^{-2x}\,\mathrm{d}x = \frac{1}{2}, E(X_2) = \int_0^{+\infty} 4x\,\mathrm{e}^{-4x}\,\mathrm{d}x = \frac{1}{4},$

$D(X_1) = \frac{1}{4}, D(X_2) = \frac{1}{16},$

$E(X_2^2) = D(X_2) + [E(X_2)]^2 = \frac{1}{16} + \frac{1}{16} = \frac{1}{8}.$

(1) $E(X_1 + X_2) = E(X_1) + E(X_2) = \frac{3}{4},$

$E(2X_1 - 3X_2^2) = 2E(X_1) - 3E(X_2^2) = \frac{5}{8}.$

(2) $E(X_1 X_2) = E(X_1)E(X_2) = \frac{1}{8}.$

10. $E(X) = \int_0^{+\infty} \frac{x^2}{\sigma^2}\mathrm{e}^{-\frac{x^2}{2\sigma^2}}\,\mathrm{d}x = \int_0^{+\infty} t^2\mathrm{e}^{-\frac{1}{2}t^2}\sigma\,\mathrm{d}t = \sigma\sqrt{\frac{\pi}{2}},$

$E(X^2) = \int_0^{+\infty} \frac{x^3}{\sigma^2}\mathrm{e}^{-\frac{x^2}{2\sigma^2}}\,\mathrm{d}x = \int_0^{+\infty} \sigma^2 t^3\mathrm{e}^{-\frac{t^2}{2}}\,\mathrm{d}t = 2\sigma^2,$

所以 $D(X) = 2\sigma^2 - \frac{\pi}{2}\sigma^2 = \left(2 - \frac{\pi}{2}\right)\sigma^2.$

11. $E(X) = \frac{\beta}{\Gamma(\alpha)}\int_0^{+\infty}(\beta x)^{\alpha-1}\mathrm{e}^{-\beta x}x\,\mathrm{d}x$

$$= \frac{\beta}{\Gamma(\alpha+1)}\int_0^{+\infty}(\beta x)^{\alpha}\mathrm{e}^{-\beta x}\frac{\Gamma(\alpha+1)}{\beta\Gamma(\alpha)}\,\mathrm{d}x = \frac{\alpha}{\beta},$$

$E(X^2) = \frac{\beta}{\Gamma(\alpha)}\int_0^{+\infty}(\beta x)^{\alpha-1}x^2\mathrm{e}^{-\beta x}\,\mathrm{d}x$

$$= \frac{\beta}{\Gamma(\alpha+2)}\int_0^{+\infty}(\beta x)^{\alpha+1}\mathrm{e}^{-\beta x}\frac{\Gamma(\alpha+2)}{\beta^2\Gamma(\alpha)}\,\mathrm{d}x = \frac{(\alpha+1)\alpha}{\beta^2},$$

所以 $D(X) = E(X^2) - [E(X)]^2 = \frac{\alpha}{\beta^2}.$

12. $E(X) = \sum_{k=1}^{\infty} k(1-p)^{k-1}p = \dfrac{1}{p}$.

$$E(X^2) = \sum_{k=1}^{\infty} k^2 p(1-p)^{k-1} = p\left[\sum_{k=1}^{\infty}(k+1)kq^{k-1} - \sum_{k=1}^{\infty}kq^{k-1}\right]$$
$$= \dfrac{2-p}{p^2}.$$

$$D(X) = E(X^2) - [E(X)]^2 = \dfrac{2-p}{p^2} - \dfrac{1}{p^2} = \dfrac{1-p}{p^2}.$$

13. 记 X 表示第一个骰子出现的点数，$X = 1, 2, \cdots, 6$，

Y 表示第二个骰子出现的点数，$Y = 1, 2, \cdots, 6$.

$P\{X = k\} = \dfrac{1}{6}, k = 1, 2, 3, 4, 5, 6, P\{Y = m\} = \dfrac{1}{6}, m = 1, 2, 3, 4, 5, 6$.

记　$Z = X + Y$.

因为 $E(X) = E(Y) = \sum_{k=1}^{6} k \cdot \dfrac{1}{6} = \dfrac{7}{2}$,

所以 $E(Z) = E(X+Y) = E(X) + E(Y) = 7$.

14. 令 $X_i = \begin{cases} 1, & \text{第 } i \text{ 张牌匹配}, \\ 0, & \text{其他}, \end{cases} i = 1, \cdots, n$.

于是 $X = \sum_{i=1}^{n} X_i$.

因为 $P\{X_i = 1\} = \dfrac{1}{n}, P\{X_i = 0\} = \dfrac{n-1}{n}$，所以 $E(X_i) = \dfrac{1}{n}$.

$E(X) = \sum_{i=1}^{n} E(X_i) = n \cdot \dfrac{1}{n} = 1$.

15. X 的概率密度为

$$f(X) = \begin{cases} 1, & -\dfrac{1}{2} \leqslant x \leqslant \dfrac{1}{2}, \\ 0, & \text{其他}. \end{cases}$$

$$E(Y) = \int_{-\frac{1}{2}}^{\frac{1}{2}} \sin x \, \mathrm{d}x = 0.$$

16. $E(X) = \int_0^1\int_0^1 x \cdot 6xy^2 \, \mathrm{d}x\,\mathrm{d}y = \dfrac{2}{3}, E(Y) = \int_0^1\int_0^1 y \cdot 6xy^2 \, \mathrm{d}x\,\mathrm{d}y = \dfrac{3}{4}$,

$E(XY) = \int_0^1\int_0^1 xy \cdot 6xy^2 \, \mathrm{d}x\,\mathrm{d}y = \dfrac{1}{2}$,

$E(X^2) = \int_0^1\int_0^1 x^2 \cdot 6xy^2 \, \mathrm{d}x\,\mathrm{d}y = \dfrac{1}{2}, E(Y^2) = \int_0^1\int_0^1 y^2 \cdot 6xy^2 \, \mathrm{d}x\,\mathrm{d}y = \dfrac{3}{5}$,

$D(X) = E(X^2) - [E(X)]^2 = \dfrac{1}{18}, D(Y) = E(Y^2) - [E(Y)]^2 = \dfrac{3}{80}$.

$\mathrm{cov}(X, Y) = E(XY) - E(X)E(Y) = 0$.

所以协方差矩阵为 $\begin{bmatrix} \dfrac{1}{18} & 0 \\ 0 & \dfrac{3}{80} \end{bmatrix}$.

17. (1) $E(X)=\dfrac{1}{n}\sum\limits_{i=1}^{n}E(X_i)=\dfrac{1}{n}\cdot n\mu=\mu$,

$$D(X)=\dfrac{1}{n^2}\sum\limits_{i=1}^{n}D(X_i)=\dfrac{1}{n}\sigma^2;$$

(2) $S^2=\dfrac{1}{n-1}\sum\limits_{i=1}^{n}(X_i-X)^2=\dfrac{1}{n-1}\sum\limits_{i=1}^{n}(X_i^2-2X_iX+X^2)$

$$=\dfrac{1}{n-1}\left(\sum\limits_{i=1}^{n}X_i^2-nX^2\right);$$

(3) $E(S^2)=\dfrac{1}{n-1}\sum\limits_{i=1}^{n}E(X_i^2)-\dfrac{n}{n-1}E(X^2)$

$$=\dfrac{1}{n-1}n(\sigma^2+\mu^2)-\dfrac{n}{n-1}\left(\dfrac{1}{n}\sigma^2+\mu^2\right)=\sigma^2.$$

18. $E(X)=\iint\limits_{x^2+y^2\leqslant r^2}x\dfrac{1}{\pi r^2}\mathrm{d}x\mathrm{d}y=0$,

$E(Y)=\iint\limits_{x^2+y^2\leqslant r^2}y\dfrac{1}{\pi r^2}\mathrm{d}x\mathrm{d}y=0$,

$E(XY)=\iint\limits_{x^2+y^2\leqslant r^2}xy\dfrac{1}{\pi r^2}\mathrm{d}x\mathrm{d}y=0$,

所以 $\mathrm{cov}(X,Y)=0$,所以 $\rho=0$,从而 X 与 Y 不相关.

但 $f_X(x)=\begin{cases}\dfrac{2}{\pi r^2}\sqrt{r^2-x^2}, & -r\leqslant x\leqslant r, \\ 0, & \text{其他},\end{cases}$

$f_Y(y)=\begin{cases}\dfrac{2}{\pi r^2}\sqrt{r^2-y^2}, & -r\leqslant y\leqslant r, \\ 0, & \text{其他},\end{cases}$

$f(x,y)\neq f_X(x)f_Y(y)$,所以 X 与 Y 不相互独立.

19. $E(X)=0,E(Y)=0,E(XY)=0$,

所以 $\mathrm{cov}(X,Y)=0$,故 $\rho=0$,从而 X 与 Y 不相关.

因为 $P\{X=-1\}=\dfrac{3}{8},P\{Y=-1\}=\dfrac{3}{8}$,但 $P\{X=-1,Y=-1\}=\dfrac{1}{8}\neq\dfrac{3}{8}\times\dfrac{3}{8}$,

所以 X 与 Y 不相互独立.

20. 由规范性得 $\int_0^{+\infty}\dfrac{1}{m!}x^m\mathrm{e}^{-x}\mathrm{d}x=1$,所以

$E(X)=\int_0^{+\infty}\dfrac{1}{m!}x^{m+1}\mathrm{e}^{-x}\mathrm{d}x=\int_0^{+\infty}\dfrac{(m+1)!}{m!}\cdot\dfrac{x^{m+1}}{(m+1)!}\mathrm{e}^{-x}\mathrm{d}x=m+1,$

$$E(X^2) = \int_0^{+\infty} \frac{1}{m!} x^{m+2} e^{-x} dx = (m+2)(m+1).$$

所以 $D(X) = E(X^2) - [E(X)]^2 = m+1$.

由 Chebyshev 不等式得

$$P\{0 < X < 2(m+1)\} = P\{|x - (m+1)| < m+1\}$$

$$\geqslant 1 - \frac{m+1}{(m+1)^2} = \frac{m}{m+1}.$$

21. $E(X) = \int_0^2 \int_0^2 \frac{1}{8}(x+y)x \, dy \, dx = \frac{7}{6}$, $E(Y) = \frac{7}{6}$ (由对称性).

$$E(XY) = \int_0^2 \int_0^2 \frac{1}{8}(x+y)xy \, dx \, dy = \frac{4}{3},$$

$$\text{cov}(X,Y) = E(XY) - E(X)E(Y) = -\frac{1}{36}.$$

$$E(X^2) = \int_0^2 \int_0^2 \frac{1}{8}(x+y)x^2 \, dx \, dy = \frac{5}{3} = E(Y^2),$$

$$D(X) = D(Y) = \frac{5}{3} - \left(\frac{7}{6}\right)^2 = \frac{11}{36},$$

$$\rho_{XY} = \frac{\text{cov}(X,Y)}{\sqrt{D(X)}\sqrt{D(Y)}} = -\frac{1}{11}.$$

$$D(X+Y) = D(X) + D(Y) + 2\text{cov}(X,Y)$$

$$= \frac{11}{36} + \frac{11}{36} - \frac{2}{36} = \frac{5}{9}.$$

22. $E(X+Y+Z) = E(X) + E(Y) + E(Z) = 1$.

$$D(X+Y+Z) = D(X) + D(Y) + D(Z) + 2\text{cov}(X,Y) + 2\text{cov}(X,Z) + 2\text{cov}(Y,Z)$$

$$= 3 + 2 \times 0 + 2 \times \frac{1}{2}\sqrt{D(X)}\sqrt{D(Z)} + 2 \times \left(-\frac{1}{2}\right)\sqrt{D(Y)}\sqrt{D(Z)}$$

$$= 3 + 1 - 1 = 3.$$

23. $E(Z_1) = \alpha E(X) + \beta E(Y) = (\alpha+\beta)\mu$, $E(Z_2) = \alpha E(X) - \beta E(Y) = (\alpha-\beta)\mu$,

$E(XY) = E(X)E(Y) = \mu^2$,

$D(Z_1) = \alpha^2 D(X) + \beta^2 D(Y) = (\alpha^2+\beta^2)\sigma^2$, $D(Z_2) = (\alpha^2+\beta^2)\sigma^2$.

因为 $Z_1 Z_2 = \alpha^2 X^2 - \beta^2 Y^2$,

所以 $E(Z_1 Z_2) = \alpha^2 E(X^2) - \beta^2 E(Y^2) = \alpha^2(\mu^2+\sigma^2) - \beta^2(\mu^2+\sigma^2)$

$$= (\alpha^2-\beta^2)(\mu^2+\sigma^2).$$

$\text{cov}(Z_1, Z_2) = (\alpha^2-\beta^2)(\mu^2+\sigma^2) - (\alpha^2-\beta^2)\mu^2 = (\alpha^2-\beta^2)\sigma^2$,

所以 $\rho = \dfrac{\text{cov}(Z_1, Z_2)}{\sqrt{D(Z_1)}\sqrt{D(Z_2)}} = \dfrac{\alpha^2-\beta^2}{\alpha^2+\beta^2}$.

24. 记 X_i 表示第 i 袋水泥质量,

$$X_i \sim N(50, 2.5^2), X_i \text{ 相互独立}.$$

则 $X = \sum_{i=1}^{n} X_i$ 表示装 n 袋水泥时的总质量.要使 $P\{X \geqslant 2\,000\} \leqslant 0.05$,必须

$$P\left\{\sum_{i=1}^{n} \frac{X_i - 50n}{2.5\sqrt{n}} \geqslant \frac{2\,000 - 50n}{2.5\sqrt{n}}\right\} \leqslant 0.05,$$

即 $\quad 1 - \Phi\left(\frac{2\,000 - 50n}{2.5\sqrt{n}}\right) \leqslant 0.05,$

所以 $\frac{2\,000 - 50n}{2.5\sqrt{n}} \geqslant 1.645$,得 $n \leqslant 39$.

25. 记 X 表示每毫升血液中的白细胞数目,于是

$$P\{5\,200 < X < 9\,400\} = P\{\mid X - 7\,300 \mid \leqslant 2\,100\} \geqslant 1 - \frac{700^2}{2\,100^2} = \frac{8}{9}.$$

习 题 五

1. 记 X_i 表示每只元件的寿命,$i = 1, 2, \cdots, 16$,则 $X_i \sim E\left(\frac{1}{100}\right)$,且诸 X_i 相互独立,所以 $E(X_i) = 100, D(X_i) = 100^2 = 10\,000$.

记 X 表示 16 只元件的寿命总和,则 $X = \sum_{i=1}^{16} X_i$.

所以 $E(X) = 16E(X_i) = 1\,600, D(X) = 16D(X_i) = 160\,000$.

$$P\{X > 1\,920\} = P\left\{\frac{X - E(X)}{\sqrt{D(X)}} > \frac{1\,920 - E(X)}{\sqrt{D(X)}}\right\}$$

$$P\left\{\frac{X - E(X)}{\sqrt{D(X)}} > \frac{1\,920 - 1\,600}{400}\right\} = 1 - \Phi(0.8) = 0.211\,9.$$

2. 记 X_i 表示每部分的长度,$i = 1, 2, \cdots, 10$,

$X = \sum_{i=1}^{10} X_i$ 表示部件的总长度,诸 X_i 独立同分布,且 $E(X_i) = 2, D(X_i) = 0.05^2$,于是产品合格的概率为

$$p = P\{\mid X - 20 \mid \leqslant 0.1\} = P\left\{\frac{\left|\sum_{i=1}^{10} X_i - 20\right|}{\sqrt{10} \times 0.05} \leqslant \frac{0.1}{\sqrt{10} \times 0.05}\right\}$$

$$= 2\Phi\left(\frac{2}{\sqrt{10}}\right) - 1 = 0.471\,4.$$

3. 记 X_i 表示第 i 个加数的舍入误差,$i = 1, 2, \cdots$,则诸 X_i 相互独立同分布,$X_i \sim U(-0.5, 0.5)$.

$$E(X_i) = 0, \quad D(X_i) = \frac{1}{12}.$$

$X = \sum\limits_{i=1}^{n} X_i$ 表示 n 个数相加的总的误差和.

(1) $n = 1\,500$ 时,误差总和的绝对值超过 15 的概率为

$$p = P\left\{ \left| \sum_{i=1}^{1\,500} X_i \right| \geqslant 15 \right\}$$

$$= P\left\{ \left| \frac{\sum\limits_{i=1}^{1\,500} X_i - 0}{\sqrt{1\,500}\sqrt{\frac{1}{12}}} \right| \geqslant \frac{15 - 0}{\sqrt{1\,500}\sqrt{\frac{1}{12}}} \right\}$$

$$= 2\left[1 - \Phi\left(\frac{15}{\sqrt{125}} \right) \right] = 0.180\,2.$$

(2) 要使 $P\left\{ \left| \sum\limits_{i=1}^{n} X_i \right| \leqslant 10 \right\} \geqslant 0.9$,必须 $P\left\{ \left| \sum\limits_{i=1}^{n} \frac{X_i}{\sqrt{n}\sqrt{\frac{1}{12}}} \right| \leqslant \frac{10}{\sqrt{n}\sqrt{\frac{1}{12}}} \right\} \geqslant 0.9$,

即 $2\Phi\left(\frac{10}{\sqrt{n/12}} \right) - 1 \geqslant 0.9$,得 $\frac{10}{\sqrt{n/12}} \geqslant 1.645$,

所以 $n \leqslant 443.45$.故最多可加 443 个数.

4. 记 X_i 表示单个零件的质量,$i = 1, 2, \cdots$,则 X_i 相互独立且同分布.

$$E(X_i) = 0.5, \quad D(X_i) = 0.1^2.$$

$X = \sum\limits_{i=1}^{5\,000} X_i$ 表示 5 000 只零件的总质量.

于是,5 000 只零件的总质量超过 2 510 kg 的概率为

$$P\left\{ \sum_{i=1}^{5\,000} X_i \geqslant 2\,510 \right\} = P\left\{ \frac{\sum\limits_{i=1}^{5\,000} X_i - 5\,000 \times 0.5}{\sqrt{5\,000} \times 0.1} \geqslant \frac{2\,510 - 5\,000 \times 0.5}{\sqrt{5\,000} \times 0.1} \right\}$$

$$= 1 - \Phi\left(\frac{10}{\sqrt{50}} \right) = 0.078\,7.$$

5. 记 X 表示长度小于 3 m 的木柱的数目,则 $X \sim B(100, 0.2)$.

于是 $E(X) = 100 \times 0.2 = 20, D(X) = 100 \times 0.2 \times 0.8 = 16$.

所以至少有 30 根短于 3 m 的概率为

$$p = P\{X \geqslant 30\} = P\left\{ \frac{X - 20}{\sqrt{16}} \geqslant \frac{30 - 20}{\sqrt{16}} \right\}$$

$$= 1 - \Phi\left(\frac{10}{4} \right) = 0.006\,2.$$

6. 记 X 表示同时使用的外线数,$X \sim B(200, 0.05)$.

设安装的外线数为 n,则 $P\{X \leqslant n\} \geqslant 0.9$ 等价于

$$P\left\{\frac{X-200\times 0.05}{\sqrt{200\times 0.05\times 0.95}}\leqslant \frac{n-200\times 0.05}{\sqrt{200\times 0.05\times 0.95}}\right\}\geqslant 0.9,$$

即 $\Phi\left(\dfrac{n-10}{\sqrt{9.5}}\right)\geqslant 0.9$,所以 $\dfrac{n-10}{\sqrt{9.5}}\geqslant 1.28$,得 $n\geqslant 13.94$,

故至少要安装 14 条外线.

7. $\overline{Y}_n$ 的分布函数为

$$F_{\overline{Y}_n}(y)=1-[1-F(y)]^n=1-\mathrm{e}^{-ny}(y>0).$$

所以 $E(\overline{Y}_n)=\dfrac{1}{n},D(\overline{Y}_n)=\dfrac{1}{n^2}$. 又 $n\rightarrow\infty$ 时,$\dfrac{1}{n}\rightarrow 0$,

所以 $P\left\{\left|Y_n-\dfrac{1}{n}\right|\geqslant \varepsilon\right\}\leqslant\dfrac{\frac{1}{n^2}}{\varepsilon^2}\rightarrow 0(n\rightarrow\infty)$,故 $Y_n\xrightarrow{P}0$.

8. (1) 显然 $X\sim B(400,0,2)$.

(2) $P\{X<30\}=P\left\{\dfrac{X-400\times 0.2}{\sqrt{400\times 0.2\times 0.8}}<\dfrac{30-400\times 0.2}{\sqrt{400\times 0.2\times 0.8}}\right\}$

$$=1-\Phi(6.25)=0.$$

9. 记 X_i 表示每次度量的长度,则 X_i 相互独立.记 $Y_i=X_i-m\sim U(-1,1)$.

所以 $E(X_i)=m,D(X_i)=\dfrac{1}{3}$,于是 $E(Y_i)=0,\quad D(\overline{Y}_i)=\dfrac{1}{3}$.

令 $\overline{X}=\dfrac{1}{n}\sum_{i=1}^{n}X_i$,则

$$E(\overline{X})=\dfrac{1}{n}\sum_{i=1}^{n}E(X_i)=m,D(X)=\dfrac{1}{n^2}\sum_{i=1}^{n}D(X_i)=\dfrac{1}{3n}.$$

故 $P\{|\overline{X}-m|<\delta\}=P\left\{\left|\dfrac{\overline{X}-m}{\sqrt{\frac{1}{3n}}}\right|<\dfrac{8}{\sqrt{\frac{1}{3n}}}\right\}=2\Phi\left(\dfrac{8}{\sqrt{\frac{1}{3n}}}\right)-1=2\Phi(8\sqrt{3n})-1.$

10. 取 $X_i=\begin{cases}1,&\text{事件 }A\text{ 发生},\\0,&\text{事件 }A\text{ 不发生}.\end{cases}$

则 X 可视为由 n 个相互独立且服从同一 $(0-1)$ 分布的随机变量 $X_1,\cdots,X_n$ 之和,即

$X=\sum_{i=1}^{n}X_i.$

其中 $P\{X_i=k\}=p^k(1-p)^{1-k},k=0,1.$

因为 $E(X_i)=p,D(X_i)=p(1-p)$,故

$$\lim_{n\rightarrow\infty}P\left\{\frac{X-np}{\sqrt{np(1-p)}}\leqslant x\right\}=\lim_{n\rightarrow\infty}P\left\{\frac{\sum\limits_{i=1}^{n}X_i-np}{\sqrt{np(1-p)}}\leqslant x\right\}=\int_{-\infty}^{x}\frac{1}{\sqrt{2\pi}}\mathrm{e}^{-\frac{t^2}{2}}\mathrm{d}t.$$

习 题 六

1. 因为 $(X_1, X_2, \cdots, X_n)$ 是来自 X 的样本，由定义可知，$X_1, X_2, \cdots, X_n$ 与 X 独立同分布，即 X_i 的密度函数为 $f(x_i) = \begin{cases} \lambda e^{-\lambda x_i}, & x_i > 0, \\ 0, & x_i \leqslant 0. \end{cases}$ 所以 $(X_1, X_2, \cdots, X_n)$ 的联合密度函数为

$$f(x_1, x_2, \cdots, x_n) = \prod_{i=1}^{n} f(x_i) = \begin{cases} \lambda^n e^{-\lambda \sum\limits_{i=1}^{n} x_i}, & x_1, x_2, \cdots, x_n > 0, \\ 0, & \text{其他.} \end{cases}$$

2. (1) 因为 $P\{X=k\} = \dfrac{\lambda^k e^{-\lambda}}{k!}$，$X_1, X_2, \cdots, X_n$ 来自 X，所以 $X_1, X_2, \cdots, X_n$ 的联合分布律为：

$$P\{X_1 = k_1, X_2 = k_2, \cdots, X_n = k_n\}$$
$$= \prod_{i=1}^{n} P\{X_i = k_i\}$$
$$= \frac{\lambda^{\sum\limits_{i=1}^{n} k_i}}{k_1! \ k_2! \cdots k_n!} (e^{-\lambda})^n = \frac{\lambda^{\sum\limits_{i=1}^{n} k_i}}{\prod\limits_{i=1}^{n} k_i!} e^{-n\lambda}.$$

(2) 因为 $X \sim B(n, p)$，即 $P\{X=k\} = C_n^k p^k (1-p)^{n-k}$，

所以 $P\{X_1 = k_1, X_2 = k_2, \cdots, X_n = k_n\} = \prod\limits_{i=1}^{n} P\{X_i = k_i\}$

$= p^{\sum\limits_{i=1}^{n} k_i} (1-p)^{n^2 - \sum\limits_{i=1}^{n} k_i} \prod\limits_{i=1}^{n} C_n^{k_i}$.

3. (1) 因为 $X \sim N(12, 4)$，所以 $X_i \sim N(12, 4)$.

$\overline{X} = \dfrac{1}{5} \sum\limits_{i=1}^{n} X_i$，$E(\overline{X}) = 12$，$D(\overline{X}) = \dfrac{4}{5}$.

所以 $\overline{X} \sim N\left(12, \dfrac{4}{5}\right)$，$\dfrac{\overline{X} - 12}{\dfrac{2}{\sqrt{5}}} \sim N(0, 1)$.

$$P\{\overline{X} > 13\} = P\left\{\frac{\overline{X} - 12}{\frac{2}{\sqrt{5}}} > \frac{13 - 12}{\frac{2}{\sqrt{5}}}\right\} = 1 - \Phi(1.118) = 0.131\ 4.$$

(2) 因为 $X \sim N(12, 4)$，即 $X_i \sim N(12, 4)$，

又 $P\{X_{(1)} > 10\} = P\{X_1 > 10, X_2 > 10, \cdots, X_5 > 10\}$

$$= \prod_{i=1}^{5} P\{X_i > 10\} = \prod_{i=1}^{5} P\left\{\frac{X_i - 12}{2} > \frac{10 - 12}{2}\right\}$$
$$= [\Phi(1)]^5 = 0.841\ 3^5 = 0.421\ 5.$$

4. 因为 $X \sim N(80,20^2)$，所以 $X_i \sim N(80,20^2)$.

$$P\{|\overline{X}-80|>3\}=P\left\{\frac{|\overline{X}-80|}{20^2/100}>1.5\right\}=2[1-\Phi(1.5)]=0.133\,6.$$

5. 因为 $X \sim N(0,0.4^2)$，所以 $X_i \sim N(0,0.4^2)$，$\frac{X_i-0}{0.4} \sim N(0,1)$，$\left(\frac{X_i-0}{0.4}\right)^2 \sim \chi^2(1)$

所以 $\sum\limits_{i=1}^{15}X_i^2=0.4^2 \cdot \sum\limits_{i=1}^{15}\left(\frac{X_i-0}{0.4}\right)^2=0.4^2Y.$

$Y \sim \chi^2(15).$

所以 $P\left\{\sum\limits_{i=1}^{15}X_i^2>3.999\right\}=P\left\{\frac{\sum\limits_{i=1}^{15}X_i^2}{0.4^2}>\frac{3.999}{0.4^2}\right\}=P\{Y>24.994\}=0.05.$

6. 因为 $X \sim \chi^2(n)$，其密度函数为

$$f(x)=\begin{cases}\dfrac{1}{2^{\frac{n}{2}}\Gamma\left(\dfrac{n}{2}\right)}x^{\frac{n}{2}-1}\mathrm{e}^{-\frac{x}{2}}, & x>0,\\ 0, & x\leqslant 0.\end{cases}$$

所以 $E(X)=\displaystyle\int_0^{+\infty}\frac{1}{2^{\frac{n}{2}}\Gamma\left(\frac{n}{2}\right)}x^{\frac{n}{2}}\mathrm{e}^{-\frac{x}{2}}\mathrm{d}x$

$$=\frac{1}{2^{\frac{n}{2}}\Gamma\left(\frac{n}{2}\right)}(-2)\mathrm{e}^{-\frac{x}{2}}x^{\frac{n}{2}}\Big|_0^{+\infty}+n\int_0^{+\infty}\frac{1}{2^{\frac{n}{2}}\Gamma\left(\frac{n}{2}\right)}x^{\frac{n}{2}-1}\mathrm{e}^{-\frac{x}{2}}\mathrm{d}x=n,$$

$E(X^2)=\displaystyle\int_0^{+\infty}x^2\frac{1}{2^{\frac{n}{2}}\Gamma\left(\frac{n}{2}\right)}x^{\frac{n}{2}-1}\mathrm{e}^{-\frac{x}{2}}\mathrm{d}x$

$$=(-2)\frac{1}{2^{\frac{n}{2}}\Gamma\left(\frac{n}{2}\right)}x^{\frac{n}{2}+1}\mathrm{e}^{-\frac{x}{2}}\Big|_0^{+\infty}+2\left(\frac{n}{2}+1\right)\int_0^{+\infty}\frac{1}{2^{\frac{n}{2}}\Gamma\left(\frac{n}{2}\right)}x^{\frac{n}{2}}\mathrm{e}^{-\frac{x}{2}}\mathrm{d}x$$

$$=n(n+2).$$

所以 $D(X)=E(X^2)-[E(X)]^2=n^2+2n-n^2=2n.$

7. (1) 上分位点：$\chi_{0.05}^2(20)=31.41.$

下分位点：$\chi_{1-0.05}^2(20)=10.851$；

(2) 上分位点：$t_{0.05}(20)=1.725.$

下分位点：$t_{0.05}(20)=-1.725.$

双侧分位点：$t_{0.025}(20)=\pm 2.086.$

8. 因为 $E(X_i)=\dfrac{a+b}{2}$，$D(X_i)=\dfrac{(b-a)^2}{12}$，$\overline{X}=\dfrac{1}{n}\sum\limits_{i=1}^n X_i$，

所以 $E(\overline{X}) = E\left(\frac{1}{n}\sum_{i=1}^{n}X_i\right) = \frac{1}{n}\sum_{i=1}^{n}E(X_i) = \frac{a+b}{2}$,

$D(\overline{X}) = D\left(\frac{1}{n}\sum_{i=1}^{n}X_i\right) = \frac{1}{n^2}\sum_{i=1}^{n}D(X_i) = \frac{1}{12n}(b-a)^2$.

9. 因为 $\frac{n-1}{\sigma^2}S^2 \sim \chi^2(n-1)$,

所以 $\frac{39}{2^2}S^2 \sim \chi^2(39)$.

所以 $P\{S^2 > 5.6\} = P\left\{\frac{39}{2^2}S^2 > \frac{39}{2^2} \times 5.6\right\} = P\left\{\frac{39S^2}{2^2} > 54.6\right\} = 0.05$.

10. 因为 $X \sim t(n)$,

所以 $X = \dfrac{W}{\sqrt{\dfrac{Z}{n}}}$, 其中 $W \sim N(0,1), Z \sim \chi^2(n)$.

因而 $Y = X^2 = \dfrac{W^2}{\dfrac{Z}{n}} = \dfrac{\dfrac{W^2}{1}}{\dfrac{Z^2}{n}} \sim F(1,n)(W^2 \sim \chi^2(1))$.

11. $E(\overline{X}) = \mu_1, D(\overline{X}) = \dfrac{\sigma_1^2}{n_1}, \overline{X} \sim N\left(\mu_1, \dfrac{\sigma_1^2}{n_1}\right)$,

$E(\overline{Y}) = \mu_2, D(\overline{Y}) = \dfrac{\sigma_2^2}{n^2}, \overline{Y} \sim N\left(\mu_2, \dfrac{\sigma_2^2}{n_2}\right)$,

$\overline{X} \sim \overline{Y} \sim N\left(\mu_1-\mu_2, \dfrac{\sigma_1^2}{n_1}+\dfrac{\sigma_2^2}{n_2}\right)$,

故 $U \sim N(0,1)$.

12. $X_{n+1} - \overline{X} \sim N\left(0, \sigma^2 + \dfrac{\sigma^2}{n}\right)$,

$\dfrac{(n-1)S^2}{\sigma^2} \sim \chi^2(n-1)$.

所以 $T = \dfrac{X_{n+1} - \overline{X}}{S} \cdot \sqrt{\dfrac{n}{n+1}} = \dfrac{\dfrac{X_{n+1} - \overline{X}}{\sqrt{\dfrac{n+1}{n}} \cdot \sigma}}{\sqrt{\dfrac{(n-1)S^2}{\sigma^2}/(n-1)}} \sim t(n-1)$.

13. (1) $F_Y(y) = P\{Y \leqslant y\} = P\{2\lambda X < y\} = P\left\{X < \dfrac{y}{2\lambda}\right\} = \int_0^{\frac{y}{2\lambda}} f(x)\mathrm{d}x$.

所以 $f_Y(y) = f\left(\dfrac{y}{2\lambda}\right) \cdot \dfrac{1}{2\lambda} = \begin{cases} \dfrac{1}{2}\mathrm{e}^{-\frac{y}{2}}, & y > 0, \\ 0, & y \leqslant 0. \end{cases}$

(2) 由(1) 可知 $Y = 2\lambda X \sim \chi^2(2)$. $\overline{X} = \frac{1}{n} \sum_{i=1}^{n} X_i$,

又 $n\overline{X} = \sum_{i=1}^{n} X_i$, $2n\lambda\overline{X} = \sum_{i=1}^{n} 2\lambda X_i$, 由 $2\lambda X_i \sim \chi^2(2)$ 及 χ^2 分布的可知性知

$$2n\lambda\overline{X} \sim \chi^2(2n).$$

14. 由 $F(x) = P\{X \leqslant x\}$, 可知

$$F^*(x) = \begin{cases} 0, & x < 1, \\ \dfrac{1}{8}, & 1 \leqslant x < 2, \\ \dfrac{3}{8}, & 2 \leqslant x < 3, \\ \dfrac{6}{8}, & 3 \leqslant x < 4, \\ \dfrac{7}{8}, & 4 \leqslant x < 5, \\ 1, & x \geqslant 5. \end{cases}$$

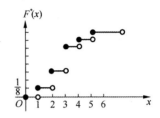

15. 按指定区间分组得分组数据统计表:

区间	个数	频率
$[335, 340)$	3	0.06
$[340, 345)$	9	0.18
$[345, 350)$	22	0.44
$[350, 355)$	14	0.28
$[355, 360)$	2	0.04

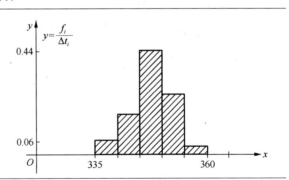

习 题 七

1. 因为 $E(X) = \int_0^a x(a-x) \dfrac{2}{a^2} \mathrm{d}x = \dfrac{a}{3}$,

由矩法估计量 $E(\hat{X}) = \overline{X}$, 得 $\hat{a} = 3\overline{X}$.

2. $P\{X = k\} = \dfrac{\lambda^k e^{-\lambda}}{k!}$, $E(X) = \sum_{k=0}^{\infty} k \cdot \dfrac{\lambda^k e^{-\lambda}}{k!} = \lambda$,

由矩法估计量 $E(\hat{X}) = \overline{X}$, 得 $\hat{\lambda} = \overline{X}$.

3. 因为 X 的密度函数为 $f(x) = \begin{cases} \lambda e^{-\lambda x}, & x > 0, \\ 0, & x \leqslant 0, \end{cases} (\lambda > 0)$.

又 $E(X) = \int_0^{+\infty} x\lambda e^{-\lambda x} \mathrm{d}x = \dfrac{1}{\lambda}$,

由矩法估计量 $E(\hat{X}) = \overline{X}$，得 $\hat{\lambda}^{-1} = \overline{X}$.

4. 因为 $E(X) = \int_{\theta}^{+\infty} x e^{-(x-\theta)} dx = \theta + 1 = \overline{X}$，

由矩法估计量 $E(\hat{X}) = \overline{X}$，得 $\hat{\theta} = \overline{X} - 1$.

5. 样本 $(X_1, X_2, \cdots, X_n)$ 的联合密度函数为

$$f(x_1, x_2, \cdots, x_n) = \begin{cases} 2^n e^{-2(x_1+x_2+\cdots+x_n-n\theta)}, & \sum_{i=1}^{n} X_i > n\theta, \\ 0, & \sum_{i=1}^{n} x \leqslant n\theta. \end{cases}$$

令 $L(\theta) = 2^n e^{2n\theta - 2\sum\limits_{i=1}^{n} x_i}$，

由于 $L'(\theta) = 2^n \cdot 2n e^{2n\theta - 2\sum\limits_{i=1}^{n} x_i} > 0$，单调上升，且 $n\theta < \sum\limits_{i=1}^{n} x_i$，即当 $\theta = \dfrac{1}{n} \sum\limits_{i=1}^{n} x_i$ 时，$L(\theta)$ 最大.

所以 θ 的极大似然估计值为 $\overline{X}$.

6. $(X_1, X_2, \cdots, X_n)$ 的联合分布函数为

$$f(x_1, x_2, \cdots, x_n) = \begin{cases} (\theta+1)^n x_1^{\theta} x_2^{\theta} \cdots x_n^{\theta}, & \theta < x_i < 1, i = 1, 2, \cdots, n, \\ 0, & \text{其他.} \end{cases}$$

$$\ln L(\theta) = n \ln(\theta+1) + \theta \ln(x_1 x_2 \cdots x_n),$$

$$L'(\theta) = \frac{n}{\theta+1} + \ln(x_1 \cdots x_n) = 0,$$

得 $\hat{\theta} = \dfrac{-n}{\sum\limits_{i=1}^{n} \ln x_i} - 1$.

7. $X \sim N(\mu, \sigma^2)$，则 $X_i \sim N(\mu, \sigma^2)$，

所以 $E(\hat{\mu}_1) = E\left(\dfrac{2}{3} X_1 + \dfrac{1}{3} X_2\right) = \dfrac{2}{3} E(X_1) + \dfrac{1}{3} E(X_2) = \dfrac{2}{3}\mu + \dfrac{1}{3}\mu = \mu$.

同理可得 $E(\hat{\mu}_2) = \mu$，$E(\hat{\mu}_3) = \mu$.

$$D(\hat{\mu}_1) = D\left(\frac{2}{3} X_1 + \frac{1}{3} X_2\right) = \frac{4}{9}\sigma^2 + \frac{1}{9}\sigma^2 = \frac{5}{9}\sigma^2,$$

$$D(\hat{\mu}_2) = D\left(\frac{1}{4} X_1 + \frac{3}{4} X_2\right) = \frac{1}{16}\sigma^2 + \frac{9}{16}\sigma^2 = \frac{5}{8}\sigma^2,$$

$$D(\hat{\mu}_3) = D\left(\frac{1}{2} X_1 + \frac{1}{2} X_2\right) = \frac{1}{4}\sigma^2 + \frac{1}{4}\sigma^2 = \frac{1}{2}\sigma^2.$$

8. 因为 $\overline{X} \sim N\left(\mu, \dfrac{\sigma^2}{6}\right)$，$\bar{x} = \dfrac{1}{6} \sum\limits_{i=1}^{n} x_i = 14.95$，$u_{\frac{\alpha}{2}} = 1.96$，

所以 $P\left\{\dfrac{|\overline{X} - \mu|}{0.1} < u_{\frac{\alpha}{2}}\right\} = 1 - \alpha$，即 $-0.1\mu_{\frac{\alpha}{2}} + \bar{x} < \mu < 0.1 u_{\frac{\alpha}{2}} + \bar{x}$.

μ 的置信概率为 0.95 的置信区间为 $[14.754, 15.146]$.

9. 因为 σ^2 已知，故 μ 的置信概率为 $1-\alpha$ 的置信区间为 $\left(\overline{X}-\dfrac{\sigma}{\sqrt{n}}u_{\frac{\alpha}{2}},\overline{X}+\dfrac{\sigma}{\sqrt{n}}u_{\frac{\alpha}{2}}\right)$.

依题意，$\dfrac{2\sigma}{\sqrt{n}}u_{\frac{\alpha}{2}}\leqslant L$，$\sqrt{n}\geqslant\dfrac{2\sigma}{L}u_{\frac{\alpha}{2}}$，即 $n\geqslant\left(\dfrac{2\sigma}{L}u_{\frac{\alpha}{2}}\right)^2$.

所以当样本容量 $n\geqslant\left(\dfrac{2\sigma}{L}u_{\frac{\alpha}{2}}\right)^2$ 的时候能满足要求.

10. (1) $\bar{x}=76.6$，$s=18.14$.
$$\frac{\overline{X}-\mu}{S/\sqrt{20}}\sim t(19),\quad t_{\frac{\alpha}{2}}(19)=2.093.$$

所以 μ 的置信概率为 0.95 的置信区间为 $\left(\bar{x}-\dfrac{s}{\sqrt{20}}t_{\frac{\alpha}{2}}(19),\bar{x}+\dfrac{s}{\sqrt{20}}t_{\frac{\alpha}{2}}(19)\right)$，即 (68.11, 85.09).

(2) 因为 $\dfrac{(n-1)S^2}{\sigma^2}\sim\chi^2(19)$，$\alpha=0.05$，$\chi^2_{\frac{\alpha}{2}}(19)=32.85$，$\chi^2_{1-\frac{\alpha}{2}}(19)=8.91$，

$\dfrac{19\cdot S^2}{32.85}<\sigma^2<\dfrac{19\cdot S^2}{8.91}$，故置信区间为 (190,702).

习　题　八

1. 设该厂铁水含碳量 $X\sim N(\mu,\sigma^2)$，因为标准差不变，所以可认为已知 $\sigma=0.108$，要检验的假设为
$$H_0:\mu=4.55,\quad H_1:\mu\neq 4.55.$$

选取统计量 $U=\dfrac{\overline{X}-\mu_0}{\sigma_0/\sqrt{n}}\sim N(0,1)$.

已知 $\mu_0=4.55$，$\sigma_0=0.108$，$n=5$，$\bar{x}=4.364$，
$$u=\frac{4.364-4.55}{0.108/\sqrt{5}}\approx-3.85.$$

又查表得：$u_{\frac{\alpha}{2}}=u_{0.025}=1.96$，故 $|u|=3.85>u_{\frac{\alpha}{2}}$.

所以拒绝原假设 H_0，而接受备择假设 H_1，认为该厂铁水含碳量有显著变化.

2. 设该矿砂含镍量(%)$X\sim N(\mu,\sigma^2)$，因为标准差未知，所以要检验的假设为
$$H_0:\mu=3.25,\quad H_1:\mu\neq 3.25.$$

选用统计量：$t=\dfrac{\overline{X}-\mu_0}{S/\sqrt{n}}\sim t(n-1)$.

已知 $n=5$，$\mu_0=3.25$，$s=0.013$，$\bar{x}=3.252$，由此得统计量的观测值 $t\approx 0.344$.

又查 t 分布表得：$t_{0.005}(4)=4.604$.

因为 $|t|=0.344<t_{\frac{\alpha}{2}}(4)$，所以接收 H_0，认为该矿砂的含镍量为 3.25%.

3. 设香烟(每支)的质量 $X \sim N(\mu, \sigma^2)$. 依题意提出假设: $H_0: \mu = 1.1, H_1: \mu \neq 1.1$,

选择统计量: $t = \dfrac{\overline{X} - \mu_0}{S/\sqrt{36}} \sim t(35)$.

已知 $\mu_0 = 1.1, s^2 = 0.1, n = 36, \overline{x} = 1.008$. 由此得统计量的观测值 $t = \dfrac{1.008 - 1.1}{\dfrac{\sqrt{0.1}}{6}}$

≈ -1.75.

又 $t_{\frac{\alpha}{2}}(35) = 2.03$,

所以 $|t| < t_{\frac{\alpha}{2}}(35)$, 所以接受原假设, 认为这批香烟处于正常状态.

4. 设电池寿命 $X \sim N(\mu, \sigma^2)$. 依题意, 提出假设: $H_0: \mu > 21.5, H_1: \mu < 21.5$.

选择统计量: $U = \dfrac{\overline{X} - \mu_0}{\sigma_0/\sqrt{6}} \sim N(0, 1)$.

已知 $\mu_0 = 21.5, \sigma_0 = 2.9, \overline{x} = 20$. 由此得统计量的观察值 $u = \dfrac{20 - 21.5}{\dfrac{2.9}{\sqrt{6}}} \approx -1.27$.

查表得: $u_\alpha = u_{0.05} = 1.65$.

所以 $u > -u_\alpha$, 所以接受原假设, 可以认为该型号电池的平均寿命为 21.5h.

5. (1) $H_0: \mu = 0.5, H_1: \mu < 0.5$.

选择统计量 $T = \dfrac{\overline{X} - \mu_0}{S/\sqrt{n}} \sim t(n-1)$.

其中已知: $\mu_0 = 0.5, s = 0.037, n = 10, \overline{x} = 0.452$. 由此计算 T 的观测值 $t = -4.1$.

又 $t_{0.05}(9) = 1.833$,

所以 $t < -t_{0.05}$, 所以拒绝原假设, 接受备择假设, 认为该溶液中的水分显著地降低.

(2) $H_0: \sigma = 0.04, H_1: \sigma < 0.04$.

选择统计量: $\chi^2 = \dfrac{(n-1)S^2}{\sigma_0^2} \sim \chi^2(n-1)$.

已知: $\sigma_0 = 0.04, s = 0.037, n = 10$, 由此计算 χ^2 的观察值 $\chi^2 = 7.7$.

查表得 $\chi^2_{0.05}(9) = 16.919$.

所以 $\chi^2 < \chi^2_{0.05}(9)$, 所以接受原假设, 认为该溶液水分的方差为 0.04.

6. 设 70 ℃时该项指标 $X \sim N(\mu_1, \sigma_1^2)$, 80 ℃时该项指标 $Y \sim N(\mu_2, \sigma_2^2)$.

依题意, $\sigma_1 = \sigma_2 = \sigma$. 提出假设:

$$H_0: \mu_1 = \mu_2; H_1: \mu_1 \neq \mu_2.$$

选择统计量: $T = \dfrac{\overline{X} - \overline{Y}}{S_w\sqrt{\dfrac{1}{n_1} + \dfrac{1}{n_2}}} \sim t(n_1 + n_2 - 2)$.

已知 $n_1 = n_2 = 8, t_{\frac{\alpha}{2}}(8+8-2) = t_{0.025}(14) = 2.144\,8$.

拒绝域为:$\{|T|>2.144\ 8\}$.

经计算得:$\bar{x}=20.4,s_1=0.91,y=19.4,s_2=0.878,s_w=0.896$,得 T 的观测值 $t=2.232$.所以 $t>t_{0.025}(14)$,所以拒绝原假设,接受备择假设,认为在两种状态下方差显著地不同.

7. 设甲机床生产的零件长度 $X\sim N(\mu,\sigma_1^2)$,乙机床生产的零件长度 $Y\sim N(\mu,\sigma_2^2)$.

假设 $H_0:\sigma_1^2=\sigma_2^2,H_1:\sigma_1^2\neq\sigma_2^2$.

选择统计量:$F=\dfrac{S_1^2}{S_2^2}\sim F(n_1-1,n_2-1)$.

取 $\alpha=0.05$,得拒绝域:

$$F>F_{\frac{\alpha}{2}}=4.817\ \text{或}\ F<F_{1-\frac{\alpha}{2}}=0.148.$$

又 $F=0.966$,

所以 F 落在接受域内,所以接受原假设,认为两者方差没有显著差异.

8. 假设 H_0:正二十面体匀称,则每个数字出现的概率均为 $\dfrac{1}{10}$;

H_1:正二十面体不匀称.

$$\chi^2=\sum_{i=0}^{9}\frac{(n_i-nP_i)^2}{nP_i}=5.125.$$

查表得 $\chi_{0.05}^2(9)=16.919$.

所以 $\chi^2<\chi_{0.05}^2(9)$,所以接受 H_0,可认为该正二十面体是匀称的.

9. 取 $\alpha=0.05$ 检验假设 H_0:直径 $X\sim N(\mu,\sigma^2)$.

由于原假设正态分布的参数是未知的,用 μ,σ^2 的极大似然估计值:

$$\hat{\mu}=\bar{x},\hat{\sigma}^2=\frac{1}{n}\sum_{i=1}^{n}(x_i-\bar{x})^2.$$

设 x_i^* 为第 i 组的组中值,有

$$\bar{x}=\frac{1}{n}\sum_i x_i^* f_i=141.8,\quad \hat{\sigma}^2=29.$$

原假设 $H_0:X\sim N(141.8,5.4^2)$,计算每个区间的理论概率值:

$$p_i=P\{a_{i-1}\leqslant X<a_i\}=\Phi\left(\frac{a_i-\bar{x}}{5.4}\right)-\Phi\left(\frac{a_{i-1}-\bar{x}}{5.4}\right),i=1,2,3,4.$$

直径区间 D	频数 n_i	标准化区间	p_i	np_i	$(n_i-np_i)^2$	$\dfrac{(n_i-np_i)^2}{np_i}$
$[119.5,135.5)$	10	$[-4.13,-1.17)$	0.121	12.8	7.84	0.61
$[135.5,139.5)$	21	$[-1.17,-0.43)$	0.213	22.7	2.89	0.127
$[139.5,143.5)$	41	$[-0.43,0.32)$	0.292	30.9	102.1	3.32
$[143.5,159.5)$	34	$[0.32,3.3)$	0.374	39.6	31.36	0.792
Σ			1			4.849

从上面计算得出 χ^2 的观察值为 4.849.

检验水平 $\alpha = 0.05$，查自由度 $m = l - r - 1 = 4 - 2 - 1 = 1$ 的 χ^2 分布表，得 $\chi^2_{0.05}(1) = 3.841$. 由于 $\chi^2 = 4.849 > \chi^2_{0.05}(1)$，拒绝原假设，不认为直径服从正态分布 $N(141.8, 5.4^2)$.

习 题 九

1. $S_T = \sum\limits_{i=1}^{3} \sum\limits_{j=1}^{5} x_{ij}^2 = n\bar{x} = 461 - 375 = 86$,

$S_A = \dfrac{1}{5} \sum\limits_{i=1}^{3} x_i^2 - n\bar{x} = 415 - 375 = 40$,

$S_c = S_T - S_A = 86 - 40 = 46$.

$F = \dfrac{S_A/(r-1)}{S_e/(n-r)} = \dfrac{40/2}{46/12} = 5.17$. 又 $F_{0.05}(2,12) = 3.89$,

所以 $F > F_{0.05}(2,12)$，所以拒绝 H_0，即三种菌平均存活天数有显著差异.

2. 因为 3 块田土质相同，故看作每一水平下的三次试验.

$$S_T = \sum_{i=1}^{4} \sum_{j=1}^{3} x_{ij}^2 - n\bar{x}^2 = 455.5 - 444.1 = 11.4,$$

$$S_A = \frac{1}{3} \sum_{i=1}^{4} x_{i\cdot}^2 - n\bar{x}^2 = 450.3 - 444.1 = 6.2,$$

$$S_e = S_T - S_A = 5.2.$$

$$F = \frac{S_A/(4-1)}{S_c/(12-4)} = 3.179. \ \text{又} \ F_{0.01}(3,8) = 7.49,$$

所以 $F < F_{0.01}(3,8)$，所以接受 H_0，即不同施肥方案对水稻产量没有显著影响.

3. $S_T = \sum\limits_{i=1}^{3} \sum\limits_{j=1}^{4} x_{ij}^2 - n\bar{x}^2 = 54\,963.93 - 54\,850.64 \approx 113.3$,

$S_A = \dfrac{1}{4} \sum\limits_{i=1}^{3} x_{i\cdot}^2 - n\bar{x}^2 = 74.9, f_A = 2$,

$S_B = \dfrac{1}{3} \sum\limits_{j=1}^{3} x_{\cdot j}^2 - n\bar{x}^2 = 35.2, f_B = 3$,

$S_e = S_T - S_A - S_B = 3.2, f_e = 6$.

$F_A = \dfrac{S_A/2}{S_e/6} = 70.2, F_B = \dfrac{S_B/3}{S_e/6} = 22$.

$F_{0.05}(2,6) = 5.14, F_A > F_{0.05}(2,6)$，所以拒绝 H_{01},

$F_{0.05}(3,6) = 4.76, F_B > F_{0.05}(3,6)$，所以拒绝 H_{02}.

碳的含量和锑铅含量对合金强度都有显著影响.

4. $S_T = \sum\limits_{i=1}^{3} \sum\limits_{j=1}^{5} x_{ij}^2 - n\bar{x}^2 = 3\,611\,332 - 3\,601\,500 = 9\,832$,

$S_A = \dfrac{1}{3} \sum\limits_{j=1}^{5} x_{\cdot j}^2 - n\bar{x}^2 = 3\,603\,014.7 - 3\,601\,500 = 1\,514.7$,

$$S_B = \frac{1}{5}\sum_{i=1}^{3}x_{i\cdot}^2 - n\bar{x}^2 = 3\,602\,340 - 3\,601\,500 = 840.$$

$S_e = 7\,477, f_e = 8, f_A = 4, f_B = 2.$

$$F_A = \frac{1\,515/4}{7\,477/8} = 0.405, F_B = \frac{840/2}{7\,477/8} = 0.449.$$

$F_{0.05}(4,8) = 3.84, F_{0.05}(2,8) = 4.46,$

$F_A < F_{0.05}(4,8),$ 接受 H_{01}；$F_B < F_{0.05}(2,8),$ 接受 $H_{02}.$

品种与种植地区对水稻的亩产量没有显著作用.

5.（1）用科学计算器计算回归系数,得

$$\hat{\beta} = 41.7, \hat{\beta}_1 = 0.37,$$

所以回归方程为 $\hat{Y} = 41.7 + 0.37x$.

（2）接受线性回归模型.

6.（1）用科学计算器计算回归系数,得

$$\hat{\beta} = 13.967, \hat{\beta}_1 = 12.55,$$

所以回归方程为 $\hat{Y} = 13.967 + 12.55x$.

（2）回归效果显著,接受线性回归模型.

（3）预测区间为 $(19.52, 20.95)$.

附录 I

统计用表

附表 1 泊松分布 $P\{X=k\}=\dfrac{\lambda^{k}}{k!}\mathrm{e}^{-\lambda}$ 的数值表

k \ λ	0.1	0.2	0.3	0.4	0.5	0.6
0	0.904 837	0.818 731	0.740 818	0.670 320	0.606 531	0.548 812
1	0.090 484	0.163 746	0.222 245	0.268 128	0.303 265	0.32 987
2	0.045 24	0.016 375	0.033 337	0.053 626	0.075 816	0.098 786
3	0.000 151	0.001 092	0.003 334	0.007 150	0.012 636	0.019 757
4	0.000 004	0.000 055	0.000 250	0.000 715	0.001 580	0.002 964
5	—	0.000 002	0.000 005	0.000 057	0.000 158	0.000 356
6	—	—	0.000 001	0.000 004	0.000 013	0.000 036
7	—	—	—	—	0.000 001	0.000 003

k \ λ	0.7	0.8	0.9	1.0	2.0	3.0
0	0.496 585	0.449 329	0.406 570	0.367 879	0.135 335	0.049 787
1	0.347 610	0.359 463	0.365 913	0.367 879	0.270 671	0.149 361
2	0.121 663	0.413 785	0.164 661	0.183 940	0.270 671	0.224 042
3	0.028 388	0.038 343	0.049 398	0.061 313	0.180 447	0.224 042
4	0.004 968	0.007 669	0.011 115	0.015 328	0.090 224	0.168 031
5	0.000 696	0.001 227	0.002 001	0.003 066	0.036 089	0.100 819
6	0.000 081	0.000 164	0.000 300	0.000 511	0.012 030	0.050 409
7	0.000 008	0.000 019	0.000 039	0.000 073	0.003 437	0.021 614
8	0.000 001	0.000 002	0.000 004	0.000 009	0.000 859	0.008 102
9	—	—	—	0.000 001	0.000 191	0.002 701
10	—	—	—	—	0.000 038	0.000 810
11	—	—	—	—	0.000 007	0.000 221
12	—	—	—	—	0.000 001	0.000 055
13	—	—	—	—	—	0.000 013
14	—	—	—	—	—	0.000 003
15	—	—	—	—	—	0.000 001

k \ λ	4.0	5.0	6.0	7.0	8.0	9.0
0	0.018 316	0.006 738	0.002 479	0.000 912	0.000 335	0.000 123
1	0.073 263	0.033 690	0.014 873	0.006 383	0.002 684	0.001 111
2	0.146 525	0.084 224	0.044 618	0.022 341	0.010 735	0.004 998
3	0.195 367	0.140 374	0.089 235	0.052 129	0.028 626	0.014 994
4	0.195 367	0.175 467	0.133 853	0.091 226	0.057 252	0.033 737
5	0.156 293	0.175 467	0.160 623	0.127 717	0.091 604	0.060 727
6	0.104 196	0.146 223	0.160 623	0.149 003	0.122 138	0.091 090
7	0.059 540	0.104 445	0.137 677	0.149 003	0.139 587	0.117 116
8	0.029 770	0.065 278	0.103 258	0.130 377	0.139 587	0.131 756
9	0.013 231	0.036 266	0.068 838	0.101 405	0.124 077	0.131 756
10	0.005 292	0.018 133	0.041 303	0.070 983	0.099 262	0.118 580
11	0.001 925	0.008 242	0.022 529	0.045 171	0.072 190	0.097 020
12	0.000 642	0.003 434	0.011 264	0.026 350	0.043 127	0.072 765
13	0.000 197	0.001 321	0.005 199	0.014 188	0.029 616	0.050 376
14	0.000 056	0.000 472	0.002 228	0.007 094	0.016 924	0.032 384
15	0.000 015	0.000 157	0.000 891	0.003 311	0.009 026	0.019 431
16	0.000 004	0.000 049	0.000 334	0.001 448	0.004 513	0.010 930
17	0.000 001	0.000 014	0.000 118	0.000 596	0.002 124	0.005 786
18	—	0.000 004	0.000 039	0.000 232	0.000 944	0.002 893
19	—	0.000 001	0.000 012	0.000 085	0.000 397	0.001 370
20	—	—	0.000 004	0.000 030	0.000 159	0.000 617
21	—	—	0.000 001	0.000 010	0.000 061	0.000 264
22	—	—		0.000 003	0.000 022	0.000 108
23	—	—	—	0.000 001	0.000 008	0.000 042
24	—	—	—	—	0.000 003	0.000 016
25	—	—	—	—	0.000 001	0.000 006
26	—	—	—	—	—	0.000 002
27	—	—	—	—	—	0.000 001

附表 2 正态分布函数表

$$\Phi(x) = \frac{1}{\sqrt{2}\pi} \int_{-\infty}^{x} e^{\frac{-t^2}{2}} dt \, (x \geqslant 0)$$

x	0.00	0.01	0.02	0.03	0.04	0.05	0.06	0.07	0.08	0.09	x
0.0	0.500 0	0.504 0	0.508 0	0.512 0	0.516 0	0.519 9	0.523 9	0.527 9	0.531 9	0.535 9	0.0
0.1	539 8	543 8	547 8	551 7	555 7	559 6	563 6	567 5	571 4	575 3	0.1
0.2	579 3	583 2	587 1	591 0	594 8	598 7	602 6	606 4	610 3	614 1	0.2
0.3	617 9	621 7	625 5	629 3	633 1	636 8	640 6	644 3	648 0	651 7	0.3
0.4	655 4	659 1	662 8	666 4	670 0	673 6	677 2	680 8	684 4	687 9	0.4
0.5	691 5	695 0	698 5	701 9	705 4	708 8	712 3	715 7	719 0	722 4	0.5
0.6	725 7	729 1	732 4	735 7	738 9	742 2	745 4	748 6	751 7	754 9	0.6
0.7	758 0	761 1	764 2	767 3	770 3	773 4	776 4	779 4	782 3	785 2	0.7
0.8	788 1	791 0	793 9	769 7	799 5	802 3	805 1	807 8	810 6	813 3	0.8
0.9	815 9	818 6	821 2	823 8	826 4	828 9	831 5	834 0	836 5	838 9	0.9

续表

x	0.00	0.01	0.02	0.03	0.04	0.05	0.06	0.07	0.08	0.09	x
1.0	841 3	843 8	846 1	848 5	850 8	853 1	855 4	857 7	859 9	8621	1.0
1.1	864 3	866 5	868 6	870 8	872 9	874 9	877 0	879 0	881 0	883 0	1.1
1.2	884 9	886 9	888 8	890 7	892 5	894 4	896 2	898 0	899 7	901 47	1.2
1.3	903 20	904 90	906 58	908 24	909 88	911 49	913 09	914 66	916 21	917 74	1.3
1.4	919 24	920 73	922 20	923 64	925 07	926 47	927 85	929 22	930 56	931 89	1.4
1.5	933 19	934 48	935 74	936 99	938 22	939 43	940 62	941 79	942 95	944 85	1.5
1.6	945 20	946 30	947 38	948 45	949 50	950 53	951 54	952 54	953 52	954 49	1.6
1.7	955 43	956 37	957 28	958 18	959 07	959 94	960 80	961 64	962 46	963 27	1.7
1.8	964 07	964 85	965 62	966 38	967 12	967 84	968 56	969 26	969 95	970 62	1.8
1.9	971 28	971 93	972 57	973 20	973 81	974 91	975 00	975 58	976 15	976 70	1.9
2.0	0.977 25	0.977 78	0.978 31	0.978 82	0.979 32	0.979 82	0.980 30	0.980 77	0.981 24	0.981 69	2.0
2.1	982 14	982 57	983 00	983 41	983 82	984 22	984 61	985 00	985 37	985 74	2.1
2.2	986 10	986 45	986 79	987 13	987 45	987 78	998 09	988 40	988 70	988 99	2.2
2.3	989 28	989 56	989 83	$9^2$00 97	$9^2$03 58	$9^2$06 13	$9^2$0863	$9^2$11 06	$9^2$13 44	$9^2$15 76	2.3
2.4	$9^2$18 02	$9^2$20 24	$9^2$22 40	$9^2$24 51	$9^2$26 56	$9^2$28 57	$9^2$30 53	$9^2$32 44	$9^2$34 31	$3^2$36 13	2.4
2.5	$9^2$37 90	$9^2$39 63	$9^2$41 32	$9^2$432 97	$9^2$44 57	$9^2$46 14	$9^2$47 66	$9^2$49 15	$9^2$50 60	$9^2$52 01	2.5
2.6	$9^2$53 39	$9^2$54 73	$9^2$56 04	$9^2$57 31	$9^2$58 55	$9^2$59 75	$9^2$60 93	$9^2$6207	$9^2$63 19	$9^2$64 27	2.6
2.7	$9^2$65 33	$9^2$66 36	$9^2$67 36	$9^2$68 33	$9^2$69 28	$9^2$70 20	$9^2$71 10	$9^2$71 97	$9^2$72 82	$9^2$73 65	2.7
2.8	$9^2$74 45	$9^2$75 23	$9^2$75 99	$9^2$76 73	$9^2$77 44	$9^2$78 14	$9^2$78 82	$9^2$79 48	$9^2$80 12	$9^2$80 74	2.8
2.9	$9^2$81 34	$9^2$81 93	$9^2$82 50	$9^2$83 05	$9^2$83 59	$9^2$84 11	$9^2$84 62	$9^2$85 11	$9^2$85 59	$9^2$86 05	2.9
3.0	$9^2$86 50	$9^2$86 94	$9^2$87 36	$9^2$87 77	$9^2$88 17	$9^2$88 56	$9^2$88 93	$9^2$89 30	$9^2$89 65	$9^2$89 99	3.0
3.1	$9^3$03 24	$9^3$06 46	$9^3$09 57	$9^3$12 60	$9^3$15 53	$9^3$18 36	$9^3$21 12	$9^3$23 78	$9^3$26 36	$9^3$28 86	3.1
3.2	$9^3$91 29	$9^3$33 63	$9^3$35 90	$9^3$38 10	$9^3$40 24	$9^3$42 30	$9^3$44 29	$9^3$46 23	$9^3$48 10	$9^3$49 91	3.2
3.3	$9^3$51 66	$9^3$53 35	$9^3$54 99	$9^3$56 58	$9^3$58 11	$9^3$59 59	$9^3$61 03	$9^3$62 42	$9^3$63 76	$9^3$65 05	3.3
3.4	$9^3$66 31	$9^3$67 52	$9^3$68 69	$9^3$69 82	$9^3$70 91	$9^3$71 97	$9^3$72 99	$9^3$73 98	$9^3$74 93	$9^3$75 85	3.4
3.5	$9^3$76 74	$9^3$77 59	$9^3$78 42	$9^3$79 22	$9^3$79 99	$9^3$80 74	$9^3$81 46	$9^3$82 15	$9^3$82 82	$9^3$83 47	3.5
3.6	$9^3$84 09	$9^3$84 69	$9^3$85 27	$9^3$85 83	$9^3$86 37	$9^3$86 89	$9^3$87 39	$9^3$87 87	$9^3$88 34	$9^3$88 79	3.6
3.7	$9^3$89 22	$9^3$89 64	$9^4$00 39	$9^4$04 26	$9^4$07 99	$9^4$11 58	$9^4$15 04	$9^4$18 38	$9^4$21 59	$9^4$24 68	3.7
3.8	$9^4$27 65	$9^4$30 52	$9^4$33 27	$9^4$35 93	$9^4$38 48	$9^4$40 94	$9^4$43 31	$9^4$45 58	$9^4$47 77	$9^4$49 88	3.8
3.9	$9^4$51 90	$9^4$53 85	$9^4$55 73	$9^4$57 53	$9^4$59 26	$9^4$60 92	$9^4$62 53	$9^4$64 06	$9^4$65 54	$9^4$66 96	3.9
4.0	$9^4$68 33	$9^4$69 64	$9^4$70 90	$9^4$72 11	$9^4$73 27	$9^4$74 39	$9^4$75 46	$9^4$76 49	$9^4$77 48	$9^4$86 05	4.0
4.1	$9^4$79 34	$9^4$80 22	$9^4$81 06	$9^4$81 86	$9^4$82 63	$9^4$83 38	$9^4$84 09	$9^4$84 77	$9^4$85 42	$9^4$78 43	4.1
4.2	$9^4$86 65	$9^4$87 23	$9^4$87 78	$9^4$88 32	$9^4$88 82	$9^4$89 31	$9^4$89 78	$9^4$02 26	$9^5$06 55	$9^5$10 66	4.2
4.3	$9^5$14 60	$9^5$18 37	$9^5$21 99	$9^5$25 45	$9^5$28 76	$9^5$31 93	$9^5$34 97	$9^5$37 88	$9^5$40 66	$9^5$43 32	4.3
4.4	$9^5$45 87	$9^5$48 31	$9^5$50 65	$9^5$52 88	$9^5$55 02	$9^5$57 06	$9^5$59 02	$9^5$60 89	$9^5$62 68	$9^5$64 39	4.4
4.5	$9^5$66 02	$9^5$67 59	$9^5$69 08	$9^5$70 51	$9^5$71 87	$9^5$73 18	$9^5$74 42	$9^5$75 61	$9^5$76 75	$9^5$77 84	4.5
4.6	$9^5$78 88	$9^5$79 87	$9^5$80 81	$9^5$81 72	$9^5$82 58	$9^5$83 40	$9^5$84 19	$9^5$84 94	$9^5$85 66	$9^5$86 34	4.6
4.7	$9^5$86 99	$9^5$87 61	$9^5$88 21	$9^5$88 77	$9^5$89 31	$9^5$89 83	$9^5$03 20	$9^6$07 89	$9^6$12 35	$9^6$16 61	4.7
4.8	$9^6$20 67	$9^6$24 53	$9^6$28 22	$9^6$31 73	$9^6$35 08	$9^6$38 27	$9^6$41 31	$9^6$44 20	$9^6$46 96	$9^6$49 58	4.8
4.9	$9^6$52 08	$9^6$54 46	$9^6$56 73	$9^6$58 89	$9^6$60 94	$9^6$62 89	$9^6$64 75	$9^6$66 52	$9^6$68 21	$9^6$6 981	4.9

附表 3 t 分布表

$$P\{t(n) > t_\alpha(n)\} = \alpha$$

n	$\alpha = 0.25$	0.10	0.05	0.025	0.01	0.005
1	1.000 0	3.077 7	6.313 8	12.706 2	31.820 7	63.657 4
2	0.816 5	1.885 6	2.920 0	4.302 7	6.964 6	9.924 8
3	0.764 9	1.637 7	2.353 4	3.182 4	4.540 7	5.840 9
4	0.740 7	1.533 2	2.131 8	2.776 4	3.746 9	4.604 1
5	0.726 3	1.475 9	2.015 0	2.570 6	3.364 9	4.032 2
6	0.717 5	1.439 8	1.943 2	2.446 9	3.142 7	3.707 4
7	0.711 1	1.414 9	1.894 6	2.364 6	2.998 0	3.499 5
8	0.706 4	1.396 8	1.859 5	2.306 0	2.896 5	3.355 4
9	0.702 7	1.383 0	1.833 1	2.262 2	2.821 4	3.249 8
10	0.699 8	1.372 2	1.812 5	2.228 1	2.763 8	3.169 3
11	0.697 4	1.363 4	1.795 9	2.201 0	2.718 1	3.105 8
12	0.695 5	1.356 2	1.782 3	2.178 8	2.681 0	3.054 5
13	0.693 8	1.350 2	1.770 9	2.160 4	2.650 3	3.012 3
14	0.692 4	1.345 0	1.761 3	2.144 8	2.624 5	2.976 8
15	0.691 2	1.340 3	1.753 1	2.131 5	2.602 5	2.946 7
16	0.690 1	1.336 8	1.745 9	2.119 9	2.583 5	2.920 8
17	0.689 2	1.333 4	1.739 6	2.109 8	2.566 9	2.898 2
18	0.688 4	1.330 4	1.734 1	2.100 9	2.552 4	2.878 4
19	0.687 6	1.327 7	1.729 1	2.093 0	2.539 5	2.860 9
20	0.687 0	1.325 3	1.724 7	2.086 0	2.528 0	2.845 3
21	0.686 4	1.323 2	1.720 7	2.079 6	2.517 7	2.831 4
22	0.685 8	1.321 2	1.717 1	2.073 9	2.508 3	2.818 8
23	0.685 3	1.319 5	1.713 9	2.068 7	2.499 9	2.807 3
24	0.684 8	1.317 8	1.710 9	2.063 9	2.492 2	2.796 9
25	0.684 4	1.316 3	1.708 1	2.059 5	2.485 1	2.787 4
26	0.684 0	1.315 0	1.705 6	2.055 5	2.478 6	2.778 7
27	0.683 7	1.313 7	1.703 3	2.051 8	2.472 7	2.770 7
28	0.683 4	1.312 5	1.701 1	2.048 4	2.467 1	2.763 3
29	0.683 0	1.311 4	1.699 1	2.045 2	2.462 0	2.756 4
30	0.682 8	1.310 4	1.697 3	2.042 3	2.457 3	2.750 0
31	0.682 5	1.309 5	1.695 5	2.039 5	2.452 8	2.744 0
32	0.682 2	1.308 6	1.693 9	2.036 9	2.448 7	2.738 5
33	0.682 0	1.307 7	1.692 4	2.034 5	2.444 8	2.733 3
34	0.681 8	1.307 0	1.690 9	2.032 2	2.441 1	2.728 4
35	0.681 6	1.306 2	1.689 6	2.030 1	2.437 7	2.723 8
36	0.681 4	1.305 5	1.688 3	2.028 1	2.434 5	2.719 5
37	0.681 2	1.304 5	1.687 1	2.026 2	2.431 4	2.715 4
38	0.681 0	1.304 2	1.686 0	2.024 4	2.428 6	2.711 6
39	0.680 8	1.303 6	1.684 9	2.022 7	2.425 8	2.707 9
40	0.680 7	1.303 1	1.683 9	2.021 1	2.423 3	2.704 5
41	0.680 5	1.302 5	1.682 9	2.019 5	2.420 8	2.701 2
42	0.680 4	1.302 0	1.682 0	2.018 1	2.418 5	2.698 1
43	0.680 2	1.301 6	1.681 1	2.016 7	2.416 3	2.695 1
44	0.680 1	1.301 1	1.680 2	2.015 4	2.414 1	2.692 3
45	0.680 0	1.300 6	1.679 4	2.014 1	2.412 1	2.689 6

附表 4 χ² 分布表

$$P\{\chi^2(n) > \chi_a^2(n)\} = \alpha$$

n	$\alpha=0.995$	0.99	0.975	0.95	0.90	0.75
1	—	—	0.001	0.004	0.016	0.102
2	0.010	0.020	0.051	0.103	0.211	0.575
3	0.072	0.115	0.216	0.352	0.584	1.213
4	0.207	0.297	0.484	0.711	1.064	1.923
5	0.412	0.554	0.831	1.145	1.610	2.675
6	0.676	0.872	1.237	1.635	2.204	3.455
7	0.989	1.239	1.690	2.167	2.833	4.255
8	1.344	1.646	2.180	2.733	3.490	5.071
9	1.735	2.088	2.700	3.325	4.168	5.899
10	2.156	2.558	3.247	3.940	4.865	6.737
11	2.603	3.058	3.816	4.575	5.578	7.584
12	3.074	3.571	4.404	5.226	6.304	8.438
13	3.565	4.107	5.009	5.892	7.042	9.299
14	4.075	4.660	5.629	6.571	7.790	10.165
15	4.601	5.229	6.262	7.261	8.547	11.037
16	5.142	5.812	6.908	7.962	9.312	11.912
17	5.697	6.408	7.584	8.672	10.085	12.792
18	6.265	7.015	8.231	9.390	10.865	13.675
19	6.844	7.633	8.907	10.117	11.651	14.562
20	7.434	8.260	9.591	10.851	12.443	15.452
21	8.034	8.897	10.283	11.591	13.240	16.344
22	8.643	9.542	10.982	12.338	14.042	17.240
23	9.260	10.196	11.689	13.091	14.848	18.137
24	9.886	10.856	12.401	13.848	15.659	19.037
25	10.520	11.534	13.120	14.611	16.473	19.939
26	11.160	12.198	13.841	15.379	17.292	20.843
27	11.808	12.879	14.573	16.151	18.114	21.749
28	12.461	13.565	15.308	16.928	18.939	22.657
29	13.121	14.257	16.047	17.708	19.768	23.567
30	13.787	14.954	16.791	18.493	20.599	24.478
31	14.458	15.655	17.539	19.281	21.434	25.390
32	15.134	15.362	18.291	20.072	22.271	26.304
33	15.815	17.074	19.047	20.867	23.110	27.219
34	16.501	17.789	19.806	21.664	23.952	28.136
35	17.192	18.509	20.569	22.465	24.797	29.054
36	17.887	19.233	21.336	23.269	25.643	29.973
37	18.586	19.960	22.106	24.075	26.492	30.893
38	19.289	20.691	22.878	24.884	27.343	31.815
39	19.996	21.426	23.654	25.695	28.196	32.737
40	20.707	22.164	24.433	26.509	29.051	33.660
41	21.421	22.906	25.215	27.326	29.707	24.585
42	22.138	23.650	26.999	28.144	30.765	35.510
43	22.859	24.398	26.785	28.965	31.625	36.436
44	23.584	25.148	27.575	29.787	32.487	37.363
45	24.311	25.901	28.366	30.612	33.350	38.291

续表

n	$\alpha=0.25$	0.10	0.05	0.025	0.01	0.005
1	1.323	2.706	3.841	5.024	6.635	7.879
2	2.773	4.605	5.991	7.378	9.210	10.597
3	4.108	6.251	7.815	9.348	11.345	12.838
4	5.385	7.779	9.488	11.143	13.277	14.860
5	6.626	9.236	11.071	12.833	15.086	16.750
6	7.841	10.645	12.592	14.449	16.812	18.548
7	9.037	12.017	14.067	16.013	18.475	20.278
8	10.219	13.362	15.507	17.535	20.090	21.955
9	11.389	14.684	16.919	19.023	21.666	23.589
10	12.549	15.987	18.307	20.483	23.209	25.188
11	13.701	17.275	19.675	21.920	24.725	26.757
12	14.845	18.549	21.026	23.337	26.217	28.299
13	15.984	19.812	22.362	24.736	27.688	29.819
14	17.117	21.064	23.685	26.119	19.141	31.319
15	18.245	22.307	24.996	27.488	30.578	32.801
16	19.369	23.542	26.296	28.845	32.000	34.267
17	20.489	24.769	27.587	30.191	33.409	35.718
18	31.605	25.989	28.869	31.526	34.805	37.156
19	22.718	27.204	30.144	32.852	36.191	38.582
20	23.828	28.412	31.410	43.170	37.566	39.997
21	24.935	29.615	32.671	35.479	38.932	41.401
22	26.039	30.813	33.924	36.781	40.289	42.796
23	27.141	32.007	35.172	38.076	41.638	44.181
24	28.241	33.196	36.415	39.364	42.980	45.559
25	29.339	34.382	37.652	40.646	44.314	46.928
26	30.435	35.563	38.885	41.923	41.642	48.290
27	31.528	36.741	40.113	43.194	46.963	49.645
28	32.620	37.916	41.337	44.461	48.278	50.993
29	33.711	39.087	42.557	45.722	49.588	52.336
30	34.800	40.256	43.773	46.979	50.892	53.672
31	35.887	41.422	44.985	48.232	52.191	55.003
32	36.973	42.585	46.194	49.480	53.486	56.328
33	38.058	43.745	47.400	50.725	54.776	57.648
34	39.141	44.903	48.602	51.966	56.061	58.964
35	40.223	46.059	49.802	53.203	57.342	60.275
36	41.304	47.212	50.998	54.437	58.619	61.581
37	42.383	48.363	52.192	55.668	59.892	62.883
38	43.462	49.513	53.384	59.896	61.162	64.181
39	44.539	50.660	54.572	58.120	62.428	65.476
40	45.616	51.805	55.758	59.342	63.691	66.760
41	46.692	52.949	56.942	60.561	64.950	68.058
42	47.766	54.090	58.124	61.777	66.206	69.336
43	48.840	55.230	59.304	62.990	67.459	70.616
44	49.913	56.369	60.481	64.201	68.710	71.893
45	50.985	57.505	61.656	65.410	69.957	73.166

附表 5 F 分布表

$$P\{F(m,n)>F_\alpha(m,n)\}=\alpha$$

	$\alpha=0.10$								
n \ m	1	2	3	4	5	6	7	8	9
1	39.86	49.50	53.59	55.83	57.24	58.20	58.91	59.44	59.86
2	8.53	9.00	9.16	9.24	9.29	9.33	9.35	9.37	9.38
3	5.54	5.46	5.39	5.34	5.31	5.28	5.27	5.25	5.24
4	4.54	4.32	4.19	4.11	4.05	4.01	3.98	3.95	3.94
5	4.06	3.78	3.62	3.52	3.45	3.40	3.37	3.34	3.32
6	3.78	3.46	3.29	3.18	3.11	3.05	3.01	2.98	2.96
7	3.59	3.26	3.07	2.96	2.88	2.83	2.78	2.75	2.72
8	3.46	3.11	2.92	2.81	2.73	2.67	2.62	2.59	2.56
9	3.36	3.01	2.81	2.69	2.61	2.55	2.51	2.47	2.44
10	3.29	2.92	2.73	2.61	2.52	2.46	2.41	2.38	2.35
11	3.23	2.86	2.66	2.54	2.45	2.39	2.34	2.30	2.27
12	3.18	2.81	2.61	2.48	2.39	2.33	2.28	2.24	2.21
13	3.14	2.76	2.56	2.43	2.35	2.28	2.23	2.20	2.16
14	3.10	2.73	2.52	2.39	2.31	2.24	2.19	2.15	2.12
15	3.07	2.70	2.49	2.36	2.27	2.21	2.16	2.12	2.09
16	3.05	2.67	2.46	2.33	2.24	2.18	2.13	2.09	2.06
17	3.03	2.64	2.44	2.31	2.22	2.15	2.10	2.06	2.03
18	3.01	2.62	2.42	2.29	2.20	2.13	2.08	2.04	2.00
19	2.99	2.61	2.40	2.27	2.18	2.11	2.06	2.02	1.98
20	2.97	2.59	2.38	2.25	2.16	2.09	2.04	2.00	1.96
21	2.96	2.57	2.36	2.23	2.14	2.08	2.02	1.98	1.95
22	2.95	2.56	2.35	2.22	2.13	2.06	2.01	1.97	1.93
23	2.94	2.55	2.34	2.21	2.11	2.05	1.99	1.95	1.92
24	2.93	2.54	2.33	2.19	2.10	2.04	1.98	1.94	1.91
25	2.92	5.53	2.32	2.18	2.09	2.02	1.97	1.93	1.89
26	2.91	2.52	2.31	2.17	2.08	2.01	1.96	1.92	1.88
27	2.90	2.51	2.30	2.17	2.07	2.00	1.95	1.91	1.87
28	2.89	2.50	2.29	2.16	2.06	2.00	1.94	1.90	1.87
29	2.89	2.50	2.28	2.15	2.06	1.99	1.93	1.89	1.86
30	2.86	2.49	2.28	2.14	2.05	1.98	1.93	1.88	1.85
40	2.84	2.44	2.23	2.09	2.00	1.97	1.87	1.83	1.79
60	2.79	2.39	2.18	2.04	1.95	1.87	1.82	1.77	1.74
120	2.75	2.35	2.13	1.99	1.90	1.82	1.77	1.72	1.68
∞	2.71	2.30	2.08	1.94	1.85	1.77	1.72	1.67	1.63

	$\alpha=0.10$									
n \ m	10	12	15	20	24	30	40	60	120	∞
1	60.19	60.71	61.22	61.74	62.00	62.26	62.53	62.79	63.06	63.33
2	9.89	9.41	9.42	9.41	9.45	9.46	9.47	9.47	9.48	9.40
3	5.23	5.22	5.20	5.18	5.18	5.17	5.16	5.15	5.14	5.13
4	3.92	3.90	3.87	3.84	3.83	3.82	3.80	3.70	3.78	3.76
5	3.30	3.27	3.24	3.21	3.19	3.17	3.16	3.14	3.12	3.10
6	2.94	2.90	2.87	2.84	2.82	2.80	2.78	2.76	2.74	2.72
7	2.70	2.67	2.63	2.59	2.58	2.56	2.54	2.51	2.49	2.47
8	2.54	2.50	2.46	2.42	2.40	2.38	2.39	2.34	2.32	2.29
9	2.42	2.38	2.34	2.30	2.28	2.25	2.23	2.21	2.18	2.16
10	2.32	2.28	2.24	2.20	2.18	2.16	2.13	2.11	2.08	2.06
11	2.25	2.21	2.17	2.12	2.10	2.08	2.05	2.03	2.00	1.97
12	2.19	2.15	2.10	2.06	2.04	2.01	1.99	1.96	1.93	1.90
13	2.14	2.10	2.05	2.01	1.98	1.96	1.93	1.90	1.88	1.85
14	2.10	2.05	2.01	1.96	1.94	1.91	1.89	1.86	1.83	1.80
15	2.06	2.02	1.97	1.92	1.90	1.87	1.85	1.82	1.79	1.76
16	2.03	1.99	1.94	1.89	1.87	1.84	1.81	1.78	1.75	1.72
17	2.00	1.96	1.91	1.86	1.84	1.81	1.78	1.75	1.72	1.69
18	1.98	1.93	1.89	1.84	1.81	1.78	1.75	1.72	1.69	1.66
19	1.96	1.91	1.86	1.81	1.76	1.76	1.73	1.70	1.67	1.63
20	1.94	1.89	1.84	1.79	1.77	1.74	1.71	1.68	1.64	1.61
21	1.92	1.87	1.83	1.78	1.75	1.72	1.69	1.66	1.62	1.59
22	1.90	1.86	1.81	1.76	1.73	1.70	1.67	1.64	1.60	1.57
23	1.89	1.84	1.80	1.74	1.72	1.69	1.66	1.62	1.59	1.55
24	1.88	1.83	1.78	1.73	1.70	1.67	1.64	1.61	1.57	1.53
25	1.87	1.82	1.77	1.72	1.69	1.66	1.63	1.59	1.56	1.52
26	1.86	1.81	1.76	1.71	1.68	1.65	1.61	1.58	1.54	1.50
27	1.85	1.80	1.75	1.70	1.67	1.64	1.60	1.57	1.53	1.49
28	1.84	1.79	1.74	1.69	1.66	1.63	1.59	1.56	1.52	1.48
29	1.83	1.78	1.73	1.68	1.65	1.62	1.58	1.55	1.51	1.47
30	1.82	1.77	1.72	1.67	1.64	1.61	1.57	1.54	1.50	1.46
40	1.76	1.71	1.66	1.61	1.57	1.54	1.51	1.47	1.42	1.38
60	1.71	1.66	1.60	1.54	1.51	1.48	1.44	1.40	1.35	1.29
120	1.65	1.60	1.55	1.48	1.45	1.41	1.37	1.32	1.26	1.19
∞	1.60	1.55	1.49	1.42	1.38	1.34	1.30	1.24	1.17	1.00

续表

					$\alpha=0.05$					
n \ m	1	2	3	4	5	6	7	8	9
1	161.40	199.50	215.70	224.60	230.20	234.00	236.80	238.90	240.50
2	18.51	19.00	19.16	16.25	19.30	19.33	19.35	19.37	19.38
3	10.13	9.55	9.28	9.12	9.01	8.94	8.98	8.85	8.81
4	7.71	6.94	6.59	6.39	6.26	6.16	6.09	6.04	6.00
5	6.61	5.79	5.41	5.19	5.05	4.95	4.88	4.82	4.77
6	5.99	5.14	4.76	4.53	4.39	4.28	4.21	4.15	4.10
7	5.59	4.74	4.35	4.12	3.97	3.87	3.79	3.73	3.68
8	5.32	4.46	4.07	3.84	3.69	3.58	3.50	3.44	3.39
9	5.12	4.26	3.86	3.63	3.48	3.37	3.29	3.23	3.18
10	4.96	4.10	3.71	3.48	3.33	3.22	3.14	3.07	3.02
11	4.84	3.98	3.59	3.36	3.20	3.09	3.01	2.95	2.90
12	4.75	3.89	3.49	3.26	3.11	3.00	2.91	2.85	2.80
13	4.67	3.81	3.41	3.18	3.03	2.92	2.83	2.77	2.71
14	4.60	3.74	3.34	3.11	2.96	2.85	2.76	2.70	2.65
15	4.54	3.68	3.29	3.06	2.90	2.79	2.71	2.64	2.59
16	4.49	3.63	3.24	3.01	2.85	2.74	2.66	2.59	2.54
17	4.45	3.59	3.20	2.96	2.81	2.70	2.61	2.55	2.49
18	4.41	3.55	3.16	2.93	2.77	2.66	2.58	2.51	2.46
19	4.38	3.52	3.13	2.90	2.74	2.63	2.54	2.48	2.42
20	4.35	3.49	3.10	2.87	2.71	2.60	2.51	2.45	2.39
21	4.32	3.47	3.07	2.84	2.68	2.57	2.49	2.42	2.37
22	4.30	3.44	3.05	2.82	2.66	2.55	2.46	2.40	2.34
23	4.28	3.42	3.03	2.80	2.64	2.53	2.44	2.37	2.32
24	4.26	3.40	3.01	2.78	2.62	2.51	2.42	2.36	2.30
25	4.24	3.39	2.99	2.76	2.60	2.49	2.40	2.34	2.28
26	4.23	3.37	2.98	2.74	2.59	2.47	2.39	2.32	2.27
27	4.21	3.35	2.96	2.73	2.57	2.46	2.37	2.31	2.25
28	4.20	3.34	2.95	2.71	2.56	2.45	2.36	2.29	2.24
29	4.18	3.33	2.93	2.70	2.55	2.43	2.35	2.28	2.22
30	4.17	3.32	2.92	2.69	2.53	2.42	2.38	2.27	2.21
40	4.08	3.23	2.84	2.61	2.45	2.34	2.25	2.18	2.12
60	4.06	3.15	2.76	2.53	2.37	2.25	2.17	2.10	2.04
120	3.92	3.07	2.68	2.45	2.29	2.17	2.09	2.02	1.96
∞	3.84	3.00	2.60	2.37	2.21	2.10	2.01	1.94	1.88

					$\alpha=0.05$					
n \\ m	10	12	15	20	24	30	40	60	120	∞
1	241.90	243.90	245.90	248.00	249.10	250.10	251.10	252.20	253.30	254.30
2	19.40	19.41	19.43	19.45	19.45	19.46	19.47	19.48	19.49	19.50
3	8.79	8.74	8.70	8.66	8.64	8.62	8.59	8.57	8.55	8.53
4	5.96	5.91	5.86	5.80	5.77	5.75	5.72	5.69	5.66	5.63
5	4.74	4.68	4.62	4.56	4.53	4.50	4.46	4.43	4.40	4.36
6	4.06	4.00	3.94	3.87	3.84	3.81	3.77	3.74	3.70	3.67
7	3.64	3.57	3.51	3.44	3.41	3.38	3.34	3.30	3.27	3.23
8	3.35	3.28	3.22	3.15	3.12	3.08	3.04	3.01	2.97	2.93
9	3.14	3.07	3.01	2.94	2.90	2.86	2.83	2.79	2.75	2.71
10	2.98	2.91	2.85	2.77	2.74	2.70	2.66	2.62	2.58	2.54
11	2.85	2.79	2.72	2.65	2.61	2.57	2.53	2.49	2.45	2.40
12	2.75	2.69	2.62	2.54	2.51	2.47	2.43	2.38	2.34	2.30
13	2.67	2.60	2.53	2.46	2.42	2.38	2.34	2.30	2.25	2.21
14	2.60	2.53	2.46	2.39	2.35	2.31	2.27	2.22	2.18	2.13
15	2.54	2.48	2.40	2.33	2.29	2.25	2.20	2.16	2.11	2.07
16	2.49	2.42	2.35	2.28	2.24	2.19	2.15	2.11	2.06	2.01
17	2.45	2.38	2.31	2.23	2.19	2.15	2.10	2.06	2.01	1.96
18	2.41	2.34	2.27	2.19	2.15	2.11	2.06	2.02	1.97	1.92
19	2.38	2.31	2.23	2.16	2.11	2.07	2.03	1.98	1.93	1.88
20	2.35	2.28	2.20	2.12	2.08	2.04	1.99	1.95	1.90	1.84
21	2.32	2.25	2.18	2.10	2.05	2.01	1.96	1.92	1.87	1.81
22	2.30	2.23	2.15	2.07	2.03	1.98	1.94	1.89	1.84	1.78
23	2.27	2.20	2.13	2.05	2.01	1.96	1.91	1.86	1.81	1.76
24	2.25	2.18	2.11	2.03	1.98	1.94	1.89	1.84	1.79	1.73
25	2.24	2.16	2.09	2.01	1.96	1.92	1.87	1.82	1.77	1.71
26	2.22	2.15	2.07	1.99	1.95	1.90	1.85	1.80	1.75	1.69
27	2.20	2.13	2.06	1.97	1.93	1.88	1.84	1.79	1.73	1.67
28	2.19	2.12	2.04	1.96	1.91	1.87	1.82	1.77	1.71	1.65
29	2.18	2.10	2.03	1.94	1.90	1.85	1.81	1.75	1.70	1.64
30	2.16	2.09	2.01	1.93	1.89	1.84	1.79	1.74	1.68	1.62
40	2.08	2.00	1.92	1.84	1.79	1.74	1.69	1.64	1.58	1.51
60	1.99	1.92	1.84	1.75	1.70	1.65	1.59	1.53	1.47	1.39
120	1.91	1.83	1.75	1.66	1.61	1.55	1.50	1.43	1.35	1.25
∞	1.83	1.75	1.67	1.57	1.52	1.46	1.39	1.32	1.22	1.00

n \ m	1	2	3	4	5	6	7	8	9
					$\alpha=0.025$				
1	647.80	799.50	864.20	899.60	921.80	937.10	948.20	956.70	963.30
2	38.51	39.00	39.17	39.25	39.30	39.33	39.36	39.37	31.39
3	17.44	16.04	15.44	15.10	14.88	14.73	14.62	14.54	94.47
4	12.22	10.65	9.98	9.60	9.36	9.20	9.07	8.98	8.90
5	10.01	8.43	7.76	7.39	7.15	6.98	6.85	6.76	6.68
6	8.81	7.26	6.60	6.23	5.99	5.82	5.70	5.60	5.52
7	8.07	6.54	5.89	5.52	5.29	5.12	4.99	4.90	4.82
8	7.57	6.06	5.42	5.05	4.82	4.65	4.53	4.43	4.36
9	7.21	5.71	5.03	4.72	4.48	4.32	4.20	4.10	4.03
10	6.94	5.46	4.83	4.47	4.24	4.07	3.95	3.85	3.78
11	6.72	5.26	4.63	4.28	4.04	3.88	3.76	3.66	3.59
12	6.55	5.10	4.42	4.12	3.89	3.73	3.61	3.51	3.44
13	6.41	4.97	4.35	4.00	3.77	3.60	3.48	3.39	3.31
14	6.30	4.86	4.24	3.89	3.66	3.50	3.38	3.29	3.21
15	6.20	4.77	4.15	3.80	3.58	3.41	3.29	3.20	3.12
16	6.12	4.69	4.08	3.73	3.50	3.34	3.22	3.12	3.05
17	6.01	4.62	4.01	3.66	3.44	3.28	3.16	3.06	2.98
18	5.98	4.56	3.95	3.61	3.38	3.22	3.10	3.01	2.93
19	5.92	4.51	3.90	3.56	3.33	3.17	3.05	2.96	2.88
20	5.87	4.46	3.86	3.51	3.29	3.13	3.01	2.91	2.84
21	5.83	4.42	3.82	3.48	3.25	3.09	2.97	2.87	2.80
22	5.79	4.38	3.78	3.44	3.22	3.05	2.93	2.84	2.76
23	5.75	4.35	3.75	3.41	3.18	3.02	2.90	2.81	2.73
24	5.72	4.32	3.72	3.38	3.15	2.99	2.87	2.78	2.70
25	5.69	4.29	3.69	3.35	3.13	2.97	2.85	2.75	2.62
26	5.66	4.27	3.67	3.33	3.10	2.94	2.82	2.73	2.65
27	5.63	4.24	3.65	3.31	3.08	2.92	2.80	2.71	2.63
28	5.61	4.22	3.63	3.29	3.06	2.90	2.78	2.69	2.61
29	5.59	4.20	3.61	3.27	3.04	2.88	2.76	2.67	2.59
30	5.57	4.18	3.59	3.25	3.03	2.87	2.75	2.65	2.57
40	5.42	4.05	3.46	3.13	2.90	2.74	2.62	2.53	2.45
60	5.29	3.93	3.34	3.01	2.79	2.63	2.51	2.41	2.33
120	5.15	3.80	3.23	2.89	2.67	2.52	2.39	2.30	2.22
∞	5.02	3.69	3.12	2.79	2.57	2.41	2.29	2.19	2.11

	$\alpha=0.025$									
n ＼ m	10	12	15	20	24	30	40	60	120	∞
1	968.60	976.70	984.90	993.10	997.20	1 001	1 006	1 010	1 014	1 018
2	39.40	39.41	39.43	39.45	39.46	39.46	39.47	39.48	39.49	39.50
3	14.42	14.34	14.25	14.17	14.12	14.08	14.04	13.99	13.95	13.90
4	8.84	8.75	8.66	8.56	8.51	8.46	8.41	8.36	8.31	8.26
5	6.62	6.52	6.43	6.33	6.28	6.23	6.18	6.12	6.07	6.02
6	5.46	5.37	5.27	5.17	5.12	5.07	5.01	4.96	4.90	4.85
7	4.76	4.67	4.57	4.47	4.42	4.36	4.31	4.25	4.20	4.14
8	4.30	4.20	4.10	4.00	3.95	3.89	3.84	3.78	3.73	3.67
9	3.96	3.87	3.77	3.67	3.61	3.56	3.51	3.45	3.39	3.33
10	3.72	3.62	3.52	3.42	3.37	3.31	3.26	3.20	3.14	3.08
11	3.53	3.43	3.33	3.23	3.17	3.12	3.06	3.00	2.94	2.88
12	3.37	3.28	3.18	3.07	3.02	2.96	2.91	2.85	2.79	2.72
13	3.25	3.15	3.05	2.95	2.89	2.84	2.78	2.72	2.66	2.60
14	3.15	3.05	2.95	2.84	2.79	2.73	2.67	2.61	2.55	2.49
15	3.06	2.96	2.86	2.76	2.70	2.64	2.59	2.52	2.46	2.40
16	2.99	2.89	2.79	2.68	2.63	2.57	2.51	2.45	2.38	2.32
17	2.92	2.82	2.72	2.62	2.56	2.50	2.44	2.38	2.32	2.25
18	2.87	2.77	2.67	2.56	2.50	2.44	2.38	2.32	2.26	2.19
19	2.82	2.72	2.62	2.51	2.45	2.39	2.33	2.27	2.20	2.13
20	2.77	2.68	2.57	2.46	2.41	2.35	2.29	2.22	2.16	2.09
21	2.73	2.64	2.53	2.42	2.37	2.31	2.25	2.18	2.11	2.04
22	2.70	2.60	2.50	2.39	2.33	2.27	2.21	2.14	2.08	2.00
23	2.67	2.57	2.47	2.36	2.30	2.24	2.18	2.11	2.04	1.97
24	2.64	2.54	2.44	2.33	2.27	2.21	2.15	2.08	2.01	1.94
25	2.61	2.51	2.41	2.30	2.24	2.18	2.12	2.05	1.98	1.91
26	2.59	2.49	2.39	2.28	2.22	2.16	2.09	2.03	1.95	1.88
27	2.57	2.47	2.36	2.25	2.19	2.13	2.07	2.00	1.93	1.85
28	2.55	2.45	2.34	2.23	2.17	2.11	2.05	1.98	1.91	1.83
29	2.53	2.43	2.32	2.21	2.15	2.09	2.03	1.96	1.89	1.81
30	2.51	2.41	2.31	2.20	2.14	2.07	2.01	1.94	1.87	1.79
40	2.39	2.29	2.18	2.07	2.01	1.94	1.88	1.80	1.72	1.64
60	2.27	2.17	2.06	1.94	1.88	1.82	1.74	1.67	1.58	1.48
120	2.16	2.05	1.94	1.82	1.76	1.69	1.61	1.53	1.43	1.31
∞	2.05	1.94	1.83	1.71	1.64	1.57	1.48	1.39	1.27	1.00

	m	1	2	3	4	5	6	7	8	9
n					$\alpha=0.01$					
1		4 052	4 999.50	5 403	5 625	5 764	5 859	5 928	5 982	6 022
2		98.50	90.00	99.17	99.25	99.30	99.33	99.36	99.37	99.39
3		34.12	30.82	29.46	28.71	28.24	27.91	27.67	27.49	27.35
4		21.20	18.00	16.69	15.98	15.53	15.21	14.98	14.80	14.66
5		16.26	13.27	12.06	11.39	10.97	10.67	10.46	10.29	10.16
6		13.75	10.92	9.78	9.15	8.75	8.47	8.26	8.10	7.98
7		12.25	9.55	8.45	7.85	7.45	7.19	6.99	6.84	6.72
8		11.26	8.65	7.59	7.01	6.63	6.37	6.18	6.03	5.91
9		10.56	8.02	6.99	6.42	6.06	5.80	5.61	5.47	5.35
10		10.04	7.56	6.55	5.99	5.64	5.39	5.20	5.06	4.94
11		9.65	7.21	6.22	5.67	5.32	5.67	4.89	4.74	4.63
12		9.33	6.93	5.95	5.41	5.06	4.82	4.64	4.50	4.39
13		9.07	6.70	5.74	5.21	4.86	4.62	4.44	4.30	4.19
14		8.86	6.51	5.56	5.04	4.69	4.46	4.28	4.14	4.03
15		8.68	6.36	5.42	4.89	4.56	4.32	4.14	4.00	3.89
16		8.53	6.23	5.29	4.77	4.44	4.20	4.03	3.89	3.78
17		8.40	6.11	5.18	4.67	4.34	4.10	3.93	3.79	3.68
18		8.29	6.01	5.09	4.58	4.25	4.01	3.84	3.71	3.60
19		8.18	5.93	5.01	4.50	4.17	3.94	3.77	3.63	3.52
20		8.10	5.85	4.94	4.43	4.10	3.87	3.70	3.56	3.46
21		8.02	5.78	4.87	4.37	4.04	3.81	3.64	3.51	3.40
22		7.95	5.72	4.83	4.31	3.99	3.76	3.59	3.45	3.35
23		7.88	5.66	4.76	4.26	3.94	3.71	3.54	3.41	3.30
24		7.82	5.61	4.72	4.22	3.90	3.67	3.50	3.30	3.26
25		7.77	5.57	4.68	4.18	3.85	3 63	3.46	3.32	3.22
26		7.72	5.52	4.64	4.14	3.82	3.59	3.42	3.29	3.18
27		7.68	5.49	4.60	4.11	3.78	3.56	3.39	3.26	3.15
28		7.64	5.45	4.57	4.07	3.75	3.53	3.36	3.23	3.12
29		7.60	5.42	4.54	4.04	3.73	3.50	3.33	3.20	3.09
30		7.56	5.39	4.51	4.02	3.70	3.47	3.30	3.17	3.07
40		7.31	5.18	4.31	3.83	3.51	3.29	3.12	2.99	2.89
60		7.08	4.98	4.13	3.65	3.34	3.12	2.95	2.82	2.72
120		6.85	4.79	3.95	3.48	3.17	2.96	2.79	2.66	2.56
∞		6.63	4.61	3.78	3.32	3.02	2.80	2.64	2.51	2.41

续表

n \ m	10	12	15	20	24	30	40	60	120	∞
					$\alpha=0.01$					
1	6 056	6 106	6 157	6 200	6 235	6 261	6 287	6 313	6 339	6 366
2	99.40	99.42	99.43	99.45	99.46	99.47	99.47	99.48	99.49	99.50
3	27.23	27.05	26.87	26.69	26.60	26.50	26.41	26.32	26.22	26.13
4	14.55	14.37	14.20	14.02	13.93	13.84	13.75	13.65	13.56	13.46
5	10.05	9.89	9.72	9.55	9.47	9.38	9.29	9.20	9.11	9.02
6	7.87	7.72	7.56	7.40	7.31	7.23	7.14	7.06	6.97	6.88
7	6.62	6.47	6.31	6.16	6.07	5.99	5.91	5.82	5.74	5.65
8	5.81	5.67	5.52	5.36	5.28	5.20	5.12	5.03	4.95	4.86
9	5.26	5.11	4.96	4.81	4.73	4.65	4.57	4.48	4.40	4.31
10	4.85	4.71	4.56	4.41	4.33	4.25	4.17	4.08	4.00	3.91
11	4.54	4.40	4.25	4.10	4.02	3.94	3.86	3.78	3.69	3.60
12	4.30	4.16	4.01	3.86	3.78	3.70	3.62	3.54	3.45	3.36
13	4.10	3.96	3.82	3.66	3.59	3.51	3.43	3.34	3.25	3.17
14	3.94	3.80	3.66	3.51	3.43	3.35	3.27	3.18	3.09	3.00
15	3.80	3.67	3.52	3.37	3.29	3.21	3.13	3.05	2.96	2.87
16	3.69	3.55	3.41	3.26	3.18	3.10	3.02	2.93	2.84	2.75
17	3.59	3.46	3.31	3.16	3.08	3.00	2.92	2.83	2.75	2.66
18	3.51	3.37	3.23	3.08	3.00	2.92	2.84	2.75	2.66	2.57
19	3.43	3.30	3.15	3.00	2.92	2.84	2.76	2.67	2.58	2.49
20	3.37	3.23	3.09	2.94	2.86	2.78	2.69	2.61	2.52	2.42
21	3.31	3.17	3.03	2.88	2.80	2.72	2.64	2.55	2.46	2.36
22	3.26	3.12	2.98	2.83	2.75	2.67	2.59	2.50	2.40	2.31
23	3.21	3.07	2.93	2.78	2.70	2.62	2.54	2.45	2.35	2.26
24	3.17	3.03	2.89	2.74	2.66	2.58	2.49	2.40	2.31	2.21
25	3.13	2.99	2.85	2.70	2.62	2.54	2.45	2.36	2.27	2.17
26	3.09	2.96	2.81	2.66	2.58	2.50	2.42	2.33	2.23	2.13
27	3.06	2.93	2.78	2.63	2.55	2.47	2.38	2.29	2.20	2.10
28	3.03	2.90	2.75	2.60	2.52	2.44	2.35	2.26	2.17	2.06
29	3.00	2.87	2.73	2.57	2.49	2.41	2.33	2.23	2.14	2.03
30	2.98	2.84	2.70	2.55	2.47	2.39	2.30	2.21	2.11	2.01
40	2.80	2.66	2.52	2.37	2.29	2.20	2.11	2.02	1.92	1.80
60	2.63	2.50	2.35	2.20	2.12	2.03	1.94	1.84	1.73	1.60
120	2.47	2.34	2.19	2.03	1.95	1.86	1.76	1.66	1.53	1.38
∞	2.32	2.18	2.04	1.88	1.79	1.70	1.59	1.47	1.32	1.00

续表

$\alpha = 0.005$									
n \ m	1	2	3	4	5	6	7	8	9
1	16 211	20 000	21 615	22 500	23 056	23 437	23 715	23 925	24 091
2	198.50	199.00	199.20	199.20	199.30	199.30	199.40	199.40	199.40
3	55.55	49.80	47.47	46.19	45.39	44.84	44.43	44.13	43.88
4	31.33	26.28	24.26	23.15	22.46	21.97	21.62	21.35	21.14
5	22.78	18.31	16.53	15.56	14.94	14.51	14.20	13.96	13.77
6	18.63	14.54	12.92	12.03	11.46	11.07	10.79	10.57	10.39
7	16.24	12.40	10.88	10.05	9.52	9.16	8.89	8.68	8.51
8	14.69	11.04	9.60	8.81	8.30	7.95	7.69	7.50	7.34
9	13.61	10.11	8.72	7.96	7.47	7.13	6.88	6.69	6.54
10	12.83	9.43	8.08	7.34	6.87	6.54	6.30	6.12	5.97
11	12.23	8.91	7.60	6.88	6.42	6.10	5.86	5.68	5.54
12	11.75	8.51	7.23	6.52	6.07	5.76	5.52	5.35	5.20
13	11.37	8.19	6.93	6.23	5.79	5.48	5.25	5.08	4.94
14	11.06	7.92	6.68	6.00	5.56	5.26	5.03	4.86	4.72
15	10.80	7.70	6.48	5.80	5.37	5.07	4.85	4.67	4.54
16	10.58	7.51	6.30	5.64	5.21	4.91	4.69	4.52	4.38
17	10.38	7.35	6.16	5.50	5.07	4.78	4.56	4.39	4.25
18	10.22	7.21	6.03	5.37	4.96	4.66	4.44	4.28	4.14
19	10.07	7.09	5.92	5.27	4.85	4.56	4.34	4.18	4.04
20	9.94	6.99	5.82	5.17	4.76	4.47	4.26	4.09	3.96
21	9.83	6.89	5.73	5.09	4.68	4.39	4.18	4.01	3.88
22	9.73	6.81	5.65	5.02	4.61	4.32	4.11	3.94	3.81
23	9.63	6.73	5.58	4.95	4.54	4.26	4.05	3.88	3.75
24	9.55	6.66	5.52	4.89	4.49	4.20	3.99	3.83	3.69
25	9.48	6.60	5.46	4.84	4.43	4.15	3.94	3.78	3.64
26	9.41	6.54	5.41	4.79	4.38	4.10	3.89	3.73	3.60
27	9.34	6.49	5.36	4.74	4.34	4.06	3.85	3.69	3.56
28	9.28	6.44	5.32	4.70	4.30	4.02	3.81	3.65	3.52
29	9.23	6.40	5.28	4.66	4.26	3.98	3.77	3.61	3.48
30	9.18	6.35	5.24	4.62	4.23	3.95	3.74	3.53	3.45
40	8.83	6.07	4.98	4.37	3.99	3.71	3.51	3.35	3.22
60	8.49	5.79	4.73	4.14	3.76	3.49	3.29	3.13	3.01
120	8.18	5.54	4.50	3.92	3.55	3.28	3.09	2.93	2.81
∞	7.88	5.30	4.28	3.72	3.35	3.09	2.90	2.74	2.62

续表

	$\alpha=0.005$									
n \ m	10	12	15	20	24	30	40	60	120	∞
1	24 224	24 426	24 630	24 836	24 940	25 044	25 148	25 253	25 359	25 465
2	199.40	199.40	199.4	199.40	199.50	199.50	199.50	199.50	199.50	199.50
3	43.69	43.39	42.08	42.78	42.62	42.47	42.31	42.15	41.99	41.83
4	20.97	20.70	20.44	20.17	20.03	19.89	19.75	19.61	19.47	19.32
5	13.62	13.38	13.15	12.90	12.78	12.66	12.53	12.40	12.27	12.14
6	10.25	10.03	9.81	9.59	9.47	9.36	9.24	9.12	9.00	8.88
7	8.38	8.18	7.97	7.75	7.65	7.53	7.42	7.31	7.19	7.08
8	7.21	7.01	6.81	6.61	6.50	6.40	6.29	6.18	6.06	5.95
9	6.42	6.23	6.03	5.83	5.73	5.62	5.52	5.41	5.30	5.19
10	5.85	5.66	5.47	5.27	5.17	5.67	4.97	4.86	4.75	4.64
11	5.42	5.24	5.05	4.86	4.76	4.65	4.55	4.44	4.34	4.23
12	5.09	4.91	4.72	4.53	4.43	4.33	4.23	4.12	4.01	3.90
13	4.82	4.64	4.46	4.27	4.17	4.07	3.97	3.87	3.76	3.65
14	4.60	4.43	4.25	4.06	3.96	3.86	3.76	3.66	3.55	3.44
15	4.42	4.25	4.07	3.88	3.79	3.69	3.58	3.48	3.37	3.26
16	4.27	4.10	3.92	3.73	3.64	3.54	3.44	3.33	3.22	3.11
17	4.14	3.97	3.79	3.61	3.51	3.41	3.31	3.21	3.10	2.93
18	4.03	3.86	3.68	3.50	3.40	3.30	3.20	3.10	2.99	2.87
19	3.93	3.76	3.59	3.40	3.31	3.21	3.11	3.00	2.89	2.78
20	3.85	3.68	3.50	3.32	3.22	3.12	3.02	2.92	2.81	2.69
21	3.77	3.60	3.43	3.24	3.15	3.05	2.95	2.84	2.73	2.61
22	3.70	3.54	3.36	3.18	3.08	2.98	2.88	2.77	2.66	2.55
23	3.64	3.47	3.30	3.12	3.02	2.92	2.82	2.71	2.60	2.48
24	3.59	3.42	3.25	3.06	2.97	2.87	2.77	2.66	2.55	2.43
25	3.54	3.37	3.20	3.01	2.92	2.82	2.72	2.61	2.50	2.38
26	3.49	3.33	3.15	2.97	2.87	2.77	2.67	2.56	2.45	2.33
27	3.45	3.28	3.11	2.93	2.83	2.73	2.63	2.52	2.41	2.29
28	3.41	3.25	3.07	2.89	2.79	2.69	2.59	2.48	2.37	2.25
29	3.38	3.21	3.04	2.86	2.76	2.66	2.56	2.45	2.33	2.21
30	3.34	3.18	3.01	2.82	2.73	2.93	2.52	2.42	2.30	2.18
40	3.12	2.95	2.78	2.60	2.50	2.40	2.30	2.18	2.06	1.93
60	2.90	2.74	2.57	2.39	2.29	2.19	2.08	1.96	1.83	1.69
120	2.71	2.54	2.37	2.19	2.09	1.98	1.87	1.75	1.61	1.43
∞	2.52	2.36	2.19	2.00	1.90	1.79	1.67	1.53	1.36	1.00

附录 II

全国硕士研究生入学考试
数学试题中概率论与数理统计部分真题

2002 数学(一)(总共 20 分)

1. (3分)设随机变量 X 服从正态分布 $N(\mu, \sigma^2)(\sigma > 0)$,且二次方程 $y^2 + 4y + X = 0$ 无实根的概率为 $\frac{1}{2}$,则 $\mu =$ ___4___.

2. (3分)设 X_1 和 X_2 是任意两个相互独立的连续型随机变量,它们的概率密度分别为 $f_1(x)$ 和 $f_2(x)$,分布函数分别为 $F_1(x)$ 和 $F_2(x)$,则

   (A) $f_1(x) + f_2(x)$ 必为某一随机变量的概率密度

   (B) $f_1(x) \cdot f_2(x)$ 必为某一随机变量的概率密度

   (C) $F_1(x) + F_2(x)$ 必为某一随机变量的分布函数

   (D) $F_1(x) \cdot F_2(x)$ 必为某一随机变量的分布函数   [D]

3. (7分)设随机变量 X 的概率密度为 $f(x) = \begin{cases} \frac{1}{2}\cos\frac{x}{2}, & 0 \leqslant x \leqslant \pi, \\ 0, & \text{其他}. \end{cases}$ 对 X 独立重复观

   察 4 次,用 Y 表示观察值大于 $\frac{\pi}{3}$ 的次数,求 Y^2 的数学期望.(答案:$E(Y^2) = 5$)

4. (7分)设总体的概率分布为

X	0	1	2	3
P	θ^2	$2\theta(1-\theta)$	θ^2	$1-2\theta$

   其中 $\theta\left(0 < \theta < \frac{1}{2}\right)$ 是未知参数,利用总体 X 的如下样本值:3,1,3,0,3,1,2,3,求 θ 的矩估计值和极大似然估计值.

   答案:$\frac{1}{4}$,$\frac{7 - \sqrt{13}}{12}$.

2002 数学(三)(总共 25 分)

1. (3分)设随机变量 X 和 Y 的联合概率分布为

概率 Y	-1	0	1
0	0.07	0.18	0.15
1	0.08	0.32	0.20

则 X^2 与 Y^2 的协方差 $\mathrm{cov}(X^2,Y^2)=\underline{-0.02}$.

2. (3分)设总体 X 的概率密度为

$$f(x;\theta)=\begin{cases} \mathrm{e}^{-(x-\theta)}, & x\geq\theta, \\ 0, & x<\theta. \end{cases}$$ 而 $X_1,X_2,\cdots,X_n$ 是来自总体 X 的简单随机样本,则未知

参数 θ 的矩估计值为 $\underline{\dfrac{1}{n}\sum\limits_{i=1}^{n}X_i-1}$.

3. (3分)设随机变量 X 和 Y 都服从标准正态分布,则

(A) $X+Y$ 服从正态分布   (B) X^2+Y^2 服从 χ^2 分布

(C) X^2 和 Y^2 都服从 χ^2 分布   (D) X^2/Y^2 服从 F 分布   [C]

4. (8分)假设随机变量 U 在区间 $[-2,2]$ 上服从均匀分布,随机变量

$$X=\begin{cases} -1, & U\leq-1, \\ 1, & U>-1, \end{cases} \qquad Y=\begin{cases} -1, & U\leq1, \\ 1, & U>1. \end{cases}$$

试求:(1)X 和 Y 的联合概率分布;(2)$D(X+Y)$.

答案:$P\{X=-1,Y=-1\}=\dfrac{1}{4}$,$P\{X=-1,Y=1\}=0$,$P\{X=1,Y=-1\}=\dfrac{1}{2}$,

$P\{X=1,Y=1\}=\dfrac{1}{4}$.$D(X+Y)=2$.

5. (8分)假设一设备开机后无故障工作的时间 X 服从指数分布,平均无故障工作时间 ($E(X)$) 为 5 h.设备定时开机,出现故障时自动关机,而在无故障的情况下,工作 2 h 便关机. 试求该设备每次开机无故障工作的时间 Y 的分布函数 $F(y)$.

答案:$F(y)=\begin{cases} 0, & y<0, \\ 1-\mathrm{e}^{-\frac{y}{5}}, & 0\leq y<2, \\ 1, & 2\leq y. \end{cases}$

2002 数学(四)(总共 25 分)

1. (3分)设随机变量 X 和 Y 的联合概率分布为

概率 Y	-1	0	1
0	0.07	0.18	0.15
1	0.08	0.32	0.20

则 X 和 Y 的相关系数 $\rho = \underline{\quad 0 \quad}$.

2. (3分)2002 数学(一)第 2 题.

3. (3分)设随机变量 $X_1, X_2, \cdots, X_n$ 相互独立, $S_n = X_1 + X_2 + \cdots + X_n$, 则根据列维—林德伯格(Levy-lingdberg)中心极限定理, 当 n 充分大时, S_n 近似服从正态分布, 只要 X_1, $X_2, \cdots, X_n$

    (A) 有相同的数学期望   (B) 有相同的方差

    (C) 服从同一指数分布   (D) 服从同一离散分布   [C]

4. (8分)设 A, B 是任意两个事件, 其中 A 的概率不等于 0 和 1, 证明 $P(B|A) = P(B|\bar{A})$ 是事件 A 与 B 独立的充分必要条件.

5. (8分)2002 数学(三)第 5 题.

2003 数学(一) (总共 30 分)

1. (4分)设二维随机变量 (X, Y) 的概率密度为

$$f(x, y) = \begin{cases} 6x, & 0 \leqslant x \leqslant y \leqslant 1, \\ 0, & \text{其他.} \end{cases} \quad \text{则 } P\{X + Y \leqslant 1\} = \underline{\frac{1}{4}}.$$

2. (4分)已知一批零件的长度 X(单位:cm)服从正态分布 $N(\mu, 1)$, 从中随机地抽取 16 个零件, 得到长度的平均值为 40(cm), 则 μ 的置信度为 0.9 的置信区间是 $\underline{(39.51, 40.49)}$. (注:标准正态分布函数值 $\Phi(1.96) = 0.975, \Phi(1.645) = 0.95$)

3. (4分)设随机变量 $X \sim t(n)(n > 1), Y = \dfrac{1}{X^2}$, 则

    (A) $Y \sim \chi^2(n)$ (B) $Y \sim \chi^2(n-1)$

    (C) $Y \sim F(n, 1)$ (D) $Y \sim F(1, n)$ [C]

4. (10分)已知甲、乙两箱中装有同种产品, 其中甲箱中装有 3 件合格品和 3 件次品, 乙箱中仅装有 3 件合格品, 从甲箱中任取 3 件产品放入乙箱后, 求:

(1) 乙箱中次品件数 X 的数学期望;

(2) 从乙箱中任取一件产品是次品的概率.

答案: $E(X) = \dfrac{3}{2}, P(A) = \dfrac{1}{4}$.

5. (8分)设总体 X 的概率密度为

$$f(x) = \begin{cases} 2e^{-2(x-\theta)}, & x > \theta, \\ 0, & x \leqslant \theta. \end{cases}$$

其中 $\theta > 0$ 是未知参数, 从总体 X 中抽取简单随机样本 $X_1, X_2, \cdots, X_n$, 记

$$\hat{\theta} = \min(X_1, X_2, \cdots, X_n).$$

(1) 求总体 X 的分布函数 $F(x)$;

(2) 求统计量 $\hat{\theta}$ 的分布函数 $F_{\hat{\theta}}(x)$;

(3) 如果 $\hat{\theta}$ 作为 θ 的估计量, 讨论它是否具有无偏性.

答案：$F(x) = \int_{-\infty}^{x} f(t) dt = \begin{cases} 1 - e^{-2(x-\theta)}, & x > \theta, \\ 0, & x \leqslant \theta. \end{cases}$

$F_{\hat{\theta}}(x) = 1 - [1 - F(x)]^n = \begin{cases} 1 - e^{-2n(x-\theta)}, & x > \theta, \\ 0, & x \leqslant \theta. \end{cases}$

$\hat{\theta}$ 作为 θ 的估计量，不具有无偏性.

2003 数学（三）（总共 38 分）

1. （4分）设随机变量 X 和 Y 的相关系数为 0.9，若 $Z = X - 0.4$，则 Y 与 Z 的相关系数为 <u>0.9</u>.

2. （4分）设总体 X 服从参数为 2 的指数分布，$X_1, X_2, \cdots, X_n$ 为来自总体 X 的简单随机样本，则当 $n \to \infty$ 时，$Y_n = \dfrac{1}{n} \sum_{i=1}^{n} X_i^2$ 依概率收敛于 $\underline{\dfrac{1}{2}}$.

3. （4分）将一枚硬币独立地掷两次，引进事件 $A_1 = $ "掷第一次出现正面"，$A_2 = $ "掷第二次出现正面"，$A_3 = $ "正、反面各出现一次"，$A_4 = $ "正面出现两次"，则事件

（A）A_1, A_2, A_3 相互独立　　　　　（B）A_2, A_3, A_4 相互独立

（C）A_1, A_2, A_3 两两独立　　　　　（D）A_2, A_3, A_4 两两独立　　　　　[C]

4. （13分）设随机变量 X 的概率密度为 $f(x) = \begin{cases} \dfrac{1}{3\sqrt[3]{x^2}}, & x \in [1, 8], \\ 0, & \text{其他.} \end{cases}$ $F(x)$ 是 X 的分布函数，求随机变量 $Y = F(X)$ 的分布函数.

答案：$Y = F(X)$ 的分布函数 $G(y) = \begin{cases} 0, & y \leqslant 0, \\ y, & 0 < y < 1, \\ 1, & y \geqslant 1. \end{cases}$

5. （13分）设随机变量 X 与 Y 独立，其中 X 的概率分布为 $X \sim \begin{bmatrix} 1 & 2 \\ 0.3 & 0.7 \end{bmatrix}$，而 Y 的概率密度为 $f(y)$，求随机变量 $U = X + Y$ 的密度 $g(u)$.

答案：$g(u) = 0.3 f(u-1) + 0.7 f(u-2)$.

2003 数学（四）（总共 38 分）

1. （4分）设随机变量 X 和 Y 的相关系数为 0.5，$E(X) = E(Y) = 0$，$E(X^2) = E(Y^2) = 2$，则 $E(X+Y)^2 = $ <u>6</u>.

2. （4分）对于任意两个事件 A 和 B，

（A）若 $AB \neq \varnothing$，则 A、B 一定独立

（B）若 $AB \neq \varnothing$，则 A、B 有可能独立

（C）若 $AB = \varnothing$，则 A、B 一定独立

（D）若 $AB = \varnothing$，则 A、B 一定不独立　　　　　[B]

3. （4分）设随机变量 X 和 Y 都服从正态分布，且它们不相关，则

（A）X 与 Y 一定独立　　　　　（B）(X, Y) 服从二维正态分布

(C) X 与 Y 未必独立   (D) $X+Y$ 服从一维正态分布   [C]

4. (13 分) 2003 数学(三) 第 4 题.

5. (13 分) 对于任意两个事件 A 和 B, $0 < P(A) < 1, 0 < P(B) < 1$,

$$\rho = \frac{P(AB) - P(A) \cdot P(B)}{\sqrt{P(A)P(B)P(\bar{A})P(\bar{B})}}$$

称作事件 A 和 B 的相关系数.

(Ⅰ) 证明事件 A 和 B 独立的充分必要条件是其相关系数等于零.

(Ⅱ) 利用随机变量相关系数的基本性质, 证明 $|\rho| \leqslant 1$.

2004 数学(一)(总共 30 分)

1. (4 分) 设随机变量 X 服从参数为 λ 的指数分布, 则 $P\{X > \sqrt{D(X)}\} = \dfrac{1}{\mathrm{e}}$.

2. (4 分) 设随机变量 X 服从正态分布 $N(0,1)$, 对给定的 $\alpha \in (0,1)$, 数 u_α 满足 $P\{X > u_\alpha\} = \alpha$, 若 $P\{|X| < x\} = \alpha$, 则 x 等于

(A) $u_{\frac{\alpha}{2}}$ (B) $u_{1-\frac{\alpha}{2}}$ (C) $u_{1-\frac{\alpha}{2}}$ (D) $u_{1-\alpha}$ [B]

3. (4 分) 设随机变量 $X_1, X_2, \cdots, X_n (n > 1)$ 独立同分布, 且其方差为 $\sigma^2 > 0$, 令随机变量 $Y = \dfrac{1}{n}\sum_{i=1}^{n} X_i$, 则

(A) $\mathrm{cov}(X_1, Y) = \dfrac{\sigma^2}{n}$ (B) $\mathrm{cov}(X_1, Y) = \sigma^2$

(C) $D(X_1 + Y) = \dfrac{n+2}{n}\sigma^2$ (D) $D(X_1 - Y) = \dfrac{n+1}{n}\sigma^2$ [A]

4. (9 分) 设 A、B 为两个随机事件, 且 $P(A) = \dfrac{1}{4}, P(B \mid A) = \dfrac{1}{3}, P(A \mid B) = \dfrac{1}{2}$, 令

$$X = \begin{cases} 1, & A \text{ 发生,} \\ 0, & A \text{ 不发生,} \end{cases} \qquad Y = \begin{cases} 1, & B \text{ 发生,} \\ 0, & B \text{ 不发生.} \end{cases}$$

求: (1) 二维随机变量 (X, Y) 的概率分布;

(2) X 与 Y 的相关系数 ρ_{XY};

(3) $Z = X^2 + Y^2$ 的概率分布.

答案: (1)

Y＼X	0	1	
0	$\dfrac{8}{12}$	$\dfrac{2}{12}$	$\dfrac{5}{6}$
1	$\dfrac{1}{12}$	$\dfrac{1}{12}$	$\dfrac{1}{6}$
	$\dfrac{3}{4}$	$\dfrac{1}{4}$	

(2) $\rho_{XY} = \dfrac{1}{\sqrt{1.5}}$.

(3) $Z = X^2 + Y^2 \sim \begin{pmatrix} 0 & 1 & 2 \\ \dfrac{8}{12} & \dfrac{3}{12} & \dfrac{1}{12} \end{pmatrix}$.

5. (9分) 设总体 X 的分布函数为 $F(x, \beta) = \begin{cases} 1 - \dfrac{1}{x^{\beta}}, & x > 1, \\ 0, & x \leqslant 1. \end{cases}$ 其中未知参数 $\beta > 1$,

$X_1, X_2, \cdots, X_n$ 为来自总体 X 的简单随机样本,求:(1)β 的矩估计量;(2)β 的极大似然估计量.

答案:β 的矩估计量 $\hat{\beta} = \dfrac{\overline{X}}{\overline{X} - 1}$,　β 的极大似然估计量 $\hat{\beta} = \dfrac{n}{\sum\limits_{i=1}^{n} \ln X_i}$.

2004 数学(三)(总共 38 分)

1. (4分)2004 数学(一) 第 1 题.

2. (4分) 设总体 X 服从正态分布 $N(\mu_1, \sigma^2)$,总体 Y 服从正态分布 $N(\mu_2, \sigma^2)$,$X_1, \cdots,$ X_{n_1} 和 $Y_1, \cdots, Y_{n_2}$ 分别是来自总体 X 和 Y 的简单随机样本,则

$$E\left[\frac{\sum\limits_{i=1}^{n_1} (X_i - \overline{X})^2 + \sum\limits_{j=1}^{n_2} (Y_i - \overline{Y})^2}{n_1 + n_2 - 2} \right] = \underline{\quad \sigma^2 \quad}.$$

3. (4分)2004 数学(一) 第 2 题.

4. (13分)2004 数学(一) 第 4 题.

5. (13分) 设随机变量 X 的分布函数

$$F(x, \alpha, \beta) = \begin{cases} 1 - \left(\dfrac{\alpha}{x} \right)^{\beta}, & x < \alpha, \\ 0, & x \leqslant \alpha. \end{cases} \text{其中参数 } \alpha > 0, \beta > 1.$$

设 $X_1, X_2, \cdots, X_n$ 为来自总体 X 的简单随机样本.
(1) 当 $\alpha = 1$ 时,求未知参数 β 的矩估计量;
(2) 当 $\alpha = 1$ 时,求未知参数 β 的极大似然估计量;
(3) 当 $\beta = 2$ 时,求未知参数 α 的极大似然估计量.
答案:(1)(2) 解法同 2004 数学(一) 第 5 题;(3)$\beta = 2$ 时,$\hat{\alpha} = \min(X_1, \cdots, X_n)$.

2004 数学(四)(总共 38 分)

1. (4分)2004 数学(一) 第 1 题.

2. (4分)2004 数学(一) 第 2 题.

3. (4分)2004 数学(一) 第 3 题.

4. (13分)2004 数学(一) 第 4 题.

5. (13分)设随机变量 X 在区间 $(0,1)$ 上服从均匀分布,在 $X=x(0<x<1)$ 的条件下,随机变量 Y 在区间 $(0,x)$ 上服从均匀分布,求:(1) 随机变量 X 和 Y 的联合概率密度;(2) Y 的概率密度;(3) 概率 $P\{X+Y>1\}$.

答案:(1)$f(x,y)=\begin{cases} \dfrac{1}{x}, & 0<y<x<1, \\ 0, & \text{其他}. \end{cases}$

(2) $f_Y(y)=\begin{cases} \displaystyle\int_y^1 \dfrac{1}{x}\mathrm{d}x=-\ln y, & 0<y<1, \\ 0, & \text{其他}. \end{cases}$

(3) $P\{X+Y>1\}=1-\ln 2.$

2005 数学(一)(总共 30 分)

1. (4分)从数 $1,2,3,4$ 中任取一个数,记为 X,再从 $1,\cdots,X$ 中任取一个数,记为 Y,则 $P\{Y=2\}=\dfrac{13}{48}$.

2. (4分)设二维随机变量 (X,Y) 的概率分布为

X \ Y	1	1
0	0.4	a
1	b	0.1

已知随机事件 $\{X=0\}$ 与 $\{X+Y=1\}$ 相互独立,则

(A) $a=0.2,b=0.3$ (B) $a=0.4,b=0.1$

(C) $a=0.3,b=0.2$ (D) $a=0.1,b=0.4$ [B]

3. (4分)设 $X_1,X_2,\cdots,X_n(n\geqslant 2)$ 为来自总体 $N(0,1)$ 的简单随机样本,$\overline{X}$ 为样本均值,S^2 为样本方差,则

(A) $n\overline{X} \sim N(0,1)$ (B) $nS^2 \sim \chi^2(n)$

(C) $\dfrac{(n-1)\overline{X}}{S} \sim t(n-1)$ (D) $\dfrac{(n-1)X_1^2}{\sum\limits_{i=2}^n X_i^2} \sim F(1,n-1)$ [D]

4. (9分)设二维随机变量 (X,Y) 的概率密度为

$$f(x,y)=\begin{cases} 1, & 0<x<1,0<y<2x, \\ 0, & \text{其他}. \end{cases}$$

求:(1)(X,Y) 的边缘概率密度 $f_X(x)f_Y(y)$;

(2) $Z=2X-Y$ 的概率密度 $f_Z(z)$.

答案:(1)$f_X(x)=\begin{cases} 2x, & 0<x<1, \\ 0, & \text{其他}, \end{cases}$ $f_Y(y)=\begin{cases} 1-\dfrac{y}{2}, & 0<y<2, \\ 0, & \text{其他}. \end{cases}$

(2) $f_Z(z)=\begin{cases}1-\dfrac{z}{2}, & 0<z<2,\\ 0, & \text{其他.}\end{cases}$

5.（9分）设 $X_1,X_2,\cdots,X_n(n>2)$ 为来自总体 $N(0,\sigma^2)$ 的简单随机样本，其样本均值为 $\overline{X}$，记 $Y_i=X_i-\overline{X},i=1,2,\cdots,n$.

(1) 求 Y_i 的方差 $D(Y_i),i=1,2,\cdots,n$.

(2) 求 Y_i 与 Y_n 的协方差 $\mathrm{cov}(Y_i,Y_n)$.

答案：(1)$D(Y_i)=\dfrac{n-1}{n}\sigma^2,i=1,2,\cdots,n$. (2)$\mathrm{cov}(Y_i,Y_n)=-\dfrac{1}{n}\sigma^2$.

2005 数学（三）（总共 38 分）

1.（4分）2005 数学（一）第 1 题.

2.（4分）设二维随机变量 (X,Y) 的概率分布为

X\Y	0	1
0	0.4	a
1	b	0.1

若随机事件 $\{X=0\}$ 与 $\{X+Y=1\}$ 相互独立，则 $a=\underline{0.4},b=\underline{0.1}$.

3.（4分）设一批零件的长度服从正态分布 $N(\mu,\sigma^2)$，其中 μ,σ^2 均未知，现从中随机抽 16 个零件，测得样本均值 $x=20(\text{cm})$，样本标准差 $s=1(\text{cm})$，则 μ 的置信度为 0.90 的置信区间是

(A) $\left(20-\dfrac{1}{4}t_{0.05}(16),20+\dfrac{1}{4}t_{0.05}(16)\right)$

(B) $\left(20-\dfrac{1}{4}t_{0.1}(16),20+\dfrac{1}{4}t_{0.1}(16)\right)$

(C) $\left(20-\dfrac{1}{4}t_{0.05}(15),20+\dfrac{1}{4}t_{0.05}(15)\right)$

(D) $\left(20-\dfrac{1}{4}t_{0.1}(15),20+\dfrac{1}{4}t_{0.1}(15)\right)$ [C]

4.（13分）2005 数学（一）第 4 题(3) 求 $P\left\{Y\leqslant\dfrac{1}{2}\Big|X\leqslant\dfrac{1}{2}\right\}$.

答案：(3)$P\left\{Y\leqslant\dfrac{1}{2}\Big|X\leqslant\dfrac{1}{2}\right\}=\dfrac{3}{4}$.

5.（13分）2005 数学（一）第 5 题(3) 若 $c(Y_1+Y_n)^2$ 是 σ^2 的无偏估计量，求常数 c.

答案：(3)$c=\dfrac{n}{2(n-2)}$.

2005 数学（四）（总共 38 分）

1.（4分）2005 数学（一）第 1 题.

2.（4分）2005 数学（一）第 2 题.

3. (4分) 设 $X_1, X_2, \cdots, X_n, \cdots$ 为独立同分布的随机变量列,且均服从参数为 $\lambda(\lambda > 1)$ 的指数分布,记 $\Phi(x)$ 为标准正态分布函数,则

(A) $\lim\limits_{n \to \infty} P\left\{ \dfrac{\sum\limits_{i=1}^{n} X_i - n\lambda}{\lambda \sqrt{n}} \leqslant x \right\} = \Phi(x)$

(B) $\lim\limits_{n \to \infty} P\left\{ \dfrac{\sum\limits_{i=1}^{n} X_i - n\lambda}{\sqrt{n\lambda}} \leqslant x \right\} = \Phi(x)$

(C) $\lim\limits_{n \to \infty} P\left\{ \lambda \dfrac{\sum\limits_{i=1}^{n} X_i - n}{\sqrt{n}} \leqslant x \right\} = \Phi(x)$

(D) $\lim\limits_{n \to \infty} P\left\{ \dfrac{\sum\limits_{i=1}^{n} X_i - \lambda}{\sqrt{n\lambda}} \leqslant x \right\} = \Phi_i(x)$

[C]

4. (13分) 2005 数学(三) 第 4 题.

5. (13分) 设 $X_1, X_2, \cdots, X_n (n > 2)$ 为独立同分布的随机变量,且均服从 $N(0,1)$,记 $\overline{X} = \dfrac{1}{n} \sum\limits_{i=1}^{n} X_i, Y_i = X_i - \overline{X}, i = 1, 2, \cdots, n.$ 求:

(1) Y_i 的方差 $D(Y_i), i = 1, 2, \cdots, n$;

(2) Y_1 与 Y_n 的协方差 $\text{cov}(Y_1, Y_n)$;

(3) $P\{Y_1 + Y_n \leqslant 0\}$.

答案: (1)$D(Y_i) = \dfrac{n-1}{n}, i = 1, 2, \cdots, n.$ (2)$\text{cov}(Y_1, Y_n) = -\dfrac{1}{n}.$

(3)$Y_1 + Y_n = X_1 - \overline{X} + X_n - \overline{X} = \dfrac{n-2}{n} X_1 - \dfrac{2}{n} \sum\limits_{i=2}^{n-1} X_i + \dfrac{n-2}{n} X_n,$

上式是相互独立的正态随机变量的线性组合,所以 $Y_1 + Y_n$ 服从正态分布.由于 $E(Y_1 + Y_n) = 0$,故 $P\{Y_1 + Y_n \leqslant 0\} = \dfrac{1}{2}.$

2006 数学(一)(总共 30 分)

1. (4分) 随机变量 X 与 Y 相互独立,且均服从区间 $[0,3]$ 上的均匀分布,则 $P\{\max\{X, Y\} \leqslant 1\} = \dfrac{1}{9}.$

2. (4分) 设 A, B 为随机事件,且 $P(B) > 0, P(A \mid B) = 1$,则必有

(A) $P(A \bigcup B) > P(A)$ (B) $P(A \bigcup B) > P(B)$

(C) $P(A \bigcup B) = P(A)$ (D) $P(A \bigcup B) = P(B)$ [C]

3. (4分) 设随机变量 X 服从正态分布 $N(\mu_1, \sigma_1^2)$, Y 服从正态分布 $N(\mu_2, \sigma_2^2)$,且
$$P\{|X - \mu_1| < 1\} > P\{|Y - \mu_2| < 1\},$$

则必有

(A) $\sigma_1 < \sigma_2$ (B) $\sigma_1 > \sigma_2$ (C) $\mu_1 < \mu_2$ (D) $\mu_1 > \mu_2$ [A]

4. (9分) 设随机变量 X 的概率密度为

$$f_X(x) = \begin{cases} \dfrac{1}{2}, & -1 < x < 0, \\ \dfrac{1}{4}, & 0 \leqslant x < 2, \\ 0, & \text{其他.} \end{cases}$$

令 $Y = X^2$，$F(x, y)$ 为二维随机变量 (X, Y) 的分布函数，求 Y 的概率密度 $f_Y(y)$；

答案：$f_Y(y) = \begin{cases} \dfrac{3}{8\sqrt{y}}, & 0 < y < 1, \\ \dfrac{1}{8\sqrt{y}}, & 1 \leqslant y < 4. \end{cases}$

5. （9 分）设总体 X 的概率密度为

$$f(x; \theta) = \begin{cases} \theta, & 0 < x < 1, \\ 1 - \theta, & 1 \leqslant x < 2, \\ 0, & \text{其他.} \end{cases}$$

其中 θ 是未知参数 $(0 < \theta < 1)$，$X_1, X_2, \cdots, X_n$ 为来自总体 X 的简单随机样本，记 N 为样本值 $x_1, x_2, \cdots, x_n$ 中小于 1 的个数，求 θ 的极大似然估计.

答案：$\dfrac{N}{n}$.

2006 数学（三）（总共 38 分）

1. （4 分）2006 数学（一）第 1 题.

2. （4 分）设总体 X 的概率密度为 $f(x) = \dfrac{1}{2} \mathrm{e}^{-|x|}$ $(-\infty < x < +\infty)$，$X_1, X_2, \cdots, X_n$ 为总体 X 的简单随机样本，其样本方差为 S^2，则 $E(S^2) = \underline{\quad 2 \quad}$.

3. （4 分）2006 数学（一）第 3 题.

4. （13 分）2006 数学（一）第 4 题.

（Ⅲ）求 $\mathrm{cov}(X, Y)$.

答案：（Ⅲ）$\dfrac{2}{3}$.

5. （13 分）2006 数学（一）第 5 题.

求 θ 的矩估计.

答案：$\dfrac{3}{2} - \overline{X}$.

2006 数学（四）（总共 38 分）

1. （4 分）2006 数学（一）第 1 题.

2. （4 分）2006 数学（一）第 2 题.

3. （4 分）2006 数学（一）第 3 题.

4. （13分）设二维随机变量 (X,Y) 的概率分布为

X \ Y	-1	0	1
-1	a	0	0.2
0	0.1	b	0.2
1	0	0.1	c

其中 a,b,c 为常数，且 X 的数学期望 $E(X)=-0.2$，$P\{Y\leqslant 0 \mid X \leqslant 0\}=0.5$，记 $Z=X+Y$，求

（Ⅰ）a,b,c 的值；

（Ⅱ）Z 的概率分布；

（Ⅲ）$P\{X=Z\}$.

答案：$a=0.2, b=0.1, c=0.1$.

$$Z=X+Y \sim \begin{pmatrix} -2 & -1 & 0 & 1 & 2 \\ 0.2 & 0.1 & 0.3 & 0.3 & 0.1 \end{pmatrix}.$$

$P\{X=Z\}=P\{Y=0\}=0.2$

5. （13分）2006 数学（三）第 4 题.

2007 数学（一）（总共 34 分）

1. （4分）某人向同一目标独立重复射击，每次射击命中目标的概率为 $p(0<p<1)$，则此人第 4 次射击恰好第 2 次命中目标的概率为

(A) $3p(1-p)^2$ (B) $6p(1-p)^2$

(C) $3p^2(1-p)^2$ (D) $6p^2(1-p)^2$ [C]

2. （4分）设随机变量 (X,Y) 服从二维正态分布，且 X 与 Y 不相关，$f_X(x)$，$f_Y(y)$ 分别表示 X,Y 的概率密度，则在 $Y=y$ 的条件下，X 的条件概率密度 $f_{X|Y}(x \mid y)$ 为

(A) $f_Y(x)$ (B) $f_Y(y)$ (C) $f_X(x)f_Y(y)$ (D) $\dfrac{f_X(x)}{f_Y(y)}$ [A]

3. （4分）在区间 $(0,1)$ 中随机地取两个数，则这两个数之差的绝对值小于 $\dfrac{1}{2}$ 的概率为 $\dfrac{3}{4}$.

4. （11分）设二维随机变量 (X,Y) 的概率密度为

$$f(x,y)=\begin{cases} 2-x-y, & 0<x<1, 0<y<1, \\ 0, & \text{其他.} \end{cases}$$

（Ⅰ）求 $P\{X>2Y\}$；

（Ⅱ）求 $Z=X+Y$ 的概率密度 $f_Z(z)$.

答案：（Ⅰ）$\dfrac{7}{24}$；

（Ⅱ）$f_Z(z) = \begin{cases} 2z - z^2, & 0 < z < 1, \\ 4 - 4z + z^2, & 1 < z < 2, \\ 0, & \text{其他.} \end{cases}$

5.（11分）设总体 X 的概率密度为

$$f(x;\theta) = \begin{cases} \dfrac{1}{2\theta}, & 0 < x < \theta, \\ \dfrac{1}{2(1-\theta)}, & \theta \leqslant x < 1, \\ 0, & \text{其他.} \end{cases}$$

其中参数 $\theta(0 < \theta < 1)$ 未知，$X_1, X_2, \cdots, X_n$ 是来自总体 X 的简单随机样本，$\overline{X}$ 是样本均值.

（Ⅰ）求参数 θ 的矩估计量 $\hat{\theta}$；

（Ⅱ）判断 $4\overline{X}^2$ 是否为 θ^2 的无偏估计量，并说明理由.

答案：（Ⅰ）$\hat{\theta} = 2\overline{X} - \dfrac{1}{2}$；

（Ⅱ）$E(4\overline{X}^2) = 4E(\overline{X}^2) = 4\left[D(\overline{X}) + E(\overline{X})^2\right] \neq \theta^2.$

2007 数学（四）（总共 34 分）

前 4 题与 2007 数学（一）相同.

5.（11分）设随机变量 X 与 Y 独立同分布，且 X 的概率分布为

X	1	2
P	$\dfrac{2}{3}$	$\dfrac{1}{3}$

记 $U = \max(X, Y)$，$V = \min(X, Y)$.

（Ⅰ）求 (U, V) 的概率分布；

（Ⅱ）求 U 与 V 的协方差 $\mathrm{cov}(U, V)$.

答案：（Ⅰ）

U \ V	1	2
1	4/9	0
2	4/9	1/9

（Ⅱ）$\mathrm{cov}(U, V) = \dfrac{4}{81}.$

2008 数学（一）（总共 34 分）

1.（4分）设随机变量 X, Y 独立同分布，且 X 的分布函数为 $F(x)$，则 $Z = \max\{X, Y\}$ 的分布函数为

(A) $F^2(x)$　　　　　　　(B) $F(x)F(y)$

(C) $1-[1-F(x)]^2$ (D) $[1-F(x)][1-F(y)]$ [A]

2. (4分) 设随机变量 $X \sim N(0,1)$，$Y \sim N(1,4)$，且相关系数 $\rho_{XY}=1$，则

(A) $P\{Y=-2X-1\}=1$ (B) $P\{Y=2X-1\}=1$

(C) $P\{Y=-2X+1\}=1$ (D) $P\{Y=2X+1\}=1$ [D]

3. (4分) 设随机变量 X 服从参数为1的泊松分布，则 $P\{X=E(X^2)\}=\dfrac{1}{2e}$.

4. (11分) 设随机变量 X 与 Y 相互独立，X 的概率分布为 $P\{X=i\}=\dfrac{1}{3}$ $(i=-1,0,1)$，Y 的概率密度为 $f_Y(y)=\begin{cases}1, & 0\leqslant y<1,\\ 0, & 其他.\end{cases}$ 记 $Z=X+Y$.

（Ⅰ）求 $P\{Z\leqslant\dfrac{1}{2}\mid X=0\}$；

（Ⅱ）求 Z 的概率密度 $f_Z(z)$.

答案：（Ⅰ）$P\{Z\leqslant\dfrac{1}{2}\mid X=0\}=\dfrac{1}{2}$.

（Ⅱ）$F_Z(z)=\dfrac{1}{3}[F_Y(z+1)+F_Y(z)+F_Y(z-1)]$，$f_Z(z)=F'_Z(z)=\dfrac{1}{3}[f_Y(z+1)+f_Y(z)+f_Y(z-1)]=\begin{cases}\dfrac{1}{3}, & -1\leqslant z<2,\\ 0, & 其他.\end{cases}$

5. (11分) 设 $X_1,X_2,\cdots,X_n$ 是总体 $N(\mu,\sigma^2)$ 的简单随机样本，记

$$\overline{X}=\dfrac{1}{n}\sum_{i=1}^{n}X_i,\ S^2=\dfrac{1}{n-1}\sum_{i=1}^{n}(X_i-\overline{X})^2,\ T=\overline{X}^2-\dfrac{1}{n}S^2.$$

（Ⅰ）证明 T 是 μ^2 的无偏估计量；

（Ⅱ）当 $\mu=0,\sigma=1$ 时，求 $D(T)$.

答案：（Ⅰ）$E(T)=E(\overline{X}^2-\dfrac{1}{n}S^2)=\mu^2$.

（Ⅱ）当 $\mu=0,\sigma=1$ 时，有 $D(T)=D(\overline{X}^2-\dfrac{1}{n}S^2)$（注意 $\overline{X}$ 与 S^2 独立）$=D(\overline{X}^2)+\dfrac{1}{n^2}D(S^2)=\dfrac{2}{n(n-1)}$.

2008 数学(三)(总共 34 分)

5 题与 2008 数学(一) 全部相同.

2008 数学(四)(总共 34 分)

前 4 题与 2008 数学(一) 相同.

5. (11分) 设某企业生产线上产品的合格率为 0.96，不合格产品中只有 $\dfrac{3}{4}$ 的产品可进行再加工，且再加工产品的合格率为 0.8，其余均为废品，已知每件合格产品可获利 80 元，每件

废品亏损 20 元,为保证该企业每天平均利润不低于 2 万元,问:该企业每天至少应生产多少件产品?

　　答案:该企业每天至少应生产 256 件产品.

参 考 文 献

[1] 应竖刚,何萍.概率论[M].上海:复旦大学出版社,2006.

[2] 威廉·费勒。概率论及其应用[M].3版.胡迪鹤,译,北京:人民邮电出版社,2009.

[3] A.H.施利亚耶夫。概率(第一卷)(修订和补充第三版)[M].周概容,译.北京:高等教育出版社,2007.